机器学习算法入门

JIQI XUEXI SUANFA RUMEN

主　编◎马秦靖

副主编◎魏建兵　张　娟

参　编◎姚丽娟　王　锟

重庆大学出版社

内容提要

本书是机器学习领域的入门教材,从理论、抽象和设计三方面阐述了机器学习的理论基础、算法实现和具体应用技巧。全书共12章,包括Python概述,Python语言基础,基础数据结构,函数与模块,面向对象程序设计,NumPy数据分析,数据可视化,基础算法分析与实现,机器学习概述,回归分析,分类算法,聚类算法。本书既注重保持理论分析的严谨性,又注重机器学习算法的实用性,同时强调机器学习算法的思想和原理在计算机上的实现。

本书可作为高等职业院校人工智能相关专业的入门课程教材或教学参考书,也可以供从事机器学习应用开发的技术人员参考。

图书在版编目(CIP)数据

机器学习算法入门 / 马秦靖主编. -- 重庆 : 重庆大学出版社, 2023.4

ISBN 978-7-5689-3785-6

Ⅰ. ①机… Ⅱ. ①马… Ⅲ. ①机器学习—算法—高等职业教育—教材 Ⅳ. ①TP181

中国国家版本馆 CIP 数据核字(2023)第053949号

机器学习算法入门

主　编　马秦靖

策划编辑:荀荟羽

责任编辑:李定群　版式设计:荀荟羽

责任校对:谢　芳　责任印制:张　策

*

重庆大学出版社出版发行

出版人:饶帮华

社址:重庆市沙坪坝区大学城西路21号

邮编:401331

电话:(023) 88617190　88617185(中小学)

传真:(023) 88617186　88617166

网址:http://www.cqup.com.cn

邮箱:fxk@cqup.com.cn (营销中心)

全国新华书店经销

重庆愚人科技有限公司印刷

*

开本:787mm×1092mm　1/16　印张:17.25　字数:433千

2023年4月第1版　2023年4月第1次印刷

ISBN 978-7-5689-3785-6　定价:59.00元

前　言

机器学习的应用涵盖自然语言处理、图像识别以及一系列预测与决策问题。特别是其中的深度学习理论更是击败人类围棋世界冠军的 AlphaGo 计算机智能围棋博弈系统、无人驾驶汽车和工业界人工智能助理等新兴技术的灵魂。因此,掌握机器学习的理论与实践技术是学习现代人工智能科学重要的一步,而这也正是本书希望达到的目的。同时,本书根据人工智能课程内容体系和育人功能的要求及特点,结合书中案例、配套教学资源等,综合运用多种载体形式,融入党的二十大精神,落实立德树人根本任务,提升为党育人、为国育才的效果。

本书用通俗易懂的语言阐述了机器学习的理论基础、基本概念和相关数学知识,将机器学习转化为优化问题的方法,以及处理这类优化问题的一般性算法。从理论、抽象和设计三方面阐述了机器学习理论基础、算法实现和具体应用技巧,在讲述机器学习算法核心知识的同时,激发并增强读者的计算思维能力。本书可作为高等职业院校人工智能相关专业的教材,也可作为机器学习算法入门者的自学用书或参考工具书。

本书共 12 章,第 1—7 章主要介绍 Python 的相关知识与编程技巧;第 8 章详细讲解各类基础算法的理论与实践,其中包括分治法、减治法和贪心法等经典算法;第 9—12 章着重介绍各类常用机器学习算法,其中包括回归、分类和聚类等经典算法。

本书由马秦靖担任主编,魏建兵、张娟担任副主编,姚丽娟、王锟担任参编。其中,马秦靖负责全书统稿以及第 4—7 章、第 12 章的编写工作,张娟负责第 1—3 章编写工作,魏建兵负责第 8 章编写工作,王锟负责第 9 章编写工作,姚丽娟负责第 10—11 章编写工作。本书在编写、出版过程中,得到了黄伟老师、汪雁老师、刘李姣老师以及重庆大学出版社的支持和帮助,在此表示衷心的感谢。

限于编者水平,书中难免存在疏漏和不足之处,恳请广大读者批评指正。

编　者

2023 年 1 月

目 录

第 1 章

Python 概述

1.1 Python 简介

1.1.1 Python 的产生与发展

Python 是一种面向对象的解释型计算机程序设计语言,由荷兰人 Guido van Rossum 于 1989 年开发,第一个公开发行版发行于 1991 年。Python 也是纯粹的自由软件,源代码和解释器 C Python 遵循 GPL 许可,即 Python 是跨平台的开源软件,具有很好的移植性。

严格意义上来说,Python 是一种跨平台、开源、免费的解释型高级动态编程语言。同时,它支持伪编译将源代码转换为字节码来优化程序,提高运行速度和对源代码进行保密,并且支持使用 Pyinstaller 和 py2exe 等工具,将 Python 程序及其所有依赖库打包为扩展名为. exe 的可执行程序,使其脱离 Python 解释器环境和相关依赖库而在 Windows 平台上独立运行 。

Python 支持命令式编程、函数式编程,完全支持面向对象程序设计语言,语法简单清晰,并且拥有大量的几乎支持所有领域应用开发的成熟扩展库;也有人把 Python 称为“胶水语言”,因为它可将多种不同语言编写的程序融合到一起实现无缝拼接,更好地发挥不同语言和工具的优势,以满足不同应用领域的需求。

1.1.2 Python 的特点

1)简单易学

Python 是一种代表简单主义思想的语言。阅读一个良好的 Python 程序就感觉像是在读英语段落一样,尽管这个英语段落的语法要求非常严格。Python 最大的优点之一是具有伪代码的本质,它使人们在开发 Python 程序时,专注的是解决问题,而不是搞明白语言本身。

2)面向对象

Python 既支持面向过程编程,也支持面向对象编程。在“面向过程”的语言中,程序是由过程或仅仅是可重用代码的函数构建起来的。在“面向对象”的语言中,程序是由数据和功能组合而成的对象构建起来的。

与其他主要的语言如 C++和 Java 相比, Python 以一种非常强大又简单的方式实现面向对象编程。

3)可移植性

由于 Python 的开源本质,它已被移植在许多平台上。因此,如果小心地避免使用依赖于系统的特性,那么,所有 Python 程序无须修改就可在下述任何平台上运行,这些平台包括 Linux, Windows, FreeBSD, Macintosh, Solaris, OS/2, Amiga, AROS, AS/400, Beos OS/390, Z/OS, Palm OS, QNX, VMS, Psion, Acorn RISC OS, VxWorks, PlayStation, Sharp Zaurus, Windows CE,甚至还有 PocketPC, Symbian,以及 Google 基于 Linux 开发的 Android 平台。

4)解释性

一个用编译性语言如 C 或 C++写的程序可从源文件(即 C 或 C++语言)转换到一个计算机使用的语言。这个过程通过编译器和不同的标记、选项完成。当运行程序时,连接转载器软件把程序从硬盘复制到内存中并且运行。

而 Python 语言写的程序不需要编译成二进制代码,可直接从源代码运行程序。在计算机内部,Python 解释器把源代码转换成称为字节码的中间形式,再把它翻译成计算机使用的机器语言并运行。

事实上,由于不再担心如何编译程序,以及如何确保连接转载正确的库等,这一切使得使用 Python 变得更加简单。由于只需要把 Python 程序复制到另一台计算机上,它就可以工作了。因此,这也使得 Python 程序更加易于移植。

5)开源

Python 是 FLOSS(自由/开放源码软件)之一。简单地说,你可自由地发布这个软件的拷贝,阅读它的源代码,对它作改动,把它的一部分用于新的自由软件中。

1.1.3 Python 的应用领域

1)常规软件开发

Python 支持函数式编程和 OOP 面向对象编程,能承担任何种类软件的开发工作。因此,常规的软件开发、脚本编写、网络编程等都属于标配能力。

2)科学计算

随着 NumPy, SciPy, Matplotlib, Enthought librarys 等众多程序库的开发, Python 越来越适用于作科学计算、绘制高质量的 2D 与 3D 图像。与科学计算领域最流行的商业软件 Matlab 相比, Python 是一门通用的程序设计语言,比 Matlab 所采用的脚本语言的应用范围更广泛,有更多的程序库的支持。虽然 Matlab 中的许多高级功能和 toolbox 目前还无法替代,不过在日常的科研开发之中仍然有很多的工作是可以用 Python 代劳的。

3)自动化运维

这几乎是 Python 应用的自留地,作为运维工程师首选的编程语言, Python 在自动化运维方面已深入人心,如 Saltstack 和 Ansible 都是大名鼎鼎的自动化平台。

4)WEB 开发

基于 Python 的 Web 开发框架很多,如耳熟能详的 Django,还有 Tornado,Flask。其中,Python+Django 架构应用范围非常广,开发速度非常快,学习门槛也很低,并能快速地搭建起可用的 Web 服务。

1.2　Python 开发环境搭建

本书基于 Windows 平台开发 Python 程序,安装的版本是 3.9.0。

下面分步骤讲解如何在 Windows 平台下安装 Python 开发环境。

①首先访问 Python 官网,在这里选择 Windows 平台下的安装包,如图 1.1 所示;然后选择 Python 3.9.0 下载,单击"Install"安装,如图 1.2 所示。

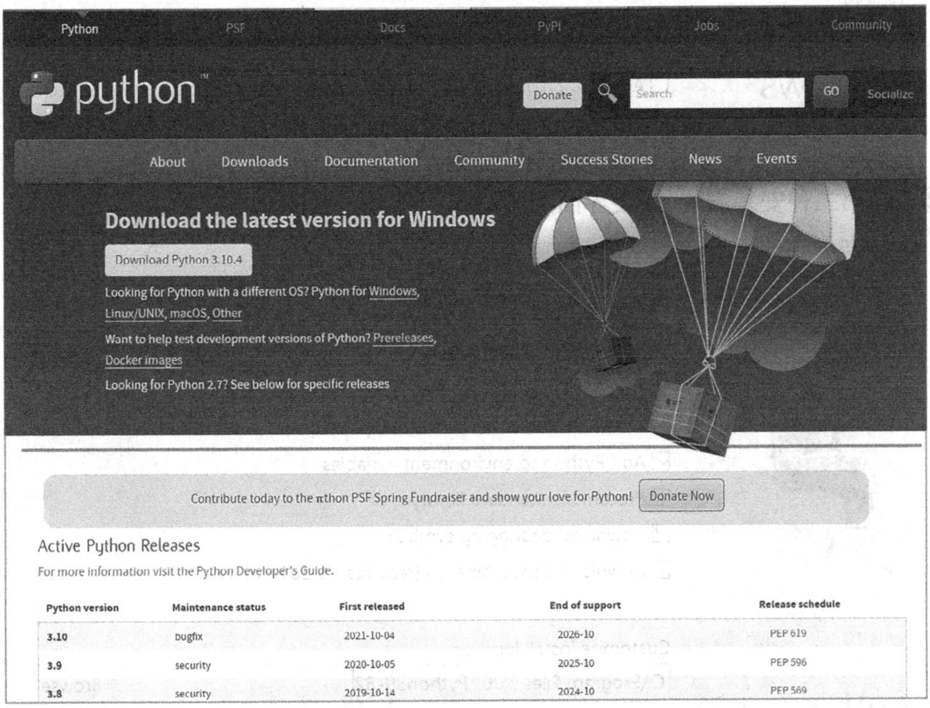

图 1.1　选择 Windows 平台的安装包

第一种是"Install Now",即采用默认的安装方式,不能自行指定安装的路径。

第二种是"Customize installation",也就是自定义安装方式,可自己选择软件的安装路径。记得勾选最下面一项,自动添加 Python 安装路径到环境变量,否则需要手动配置环境变量。这两种安装方式都可以。

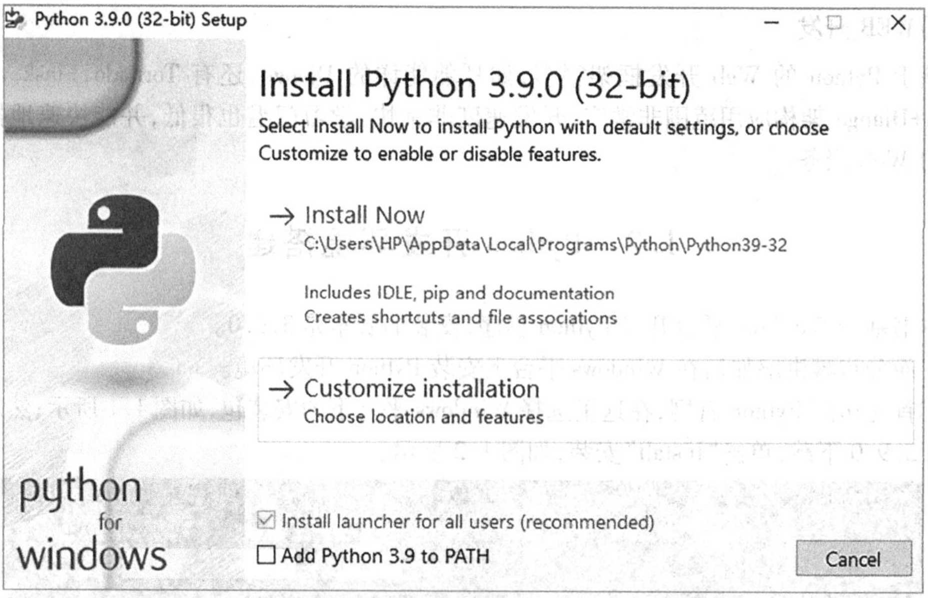

图 1.2　选择安装方式

②选择第二种安装方式，安装界面如图 1.3 所示，单击“Install”安装。

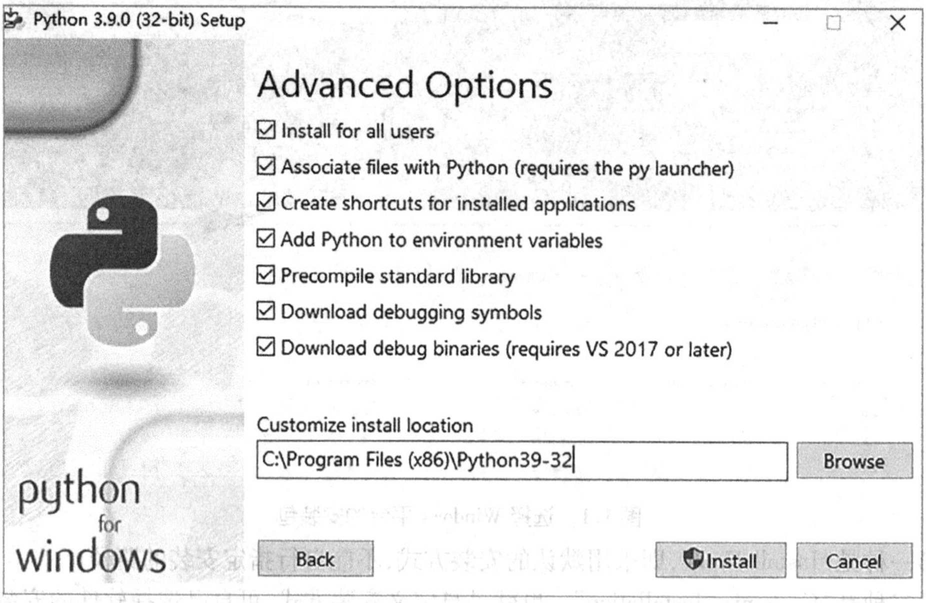

图 1.3　安装界面

③安装成功后的界面如图 1.4 所示。

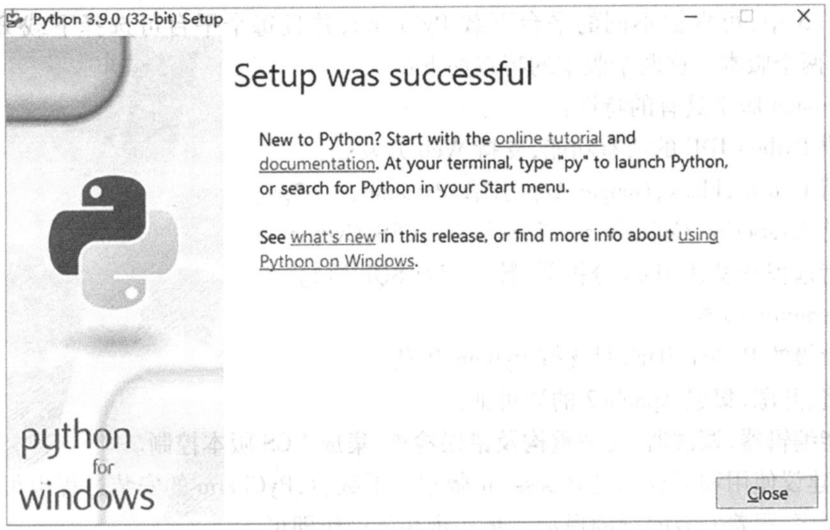

图 1.4　安装成功界面

1.3　集成开发环境 PyCharm

PyCharm 是一个非常好用的 Python IDE，它是由 JetBrains 开发的。

PyCharm 作为一个 IDE，具备的功能很多。例如，调试、语法高亮、Project 管理、代码跳转、智能提示、自动完成、单元测试及版本控制等。另外，PyCharm 提供了一些很好的功能用于 Django 开发，同时支持 Google App Engine，还支持 IronPython。接下来，本节将针对 PyCharm 的下载安装和使用进行介绍。

访问 PyCharm 官网，进入 PyCharm 的下载页面，如图 1.5 所示。

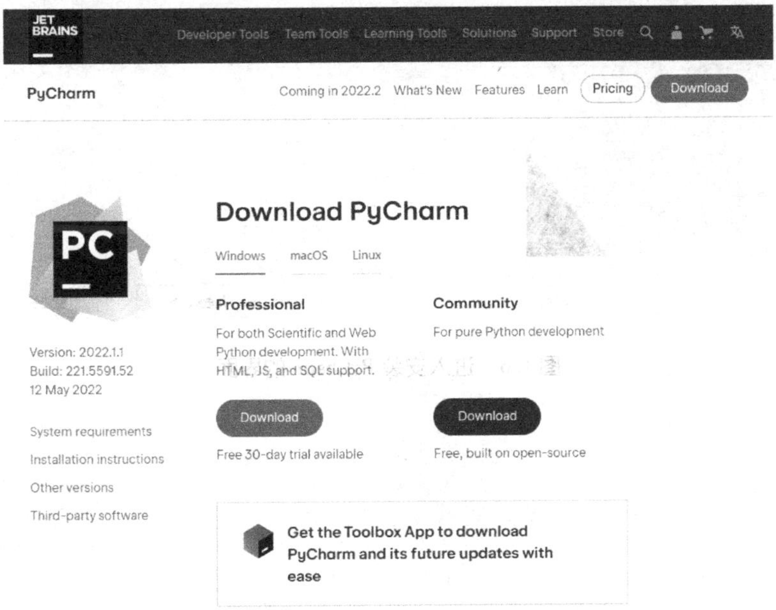

图 1.5　PyCharm 的下载页面

在图1.5中,可根据不同的平台下载 PyCharm,并且每个平台可选择下载 Proession 和 Community 两个版本。这两个版本的特点如下:

- Proession 版本具有的特性:

①提供 Python IDE 的所有功能,支持 Web 开发。

②支持 Django,Flask,Google App 引擎,Pyramid,web2py。

③支持 JavaScript,CoffeeScript,TypeScript,CSS,Cython 等。

④支持远程开发、Python 分析器、数据库及 SQL 语句。

- Community 版本:

①轻量级的 Python IDE,只支持 Python 开发。

②免费、开源、集成 Apache2 的许可证。

③智能编辑器、调试器、支持重构及错误检查,集成 VCS 版本控制。

当前,建议使用和下载的是 Proession 版本。下载后,PyCharm 的安装过程也很简单,只需运行安装程序,跟着安装向导的提示一步一步往下操作即可。

现仍以 Windows 为例,分步讲解如何安装 PyCharm。

①首先双击下载的 exe 安装文件,进入安装 PyCharm 的界面,如图1.6所示。

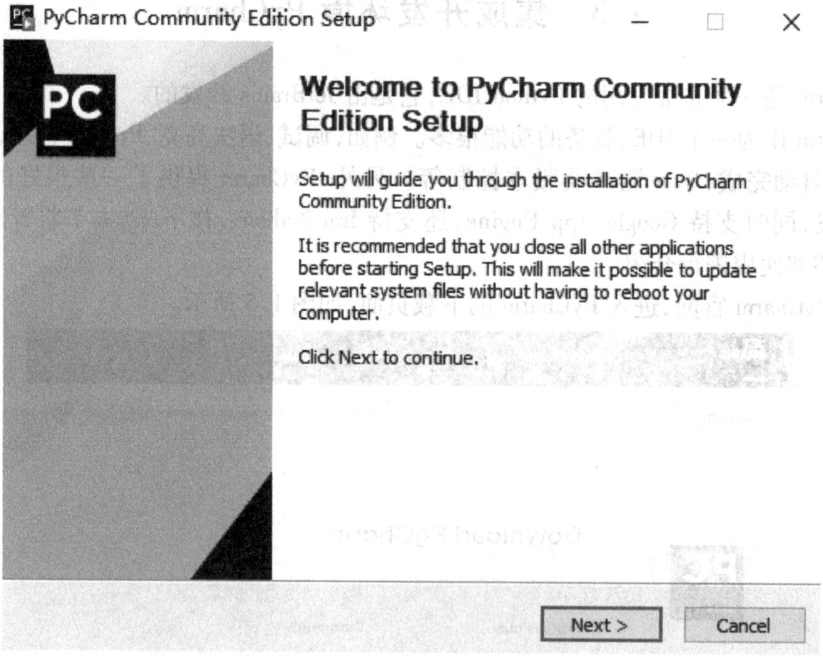

图1.6　进入安装 PyCharm 的界面

②单击如图 1.6 所示的“Next”按钮,进入选择安装路径的界面,如图 1.7 所示。

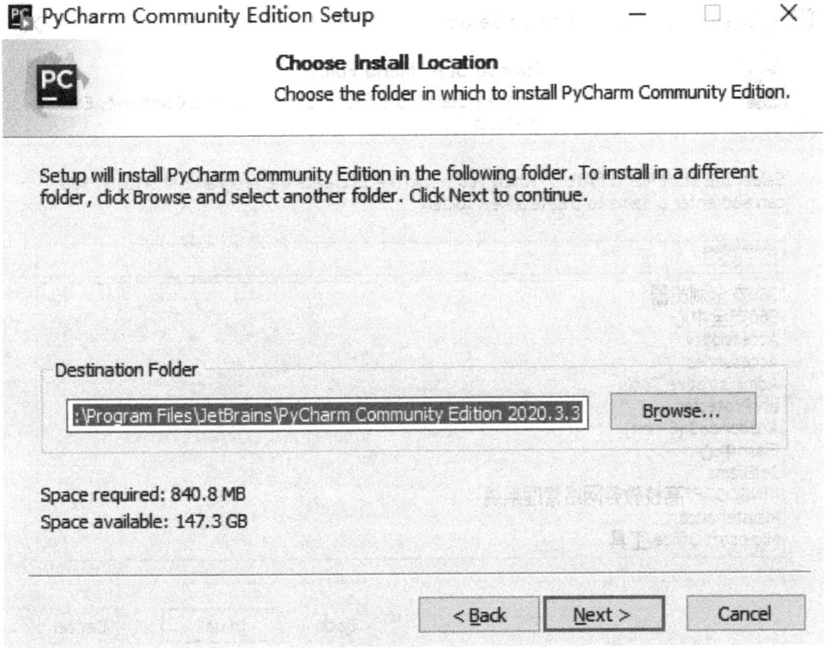

图 1.7　选择 PyCharm 安装的路径

③单击如图 1.7 所示的“Next”按钮,进入文件配置的界面,如图 1.8 所示。

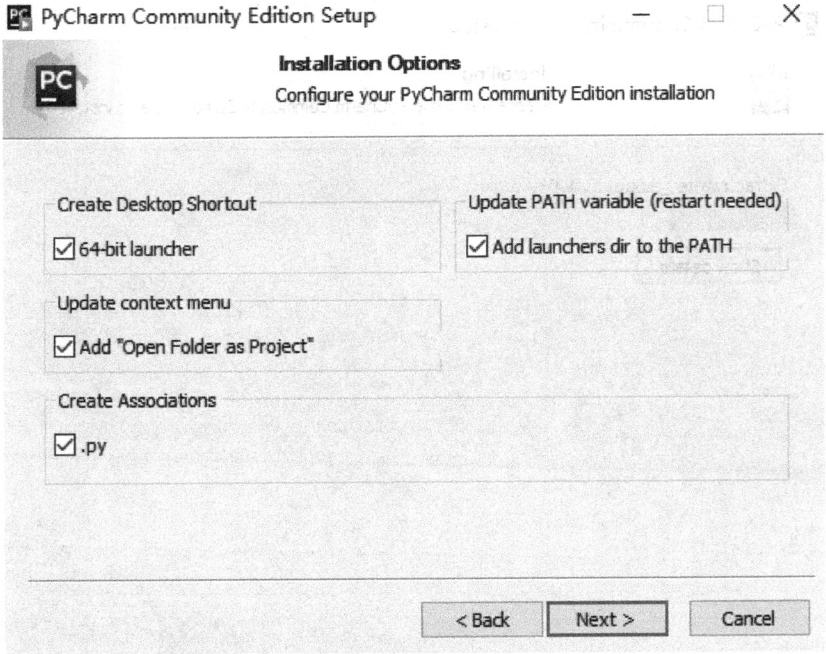

图 1.8　文件配置的相关界面

④单击如图 1.8 所示的“Next”按钮，进入界面，选择启动菜单，如图 1.9 所示。

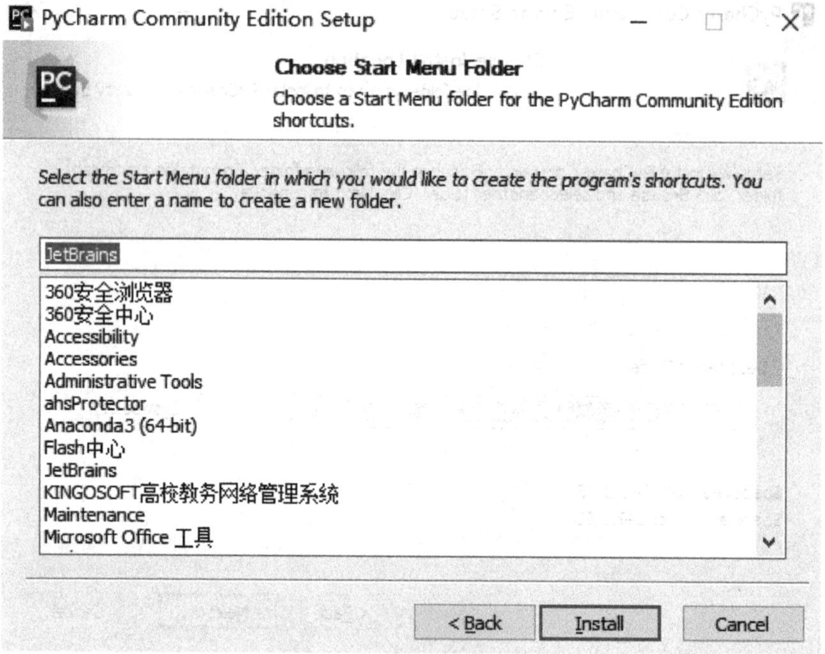

图 1.9　选择启动菜单文件

⑤单击如图 1.9 所示的“Install”按钮，开始安装 PyCharm，如图 1.10 所示。

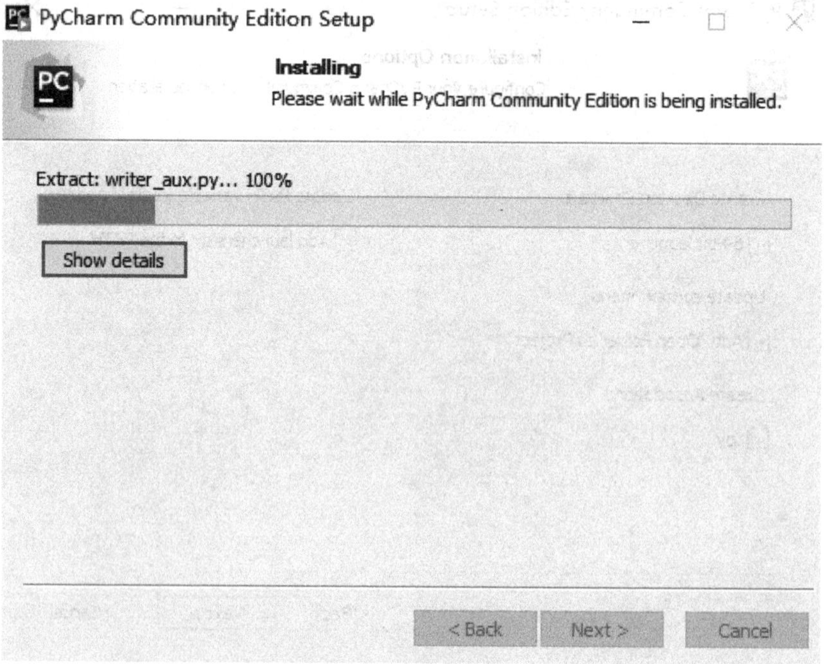

图 1.10　开始安装

⑥安装完成后的界面如图 1.11 所示。最后，单击“Finish”按钮完成即可。

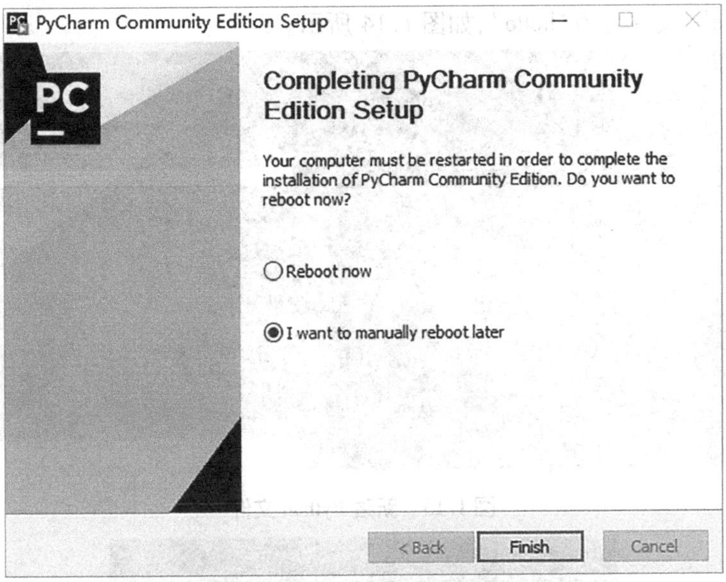

图 1.11　安装完成

1.4　Python 程序运行

进入启动 PyCharm 界面，选择“File”→“New Project...”，如图 1.12 所示。

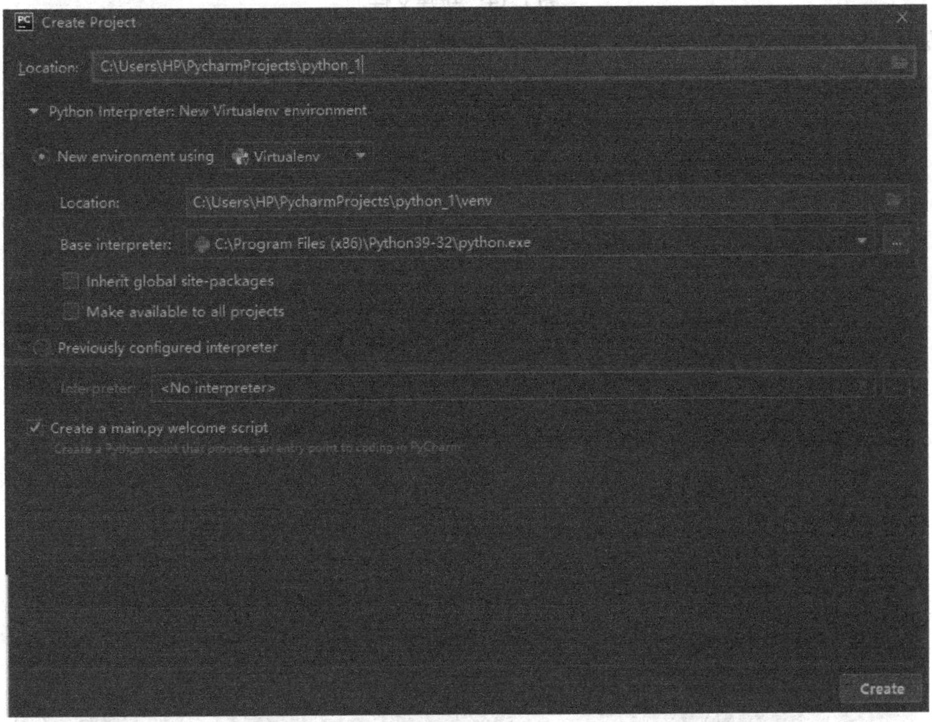

图 1.12　创建项目

右键单击"python_1",选择"New"→"Python File",新建 Python 文件(图 1.13),弹出"New Python file",文件名为"hello",如图 1.14 所示。

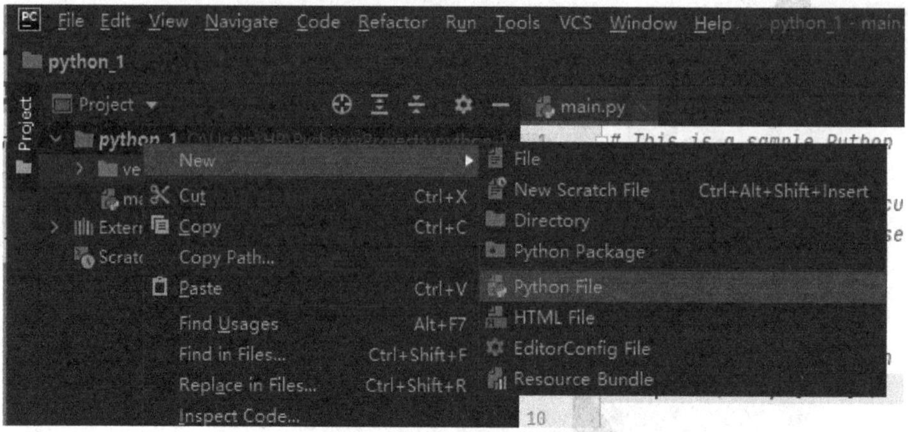

图 1.13 新建 Python 文件

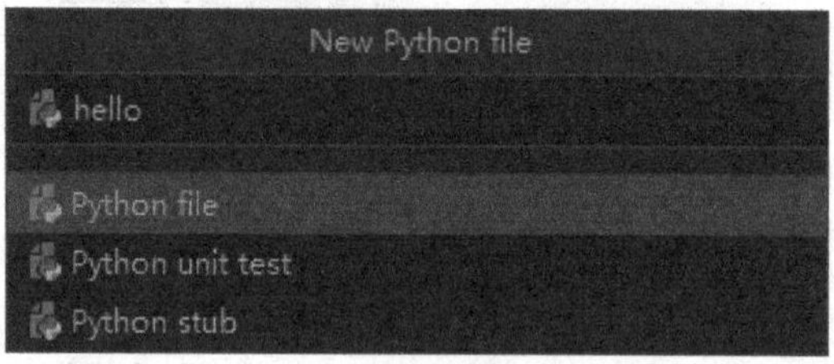

图 1.14 新建文件

按"Enter"键后,创建好的文件界面如图 1.15 所示。

图 1.15 新建文件的界面

在创建好的 Python 文件中编写第一个 Python 程序。这里在 hello 文件中输入下列语句：

print("欢迎您来到美丽的天水，天水是丝路重镇、国家级历史文化名城，得名于"天河注水"的传说。")

右键单击 hello 文件，选择"Run "hello""运行程序，如图 1.16 所示。

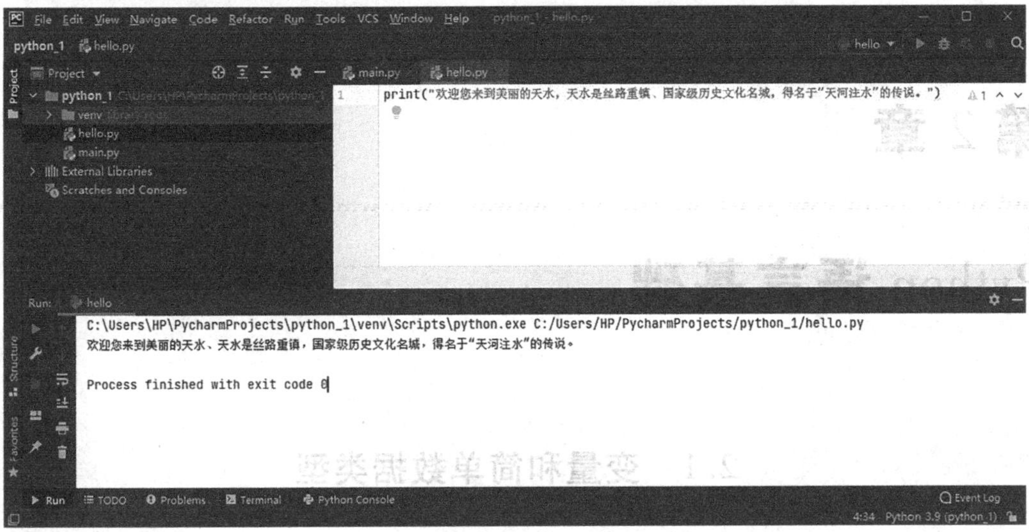

图 1.16　程序运行结果

第 2 章

Python 语言基础

2.1 变量和简单数据类型

2.1.1 变量和标识符

变量,顾名思义,是指可以改变的量。在计算机的世界中,变量通常被认为是一种访问存储位置的方式。

Python 的变量名区分英文字母大小写,如 score 和 Score 是两个不同的变量。变量名不能是 Python 的关键字。

Python 中的变量不需要声明。每个变量在使用前都必须赋值,赋值以后该变量才会被创建。在 Python 中,变量就是变量,它没有类型。所说的"类型",是该变量指向内存中对象的类型。这种变量本身类型不固定的语言,称为动态语言,与之对应的是静态语言。

等号(=)用来给变量赋值。等号(=)运算符左边是一个变量名,等号(=)运算符右边是存储在变量中的值。

例 2.1:

```
counter=100  #整型变量
miles=1000.0  #浮点型变量
name="python"  #字符串
print(counter)
1print(miles)
print(name)
```

执行以上程序会输出以下结果:

```
100
1000.0
python
```

Python 允许同时为多个变量赋值。例如：

```
a=b=c=1
```

上述实例，创建一个整型对象，值为 1，从后向前赋值，3 个变量都指向同一个内存地址。

也可以为多个对象指定多个变量。例如：

```
a,b,c=1,2,"python"
```

以上实例中，两个整型数据 1 和 2 分配给变量 a 和 b，字符串对象"python"分配给变量 c。Python 中的变量赋值不需要类型声明。向变量赋值时，Python 会自动声明变量类型。

标识符是变量、函数、类、模块以及其他对象的名称。第一个字符必须是字母表中的字母或下画线，标识符的其他部分由字母、数字和下画线组成。标识符对大小写敏感。在 Python 3 中，非 ASCII 标识符也是被允许的。关键字即预定义保留标识符，关键字不能在程序中用作标识符，否则会产生编译错误。

2.1.2　基本数据类型

Python 的数字类型分为整型、长整型、浮点型、布尔型及复数类型。Python 没有字符类型。使用 Python 编写程序时，不需要声明变量的类型，整型、长整型可用二进制、八进制、十六进制数。由于 Python 不需要显式声明变量的类型，变量的类型由 Python 内部管理，在程序的后台实现数值与类型的关联，以及类型转换等操作。Python 与其他高级语言定义变量的方式及内部原理有很大的不同。在 C 或 Java 中，定义一个整型的变量，可采用以下方式：

```
int i=1;
```

在 Python 中，定义整型变量的表达方式更简练：

```
i=1
```

在 Python 中，定义整型变量只需要采用赋值表达式即可，程序员不需要关心赋值变量的大小，Python 会根据值的大小自动转换为长整型。Python 其他数字类型变量的定义方法与此类似。

C 语言分为单精度和双精度浮点类型，而 Python 只有双精度浮点类型。Python 根据变量的值自动判断变量的类型，程序员不需要关心变量究竟是什么类型，只要知道创建的变量存放了一个数。以后的工作只是对这个数值进行操作，Python 会对这个数的生命周期负责。

更重要的一点是，C 或 Java 只是创建了一个 int 型的普通变量，而 Python 创建的是一个整型对象，并且 Python 自动完成了整型对象的创建工作，不再需要通过构造函数创建。Python 内部没有普通类型，任何类型都是对象。如果 C 或 Java 要修改变量 i 的值，只需重新赋值即可，而 Python 并不能修改对象 i 的值。

如果需要查看变量的类型，可使用 Python 定义的 type 类。type 是_ builtin_模块的一个类，该类能返回变量的类型或创建一个新的类型。_builtin_ 模块是 Python 的内联模块，内联模块不需要使用 import 语句，由 Python 解释器自动导入。后面还会接触到更多内联模块的类和函数。

例 2.2：

```
i=1  #整型
print(type(i))
i=99999990  #长整形
print(type(i))
f=1.2  #非浮点型
print(type(f))
b=True  #布尔型
print(type(b))
```

运行结果：

```
<class 'int'>
<class 'int'>
<class 'float'>
<class 'bool'>
```

1)int(整型)

十进制整数,如 18。

八进制整数。以数字 0 开头,只能用 0 ~ 7 这 8 个数字组合表达,如 0154。

十六进制整数。以 0x 或 0X 开头,只能用 0 ~ 9 这十个数字及字母 A ~ F 组合表达,如 0x15F。

Python 2 中有两个整数类型 int 和 long(长整型)。在 Python 3 里,只有一种整数类型 int,并且不限制大小。

通过函数 str(),oct(), hex(), bin( )可把整数数值转换为十进制、八进制、十六进制、二进制的字符串。

例 2.3：

```
x=20
print(str(x))  #转换成十进制字符串
print(oct(x))  #转换成八进制字符串
print(hex(x))  #转换成十六进制字符串
print(bin(x))  #转换成二进制字符串
```

运行结果：

```
20
0o24
0x14
0b10100
```

通过函数 int( )可把十进制、八进制、十六进制、二进制的字符串转换为整数数值。

例 2.4：

```
print(int('20', 10))  # 十进制字符串转换为十进制整数
print(int('0o24', 8))  # 八进制字符串转换为十进制整数
print(int('0x14', 16))  # 十六进制字符串转换为十进制整数
print(int('0b10100', 2))  # 二进制字符串转换为十进制整数
```

运行结果：

```
20
20
20
20
```

2)float(浮点型)

在 Python 中，浮点数是一个类(class)，浮点数类<class 'float'>。简而言之，浮点数就是小数，有常规的数学表示法。

十进制形式，如 0.0013，-1482.5。

指数形式，通常用来表示一些较大或较小的数值。其格式为：实数部分+字母 E 或 e+正/负号+整数部分。

Python 的浮点数默认是双精度类型，占 8 个字节 64bit 的内存空间，可提供 17 位有效数字。浮点数的表示范围：

最大值是：1.7976931348623157e+308。

最小值是：2.2250738585072014e-308。

例 2.5：

```
a=123456.789  # 常规数学表示法
b=1.23456789e5  # 科学记数法
print(a==b)  # 比较两种记数法的值
print(type(a), type(b))
import sys
print(sys.float_info.max)  # 浮点数最大值
print(sys.float_info.min)  # 浮点数最小值
```

运行结果：

```
True
<class 'float'> <class 'float'>
1.7976931348623157e+308
2.2250738585072014e-308
```

3)complex(复数)

复数由实数部分和虚数部分组成,一般形式为 x+yj。例如,2.14j,2+12.1j。

例 2.6:

```
a=1+2j  # 创建复数
print(type(a))  # 查看类型
print(complex(1,2))
print(complex("1+2j"))
```

运行结果:

```
<class 'complex'>
(1+2j)
(1+2j)
```

4)布尔类型

布尔(bool)类型是一种比较特殊的类型。它只有“True(真)”和“False(假)”两种值。

例 2.7:

```
a=True  # 注意,第一个字母大写
b=False
print(type(a), type(b))  # 查看类型
print(1 > 2)  # 比较运算的结果是布尔值
print(a or b)  # 布尔运算的结果是布尔值
print(a and b)
print(not b)
```

运行结果:

```
<class 'bool'> <class 'bool'>
False
True
False
True
```

5)字符串

字符串是以单引号或双引号括起来的任意文本,如'abc',"xyz"等。如果单引号本身也是字符串中的一个字符,则可用双引号引起来。

如果双引号本身也是字符串中的一个字符,则可用单引号括起来。如果字符串内部既包含单引号又包含双引号,则可用转义字符“\”来标识。转义字符是以“\”开头,后跟一个字符,通常用来表示一些控制代码和功能定义,见表 2.1。

表 2.1　转义字符

转义字符	说　明	转义字符	说　明
\n	回车换行	\'	单引号符'
\b	退格	\"	双引号符"
\r	回车	\a	鸣铃
\t	水平制表	\f	走纸换页
\v	垂直制表	\\	反斜线符\

2.1.3　运算符和表达式

1)算术运算符

算术运算符见表 2.2。其中,假设变量 a 为 4, 变量 b 为 3。

表 2.2　算数运算符

运算符	名　称	说　明	示　例
+	加法运算	将运算符两边的操作数相加	a + b=7
-	减法运算	将运算符左边的操作数减去右边的操作数	a - b=-1
*	乘法运算	将运算符两边的操作数相乘	a * b=12
/	除法运算	将运算符左边的操作数除以右边的操作数	a / b=0.75
%	模运算	返回除法运算的余数	a % b=3
**	幂(乘方运算)	表达式 x ** y,则返回 x 的 y 次幂	a ** b=81
//	整除	返回商的整数部分。如果其中一个操作数为负数,则结果为负数	a // b=0 b // a=1 -a // b=-1

例 2.8:

```
a=21
b=10
c=0
c=a+b
print("a+b 的值为:",c)
c=a-b
print("a-b 的值为:",c)
c=a*b
print ("a*b 的值为:",c)
c=a/b
```

```
print ("a/b 的值为:",c)
c=a%b
print ("a%b 的值为:",c)
```

运行结果:

```
a+b 的值为: 31
a-b 的值为: 11
a*b 的值为: 210
a/b 的值为: 2.1
a%b 的值为: 1
```

2)赋值运算符

赋值运算符用来给变量赋值。Python 提供的赋值运算符可分为简单赋值和复合赋值两大类。赋值运算符“=”的一般格式为:变量=表达式。

它表示将其右侧的表达式求出结果,赋给其左侧的变量。

复合赋值有如下:

a +=b 相当于 a=a + b

a -=b 相当于 a=a - b

a *=b 相当于 a=a * b

a /=b 相当于 a=a / b

a %=b 相当于 a=a % b

a ** =b 相当于 a=a ** b

a //=b 相当于 a=a // b

例 2.9:

```
a=21
b=10
c=0
c=a+b
print("a+b 的值为:",c)
c+=a
print("c+=a 的值为:",c)
c*=a
print("c*=a 的值为:",c)
c/=a
print("c/=a 的值为:",c)
c=2
c%=a
print("c%=a 的值为:",c)
c **=a
print ("c **=a 的值为:",c)
c//=a
print ("c//=a 的值为:",c)
```

运行结果：

```
a+b 的值为：31
c+=a 的值为：52
c * =a 的值为：1092
c/ =a 的值为：52.0
c% =a 的值为：2
c ** =a 的值为：2097152
c// =a 的值为：99864
```

3)比较运算符

关系运算符又称比较运算符，用于比较运算符两侧的值。比较的结果是一个布尔值，即 True 或 False。关系运算符的优先级低于算术运算符的优先级，但高于赋值运算符的优先级。关系运算符的结合性为从左到右，见表 2.3。

表 2.3　比较运算符

序　号	符　号	功　能	优先级
1	>	大于	优先级相同(高)
2	>=	大于等于	
3	<	小于	
4	<=	小于等于	
5	==	等于	优先级相同(低)
6	!=	不等于	

例 2.10：

```
a=21
b=10
c=0
if(a==b):
    print("a 等于 b")
else:
    print("a 不等于 b")
if(a! =b):
    print("a 不等于 b")
else:
    print("a 等于 b")
if(a<b):
    print("a 小于 b")
else:
    print("a 大于等于 b")
```

```
if(a>b):
    print("a 大于 b")
else:
    print("a 小于等于 b")
```

运行结果:

```
a 不等于 b
a 不等于 b
a 大于等于 b
a 大于 b
a 小于等于 b
b 大于等于 a
```

4)逻辑运算符

Python 的逻辑运算符包括 and(与)、or(或)、not(非)3 种。它与 C/C++,Java 等语言不同的是,Python 中逻辑运算的返回值不一定是布尔值。在 Python 中,当参与逻辑运算的数值为 0 时,则把它看作逻辑“假”,而将所有非 0 的数值都看作逻辑“真”,见表 2.4。

表 2.4 逻辑运算符

运算符	含 义	举 例	说 明
and	与	x and y	如果 x 为 False,无须计算 y 的值,则返回值为 x;否则返回 y 的值
or	或	x or y	如果 x 为 True,无须计算 y 的值,则返回值为 x;否则返回 y 的值
not	非	not x	如果 x 为 True,则返回值为 False;如果 x 为 False,则返回值为 True

例 2.11:

```
print(3 - 3 and 3 < 6)  # 输出逻辑表达式的值
print(3 < 6 and 3 + 5)
print(1 + 2 or 3 < 6)
print(3 < 6 or 3 + 5)
print(not 3>6)
```

运行结果:

```
0
8
3
True
True
```

5)成员运算符

成员运算符用于判断一个元素是否在某个序列中,如字符串、列表、元组等,见表 2.5。

表 2.5　成员运算符

运算符	举　例	说　明
in	x in y	在 y 中找到 x 的值则返回 True,否则返回 False
not in	x not in y	在 y 中未找到 x 的值则返回 True,否则返回 False

例 2.12:

```
a=10
b=20
list=[1,2,3,4,5];
if(a in list):
    print("变量 a 在给定的列表 list 中")
else:
    print("变量 a 不在给定的列表 list 中")
if(b not in list):
    print("变量 b 不在给定的列表 list 中")
else:
    print("变量 b 在给定的列表 list 中")
```

运行结果:

```
变量 a 不在给定的列表 list 中
变量 b 不在给定的列表 list 中
```

6)身份运算符

身份运算符用来判断两个变量的引用对象是否指向同一个内存对象,见表 2.6。

表 2.6　身份运算符

运算符	举　例	说　明
is	x is y	如果 x 和 y 引用的是同一个对象则返回 True,否则返回 False
is not	x is not y	如果 x 和 y 引用的不是同一个对象则返回 True,否则返回 False

例 2.13:

```
a=10  # 创建变量 a,赋值为 10
b=20  # 创建变量 b,赋值为 20
print(a is b)  # 输出表达式的值
print(a is not b)
b=10  # 修改变量 b 的值
print(a is b)
```

运行结果：

```
False
True
True
```

7)位运算符

所谓位运算，是指进行二进制位的运算，见表 2.7。

表 2.7　位运算符

运算符	名　称	说　明
&	按位与	只有对应的两个二进制位均为 1，结果才为 1，否则为 0
|	按位或	只要对应的两个二进制位有一个为 1，结果就为 1
^	按位异或	对应的两个二进制位不同时，结果为 1，否则为 0
~	取反	对每个二进制位取反
<<	左移	左操作数的二进制位全部左移，由右操作数决定移动的位数，移出位删掉，移进的位补零
>>	右移	左操作数的二进制位全部右移，由右操作数决定移动的位数，移出位删掉，移进的位补零

例如，a=00111100，a<<2 输出结果 240，二进制解释 :11110000。

a=00111100，a>>2 输出结果 15，二进制解释 :00001111。

a=00111100，b=00001101，(a&b)输出结果 12，二进制解释 :00001100。

a=00111100，b=00001101，(a|b)输出结果 61，二进制解释 :00111101。

8)运算符优先级

表 2.8 列出了从最高到最低优先级的所有运算符。

表 2.8　运算符优先级

优先级顺序	运算符	说　明
1	**	指数(次幂)运算
2	~　+　-	取反、正号运算和负号运算
3	*　/　%　//	乘，除，取模和取整除
4	+　-	加法、减法
5	>>　<<	右移，左移位运算符
6	&	按位与
7	^　|	按位异或和按位或
8	<=　<　>　>=	比较运算符
9	==　!=	等于和不等于运算符
10	=　%=　/=　//=　-=　+=　*=　**=	赋值运算符

续表

优先级顺序	运算符	说 明
11	is is not	身份运算符
12	in not in	成员运算符
13	not or and	逻辑运算符

例 2.14:

```
a=20
b=10
c=15
d=5
e=0
e=(a+b) * c/d   # (30 * 15)/5
print("(a+b) * c/d 运算结果为:",e)
e=((a+b) * c)/d   # (30 * 15)/5
print("((a + b) * c)/d 运算结果为:",e)
e=(a+b) * (c/d)   # (30) * (15/5)
print("(a + b) * (c / d)运算结果为:",e)
e=a+(b * c)/d   # 20+(150/5)
print(" a+(b * c)/d 运算结果为:",e)
```

运行结果:

```
(a+b) * c/d 运算结果为: 90.0
((a + b) * c)/d 运算结果为: 90.0
(a + b) * (c / d)运算结果为: 90.0
a+(b * c)/d 运算结果为: 50.0
```

2.1.4 标准输入和输出

Python 提供了 input( ) 函数用于获取用户键盘输入的字符。input( ) 函数让程序暂停运行,等待用户输入数据,当获取用户输入后,Python 将其以字符串的形式存储在一个变量中,方便后面使用。

例 2.15:

```
password=input("请输入密码:")  # 输入数据赋给变量 password
print('您刚刚输入的密码是:', password)   # 输出数据
```

运行结果:

```
请输入密码:123
您刚刚输入的密码是:123
```

在 Python 中使用 print( ) 函数进行输出。输出字符串时可用单引号或双引号括起来；输出变量时，可不加引号；变量与字符串同时输出或多个变量同时输出时，需用“,”隔开各项。print 默认输出是换行的，如果要实现不换行需要在变量末尾加上 end=""。

例 2.16：

```
print("这是一个输出示例")   # print( ) 函数使用双引号输出示例
url='www.gsfc.edu.cn'   # 创建变量 url,赋值为'www.gsfc.edu.cn'
print('我们的网址是',url)   # print( ) 函数使用单引号输出变量 url
```

运行结果：

```
这是一个输出示例
我们的网址是 www.gsfc.edu.cn
```

2.2 分支语句

2.2.1 if 语句

Python 中 if 语句的语法格式如下：

```
if 判断条件:
    语句块
```

语句块是 if 条件满足后执行的一个或多个语句序列。语句块中，语句通过与 if 所在行形成缩进表达包含关系。if 语句首先评估条件的结果值。如果结果为 True，则执行语句块中的语句序列，然后控制转向程序的下一条语句；如果结果为 False，语句块中的语句会被跳过。if 语句的控制过程如图 2.1 所示。

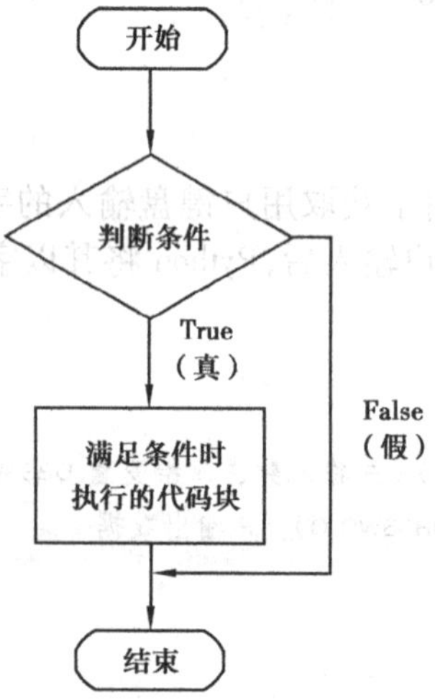

图 2.1　语句执行流程

例 2.17：

```
age=20  # 创建变量 age 代表年龄，赋值为 20
if age >=18:  # 判断变量 age 的值是否大于等于 18
    print("已成年")  # 输出“已成年”
```

运行结果：

```
已成年
```

例 2.18：

一个简化版的空气质量标准采用三级模式：0 ~ 35 为优，35 ~ 75 为良，75 以上为污染。

```
PM=eval(input ("请输入 PM2.5 数值:"))
if 0<=PM<35:
    print("空气质量优，建议户外运动！")
if 35 <=PM<75:
    print("空气质量良，建议适度户外运动！")
if 75 <=PM:
    print("空气污染警告，请小心！")
```

运行结果：

```
请输入 PM2.5 数值：25
空气质量优，建议户外运动！
```

2.2.2　if-else 语句

Python 中 if-else 语句用来形成二分支结构。其语法格式如下：

```
if 判断条件：
    语句块 1
else：
    语句块 2
```

语句块 1 是在 if 条件满足后执行的一个或多个语句序列，语句块 2 是 if 条件不满足后执行的语句序列。二分支语句用于区分条件的两种可能，即 True 或 False，分别形成执行路径。用一张图来描述 if 语句的执行流程即如图 2.2 所示 。

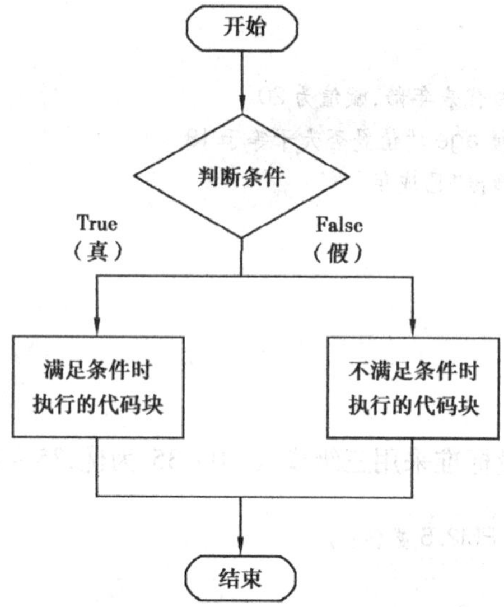

图 2.2　if-else 语句执行流程

例 2.19：编写程序，要求输入年龄，判断该学生是否成年（大于等于 18 岁）。如未成年，计算还需要几年能够成年。

```
age=int(input("请输入学生的年龄:"))  # 输入变量 age 的值并转换为整型
if age>=18:  # 判断 age 是否大于等于 18
print("已成年")  # 如果是，输出“已成年”
else:  # 如果不是
print("未成年")  # 输出“未成年”
print("还差",18-age,"年成年")  # 计算还差几年成年并输出
```

运行结果：

```
如果输入 20 岁，输出已成年
如果输入 15 岁，输出未成年
还差 3 年成年
```

2.2.3　if-elif-else 语句

Python 的 if-elif-else 描述多分支结构。其语法格式如下：

```
if 判断条件 1:
    语句块 1
elif 判断条件 2:
    语句块 2
elif 判断条件 n:
    语句块 n
...
else:
    语句块 n+1
```

其实看这个语句，if是判断语句，elif也是判断语句，只不过elif能做更细致的判断。

①当满足if判断条件1时，则执行代码块语句块1，然后整个if结束。

②如果不满足if条件，满足判断条件2，则执行代码块语句块2，然后整个if结束。

③如果不满足判断条件1和判断条件2，满足判断条件n，则执行代码块语句块n，然后整个if结束。

④否则，执行语句块n+1。

例2.20：某商场做周年庆活动，购物满1 000元以上，用户可享受0.9的折扣；购物满2 000元以上，可享受0.8的折扣；购物满3 000元以上可享受0.7的折扣。试使用if-elif语句来判定某用户在享受折扣后需要支付的金额。

```
amount=5000
if amount<1000:
    print("用户没有折扣.需支付金额为:")
    print( amount)
elif 2000> amount>=1000:
    print("用户可以享受9折优惠,还需支付金额为:")
    print(amount * 0.9)
elif 3000> amount>=2000:
    print("用户可以享受8折优惠,还需支付金额为:")
    print( amount * 0.9)
elif amount>=3000:
    print("用户可以享受7折优惠,还需支付金额为:")
    print(amount*0.9)
```

运行结果：

```
用户可享受7折优惠,还需支付金额为:
4500.0
```

if嵌套是指在if语句中包含if语句，该if语句可以是if，if-else或if-elif，具体使用哪一个根据实际开发情况进行选择。

例2.21：编写程序，实现输入3个整数，输出最大值。

```
a=int(input("请输入a的值:"))  # 输入a的值并转换为整数
b=int(input("请输入b的值:"))  # 输入b的值并转换为整数
c=int(input("请输入c的值:"))  # 输入c的值并转换为整数
if a>b:# a>b
    if a>c:  # a>b并且a>c,最大值为a
        max=a
    else:  # a>b并且c>a,最大值为c
        max=c
```

```
else:  # a<b
    if b>c:  # b>a 并且 b>c,最大值为 b
        max=b
    else:  # b>a 并且 c>b,最大值为 c
        max=c
print("max=",max)  # 输出最大值 max
```

运行结果:

```
请输入 a 的值:6
请输入 b 的值:8
请输入 c 的值:1
max=8
```

2.3 循环语句

循环结构是结构化程序设计中很重要的结构。它与顺序结构、分支结构都是各种复杂程序的基本结构。循环结构的特点是:在给定条件成立的情况下,反复执行某程序段,直到条件不成立为止。给定的条件称为循环条件,反复执行的程序段称为循环体。Python 编程中,while 语句和 for 语句都用于循环执行程序。

2.3.1 while 语句

while 循环语句是“先判断,后执行”。如果刚进入循环时条件就不满足,则循环体一次也不执行。还需要注意的是,一定要有语句修改判断条件,使其有为假时,否则将出现“死循环”。while 循环语句的基本语法格式如下:

```
while 判断条件:
    语句块
```

当判断条件为“假”,则不执行循环体语句,退出循环,转到循环体外的下一条语句执行;当判断条件为“真”,执行循环体语句块之后,再次计算判断条件的值,重复上述过程,直到判断条件为“假”时,退出循环。其程序流程如图 2.3 所示。while 循环的特点是:先判断表达式,后执行语句。

例 2.22:使用 input( )捕获输入。按照提示输入 5 个数字,并用逗号分隔。input( )根据输入的逗号,生成一个列表。输出列表 numbers 的内容。定义变量 x,其值为 0。通过列表的长度遍历列表 numbers,并输出列表中的值。

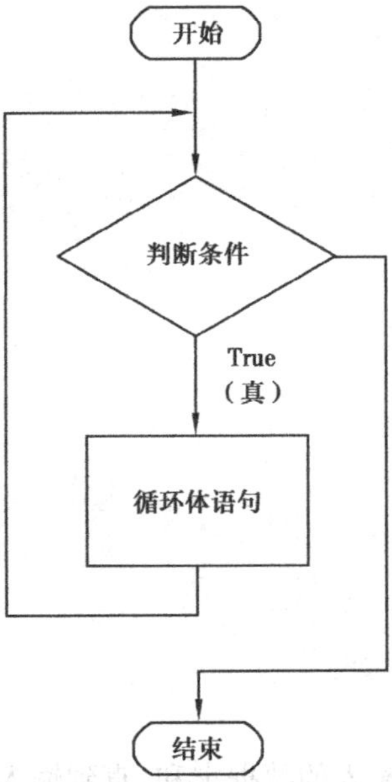

图 2.3　while 循环

```
numbers=input("输入几个数字,用逗号分隔:").split(",")
print(numbers)
x=0
while x < len(numbers):
    print(numbers[x])
    x +=1
```

运行结果：

```
输入几个数字,用逗号分隔:2,3,4,5,6,7
['2','3','4','5','6','7']
2
3
4
5
6
7
```

例 2.23：当变量 x 的值大于 0 时，执行循环，否则输出变量 x 的值。

```
=int(input("输入 x 的值:"))
i=0
while(x! =0):
    if(x>0):
        x -=1
    else:
```

```
        x +=1
    i=i + 1
    print("第%d 号次循环:"%i, x)
else:
    print("x 等于 0:", x)
```

运行结果:

```
输入 x 的值:4
第 1 号次循环: 3
第 2 号次循环: 2
第 3 号次循环: 1
第 4 号次循环: 0
x 等于 0: 0
```

例 2.24:使用 while 循环对用户输入的数据求和,直到输入数据等于 0 时,结束循环。

```
a=1
sum=0
while(a! =0):
    a=int(input("请输入 a 的值:"))
    sum +=a
print("总和为:%s"%sum)
```

运行结果:

```
请输入 a 的值:4
总和为:4
请输入 a 的值:6
总和为:10
请输入 a 的值:8
总和为:18
请输入 a 的值:0
总和为:18
```

例 2.25:编写程序,求 S=1+2+3+…+100 的值。

```
i=1  # 创建变量 i,赋值为 1
S=0  # 创建变量 S,赋值为 0
while i<=100:  # 循环,当 i>100 时结束
    S+=i  # 求和,将结果放入 S 中
    i+=1  # 变量 i 加 1
print("S=1+2+3+…+100=",S)  # 输出 S 的值
```

运行结果：

```
S=1+2+3+…+100=5050
```

2.3.2 for 语句

for 循环语句的语法结构如下：

```
for 变量 in 序列:
    语句块
```

Python 中的 for 循环常用于遍历列表、元组、字符串以及字典等序列中的元素。for 循环语句经常与 range( ) 函数一起使用，range( ) 函数是 Python 的内置函数，可创建一个整数列表。range( ) 函数的语法如下：

```
range([start,]stop[,step])
```

计数从 start 开始，默认是从 0 开始。计数到 stop 结束，但不包括 stop。step 为步长，默认为 1。

例如：

range(10)等价于 range(0,10)

range(0,6)是[0,1,2,3,4,5]

range(0,6)等价于 range(0,6,1)

例 2.26：遍历 range( )生成的列表，过滤出正数、负数和 0。

```
for x in range(-1,2):
    if x>0:
        print("正数:",x)
    elif x==0:
        print("零:",x)
    else:
        print("负数:",x)
else:
    print("循环结束")
```

运行结果：

```
负数: -1
零: 0
正数: 1
循环结束
```

例 2.27：用 for 语句求 S=1+2+3+…+100 的值。

```
S=0  #创建变量S,赋值为0
for i in range(1,101):  #循环变量i从1循环到100
    S+=i  #求和,将结果放入S中
print("S=1+2+3+…+100=",S)  #输出S的值
```

运行结果:

```
S=1+2+3+…+100=5050
```

2.3.3 循环嵌套的使用

一个循环语句的循环体内包含另一个完整的循环结构,称为循环的嵌套。嵌在循环体内的循环,称为内循环;嵌有内循环的循环,称为外循环。内嵌的循环中还可嵌套循环,这就是多重循环。

例 2.28:编写一个程序,输出九九乘法表。

```
for x in range(1,10):  #循环变量x从1循环到9
    for y in range(1,x+1):  #循环变量y从1循环到x+1
        print(y,"*",x,"=",x*y,"",end="")  #输出乘法表达式
    print("")  #输出空字符串,作用是换行
```

运行结果:

```
1*1=1
1*2=2 2*2=4
1*3=3 2*3=6 3*3=9
1*4=4 2*4=8 3*4=12 4*4=16
1*5=5 2*5=10 3*5=15 4*5=20 5*5=25
1*6=6 2*6=12 3*6=18 4*6=24 5*6=30 6*6=36
1*7=7 2*7=14 3*7=21 4*7=28 5*7=35 6*7=42 7*7=49
1*8=8 2*8=16 3*8=24 4*8=32 5*8=40 6*8=48 7*8=56 8*8=64
1*9=9 2*9=18 3*9=27 4*9=36 5*9=45 6*9=54 7*9=63 8*9=72 9*9=81
```

2.3.4 break 语句

使用 break 语句跳出循环体,而去执行循环下面的语句。在循环结构中,break 语句通常与 if 语句一起使用,以便在满足条件时跳出循环。

例 2.29:在循环结构中,break 语句可提前结束循环。

```
x=int(input("输入x的值:"))
y=0
for y in range(0, 100):
```

```
    if(x==y):
        print("找到数字:", x)
        Break
else:
    print("没有找到")
```

运行结果 1:

```
输入 x 的值:120
没有找到
```

运行结果 2:

```
输入 x 的值:88
找到数字: 88
```

2.3.5　continue 语句

有时,并不希望终止整个循环的操作,而只希望提前结束本次循环,接着执行下一次循环,这时,可用 continue 语句。与 break 语句不同,continue 语句的作用是结束本次循环,即跳过循环体中 continue 语句后面的语句,开始下一次循环。

例 2.30:输出 1 ~20 所有的奇数。

```
for n in range(1,21):  # 循环,n 的取值为 1 到 20
    if n%2==0:  # 判断 n 是否为偶数
        continue  # 当 n 为偶数时跳出本次循环
    else:  # 当 n 为奇数时输出 n 的值
        print(n)
```

运行结果:

```
1
3
5
7
9
11
13
15
17
19
```

第 3 章

基础数据结构

3.1 字符串

字符串可由一对单引号(')、一对双引号(")或一对三引号(''')构成。其中,单引号和双引号都可表示单行字符串,两者作用相同。三引号可表示单行或多行字符串。例如:

```
'点滴积累铸就精彩人生'
"点滴积累铸就精彩人生"
'''
千锤万凿出深山,
烈火焚烧若等闲。
粉身碎骨全不怕,
要留清白在人间。
'''
```

3.2 字符串内置方法

3.2.1 有关类型判断的方法

字符串有关类型判断的方法见表 3.1。

表 3.1 字符串有关类型判断的方法

方 法	说 明
string. isspace( )	如果 string 中只包含空格,则返回 True
string. isalnum( )	如果 string 至少有一个字符且所有字符都是字母或数字,则返回 True
string. isalpha( )	如果 string 至少有一个字符且所有字符都是字母,则返回 True

续表

方　法	说　明
string. isdecimal( )	如果 string 只包含数字,则返回 True
string. isdigit( )	如果 string 只包含数字,则返回 True
string. isnumeric( )	如果 string 只包含数字,则返回 True
string. istitle( )	如果 string 是标题化的(每个单词的首字母大写),则返回 True
string. islower( )	如果 string 中包含至少一个区分大小写的字符且所有这些(区分大小写的)字符都是小写,则返回 True
string. isupper( )	如果 string 中包含至少一个区分大小写的字符且所有这些(区分大小写的)字符都是大写,则返回 True

1)string. isspace( )

如果字符串中仅包含空格字符,则 isspace( )方法将返回 True。如果不是,则返回 False。用于间隔的字符,称为空白字符。例如,制表符、空格和换行符等。

例 3.1:

```
s1 =' '
print(s1. isspace())
s2 =' a '
print(s2. isspace())
s3 =' '
print(s3. isspace())
```

运行结果:

```
True
False
False
```

2)string. isalnum( )

isalnum( )方法检查字符串是否包含字母或数字字符。如果字符串中的所有字符是字母或数字以及至少要有一个字符,该方法返回 True,否则为 False。

例 3.2:

```
str1 =" this2022 "
print(str. isalnum())
str2 =" this is string example. . . . wow!!! "
print(str. isalnum())
```

运行结果：

```
True
False
```

3）string. isalpha( )

如果字符串中的所有字符都是字母(则可以是小写和大写)，则为 True。至少一个字符不是字母，则为 False。

例 3.3：

```
name1 =" Monica "
print( name. isalpha( ) )
name2 =" Monica Geller "
print( name. isalpha( ) )
name3 =" Mo3nicaGell22er "
print( name. isalpha( ) )
```

运行结果：

```
True
False
False
```

4）string. isdecimal( )

如果字符串中的所有字符均为十进制字符，则为 True。至少一个字符不是十进制字符，则为 False。

例 3.4：

```
s1 =" 20191001 "
print( s. isdecimal( ) )
s2 =" 32labc "
print( s. isdecimal( ) )
s3 =" Mo3 nicaG el l22er "
print( s. isdecimal( ) )
```

运行结果：

```
True
False
False
```

5）string. isdigit( )

如果字符串中的所有字符都是数字格式，则 isdigit( )方法将返回 True。如果不是，则返回

False。在 Python 中,上标和下标(通常使用 unicode 编写)也被视为数字字符。因此,如果字符串包含这些字符以及十进制字符,则 isdigit( )返回 True。罗马数字、货币分子和小数(通常使用 unicode 编写)被认为是数字字符,而不是数字。如果字符串包含这些字符,则 isdigit( )返回 False。

例 3.5:

```
s1 =' 23455 '
print( s1. isdigit( ) )
s2 ='\\u00B23455 '
print( s2. isdigit( ) )
s3 ='\\u00BD '
print( s3. isdigit( ) )
```

运行结果:

```
True
True
False
```

6) string. isnumeric( )

如果字符串中的所有字符均为数字字符,则 isnumeric( )方法将返回 True,否则返回 False。在 Python 中,十进制字符(如 0,1,2,…),数字(如下标和上标)和具有 Unicode 数值属性的字符(如小数、罗马数字和货币分子)都被视为数字字符。

例 3.6:

```
s=' 1242323 '
print( s. isnumeric( ) )
# s=' 3455 '
s='\\u00B23455 ' print( s. isnumeric( ) )
# s="
s='\\u00BD '
print( s. isnumeric( ) )
s=' python12 '
print( s. isnumeric( ) )
```

运行结果:

```
True
True
True
False
```

7) string. istitle( )

如果字符串是标题字符串,返回 True,否则返回 False。什么是标题字符串? 字符串中每个单词的第一个字符为大写字母，其余所有字符为小写字母的字符串。

例 3.7：

```
s='Geeks For Geeks'
print(s.istitle())
s='geeks For Geeks'
print(s.istitle())
s='Geeks For GEEKs'
print(s.istitle())
s='6041 Is My Number'
print(s.istitle())
s='GEEKS'
print(s.istitle())
```

运行结果：

```
True
False
False
True
False
```

8) string.islower()

如果字符串中的所有字母均小写，则为 True。其中之一为大写，则为 False。

例 3.8：

```
islow_str="geeksforgeeks"
not_islow="Geeksforgeeks"
print("Is geeksforgeeks full lower ?:"+str(islow_str.islower()))
print("Is Geeksforgeeks full lower ?:"+str(not_islow.islower()))
```

运行结果：

```
Is geeksforgeeks full lower ?:True
Is Geeksforgeeks full lower ?:False
```

例 3.9：

代码编写：

```
test_str="Geeksforgeeks is most rated Computer \
            Science portal and is highly recommended"
list_str=test_str.split()
count=0
```

```
for i in list_str:
    if (i.islower()):
        count=count + 1
print("Number of proper nouns in this sentence is:"+ str(len(list_str)-count))
```

运行结果：

```
Number of proper nouns in this sentence is:3
```

9) string. isupper( )

如果字符串中的所有可大小写字符都是大写且至少有一个可大小写字符，该方法返回 True，否则为 False。

例 3.10：

```
str="THIS IS STRINGEXAMPLE....WOW!!!"
print(str.isupper())
str="THIS is string example....wow!!!"
print(str.isupper())
```

运行结果：

```
True
False
```

3.2.2　有关查找和替换的方法

字符串有关查找和替换的方法见表 3.2。

表 3.2　字符串有关查找和替换的方法

方　法	说　明
str. startswith(str, beg=0,end=len(string))	检查字符串是否是以 str 开头。如果是，则返回 True
str. endswith(suffix[,start[,end]])	检查字符串是否是以 str 结束。如果是，则返回 True
string. find(str, start=0, end=len(string))	检测 str 是否包含在 string 中，如果 start 和 end 指定范围，则检查是否包含在指定范围内。如果是，则返回开始的索引值，否则返回-1
string. rfind(str, start=0, end=len(string))	类似于 find( )，不过是从右边开始查找
string. index(str, start=0, end=len(string))	跟 find( )方法类似，不过如果 str 不在 string 会报错
string. rindex(str, start=0, end=len(string))	类似于 index( )，不过是从右边开始
string. replace(old_str, new_str, num=string. count(old))	把 string 中的 old_str 替换成 new_str。如果 num 指定，则替换不超过 num 次

1)str.startswith(str, beg=0, end=len(string))

startswith()方法检查字符串是否以 str 开始,可选限制在使用给定 start 和 end 的索引内匹配。

str:这是要检查的字符串。

beg:这是可选的参数,用来设置匹配的边界开始索引。

end:这是可选的参数,用来设置匹配的边界结束索引。

例 3.11:

```
str="this is string example....wow!!!"
print(str.startswith('this'))
print(str.startswith('string', 8))
print(str.startswith('this', 2, 4))
```

运行结果:

```
True
True
False
```

2)str.endswith(suffix[, start[,end]])

如果字符串以指定的后缀结束,endswith()方法返回 True,否则返回 False。可选的限制匹配是使用给定的索引开始到结束内。

suffix:这可以是一个字符串或者也有可能是元组使用后缀查找。

start:切片从这里开始。

end:切片到此结束。

例 3.12:

```
str='this is string example....wow!!!'
suffix='!!'
print(Str.endswith(suffix))
print(Str.endswith(suffix,20))
suffix='exam'
print(Str.endswith(suffix))
print(Str.endswith(suffix, 0, 19))
```

运行结果:

```
True
True
False
True
```

3) string. find(str, start=0, end=len(string))

检测 str 是否包含在 string 中,如果 start 和 end 指定范围,则检查是否包含在指定范围内。如果是,返回开始的索引值,否则返回-1。

str:被查找的子字符串。

start:查找的起始位置,默认为字符串起始位置。

end:查找的结束位置,默认为字符串结束位置。

例 3.13:

```
str="hello world! "
str1="wo"
print(str.find(str1))
print(str.find(str1, 8))
```

运行结果:

```
6
-1
```

4) string. rfind(str,start=0, end=len(string))

返回找到子字符串 str 的最后一个索引。如果不存在这样的索引,则返回-1,可选地将搜索限制为字符串[beg:end]。

str:被查找的子字符串。

start:查找的起始位置,默认为字符串起始位置。

end:查找的结束位置,默认为字符串结束位置。

例 3.14:

```
str1="this is really a string example....wow!!! ";
str2="is";
print(str1.rfind(str2))
print(str1.rfind(str2, 0, 10))
print(str1.rfind(str2, 10, 0))
print(str1.find(str2))
print(str1.find(str2, 0, 10))
print(str1.find(str2, 10, 0))
```

运行结果:

```
5
5
-1
2
2
-1
```

5) string. index(str, start=0, end=len(string))

index()方法可检测源字符串内是否包含另一个字符串。如果包含,则返回索引值;如果不包含,则抛出 ValueError: substring not found 异常。

str:源字符串。

str2:需要检测是否存在于源字符串内的字符串。

start:可选参数,默认为 0,源字符串开始查找的索引。

end:可选参数,默认为源字符串的长度,源字符串结束查找的索引。

例 3.15:

```
str1 =" hello python3 "
print(str1. index(' llo '))
print(str1. index(' llo ', 5))
```

运行结果:

```
2
ValueError: substring not found
```

6) string. rindex(str, start=0, end=len(string))

方法 rindex()返回找到子字符串 str 的最后一个索引,或如果不存在这样的索引则引发异常,可选地将搜索限制为字符串[beg:end]。

str:指定要搜索的字符串。

beg:起始索引,默认为 0。

len:结束索引,默认情况下它等于字符串的长度。

例 3.16:

```
str1 =" this is string example. . . . wow!!! ";
str2 =" is ";
print(str1. rindex(str2))
print(str1. index(str2))
```

运行结果:

```
5
2
```

7) string. replace(old_str, new_str, num=string. count(old))

把 string 中的 old_str 替换成 new_str。如果 num 指定,则替换不超过 num 次。

例 3.17:

```
txt =" one one was a race horse, twotwo was one too. "
x =txt. replace(" one ", " three ")
```

```
print(x)
txt=" one one was a race horse, two two was one too."
x=txt.replace(" one", " three", 2)
print(x)
```

运行结果：

```
" three three was a race horse, two two was three too."
" three three was a race horse, two two was one too."
```

3.2.3 有关大小写转换的方法

转义字符见表3.30。

表3.3 转义字符

方 法	说 明
string. capitalize( )	把字符串的第一个字符大写
string. title( )	把字符串的每个单词首字母大写
string. lower( )	转换 string 中所有大写字符为小写
string. upper( )	转换 string 中的小写字母为大写
string. swapcase( )	翻转 string 中的大小写

1) string. capitalize( )

string. capitalize( )方法将字符串的第一个字母大写后，并返回这个字符串。

例3.18：

```
str=" this is string example....wow!!! "
print(" str.capitalize() : ", str.capitalize())
```

运行结果：

```
str.capitalize() :  This is string example....wow!!!
```

2) string. title( )

title( )方法返回所有单词第一个字母大写字符串的副本。

例3.19：

```
str=" this is string example....wow!!! "
print(str.title())
```

运行结果：

```
This Is String Example....Wow!!!
```

3)string. lower( )

lower( )方法返回所有基于可大小写字符的小写字符串的副本。

例 3.20：

```
str="THIS IS STRING EXAMPLE....WOW!!! "
print(str.lower())
```

运行结果：

```
this is string example....wow!!!
```

4)string. upper( )

upper( )方法返回所有基于可大小写的字符,并转换为大写后字符串的副本。

例 3.21：

```
str="this is string example....wow!!! "
print("str.upper : ",str.upper())
```

运行结果：

```
str.upper :  THIS IS STRING EXAMPLE....WOW!!!
```

5)string. swapcase( )

swapcase( )方法将给定字符串的所有大写字符转换为小写,并将所有小写字符转换为大写字符,然后将其返回。

例 3.22：

```
string="ThIs ShOuLd Be MiXeD cAsEd. "
print(string.swapcase())
```

运行结果：

```
tHiS sHoUlD bE mIxEd CaSeD.
```

3.2.4 有关文本对齐的方法

字符串有关文本对齐的方法见表 3.4。

表 3.4　字符串有关文本对齐的方法

方　法	说　明
str. ljust(width[, fillchar])	返回一个原字符串左对齐,并使用空格填充至长度 width 的新字符串
str. rjust(width[, fillchar])	返回一个原字符串右对齐,并使用空格填充至长度 width 的新字符串
str. center(width[, fillchar])	返回一个原字符串居中,并使用空格填充至长度 width 的新字符串

1)str. ljust(width[, fillchar])

ljust( )方法返回以长度(width)向左对齐的字符串。填充值是使用指定 fillchar(默认为空格)完成的。如果宽度小于 len(s),则返回原始字符串。

width:在填充后总字符串的长度。

fillchar:填充符,默认是空格。

例 3.23:

```
str=" this is string example....wow!!! "
print(str.ljust(50, '*'))
```

运行结果:

```
this is string example....wow!!! ******************
```

2)str. rjust(width[, fillchar])

rjust( )方法返回长度 width 向右对齐的字符串。填充值是使用指定 fillchar(默认为空格)完成的。如果宽度小于 len(s),则返回原始字符串。

例 3.24:

```
str=" this is string example....wow!!! "
print(str.rjust(50, '*'))
```

运行结果:

```
******************this is string example....wow!!!
```

3)str. center(width[, fillchar])

center( )方法返回在长度宽度居中的字符串。填充是使用指定 fillchar 完成。默认 filler 是一个空格。

width:字符串的总宽度。

fillchar:填充符。

例 3.25:

```
str=" this is string example....wow!!! "
print("str.center(40, '#') : ", str.center(40, 'a'))
```

运行结果：

```
str.center(40,'a'):###this is string example....wow!!! ####
```

3.2.5 有关去除空白字符的方法

字符串有关去除空白字符的方法见表3.5。

表3.5 字符串有关去除空白字符的方法

方 法	说 明
string.lstrip()	截掉 string 左边(开始)的空白字符
string.rstrip()	截掉 string 右边(末尾)的空白字符
string.strip()	截掉 string 左右两边的空白字符

1)string.lstrip()

lstrip()方法返回所有从字符串的开头剥离字符(默认空白字符)后的字符串副本。

例3.26:

```
str="      this is string example....wow!!! "
print(str.lstrip())
str="*****this is string example....wow!!!  *****"
print(str.lstrip('*'))
```

运行结果：

```
this is string example....wow!!!
this is string example....wow!!!  *****
```

2)string.rstrip()

例3.27:

```
str="      this is string example....wow!!!        "
print(str.rstrip())
str="*****this is string example....wow!!!  *****"
print(str.rstrip('*'))
```

运行结果：

```
     this is string example....wow!!!
*****this is string example....wow!!!
```

3)string.strip()

strip()方法返回截掉 string 左右两边的空白字符后的字符串副本。

例 3.28：

代码编写：

```
txt="      banana      "
x=txt. strip( )
print(" of all fruits ", x, " is my favorite ")
```

运行结果：

```
of all fruits banana is my favorite
```

3.2.6　有关拆分和连接的方法

字符串有关拆分和连接的方法见表 3.6。

表 3.6　字符串有关拆分和连接的方法

方　法	说　明
string. partition(str)	把字符串 string 分成一个 3 元素的元组(str 前面,str,str 后面)
string. rpartition(str)	类似于 partition( )方法,不过是从右边开始查找
string. split(str=" " , num)	以 str 为分隔符拆分 string,如果 num 有指定值,则仅分隔 num +1 个子字符串,str 默认包含'\r','\t','\n'和空格
string. splitlines( )	按照行('\r','\n','\r\n')分隔,返回一个包含各行作为元素的列表
string. join(seq)	以 string 作为分隔符,将 seq 中所有的元素(用字符串表示)合并为一个新的字符串

1) string. partition(str)

partition( )方法在第一次出现分隔符时分割字符串,并返回一个元组。其中,包含分隔符之前的部分,以及分隔符和分隔符之后的部分。这里的分隔符是一个带有参数的字符串。

例 3.29：

```
string=" food is a good "
print( string. partition(' is ') )
print( string. partition(' bad ') )
string=" food is a good, isn ' t it "
print( string. partition(' is ') )
```

运行结果：

```
(' food ',' is ',' a good ')
(' food is a good ','','')
(' food ',' is ', " a good, isn ' t it")
```

例 3.30：

```
string=" geeks is a good "
print( string. partition(' is ') )
print( string. partition(' bad ') )
string=" geeks is a good, isn't it "
print( string. partition(' is ') )
```

运行结果：

```
(' geeks ',' is ',' a good ')
(' geeks is a good ','','')
(' geeks ',' is ', " a good, isn't it ")
```

2) string. rpartition(str)

rpartition( )方法将给定的字符串分为 3 部分。rpartition( )从右侧开始查找分隔符，直到找到分隔符，然后返回一个元组。其中，包含分隔符之前的字符串部分，以及字符串的参数以及分隔符之后的部分。

例 3.31：

```
string1 =" Geeks@ for@ Geeks@ is@ for@ geeks "
string2 =" Ram is not eating but Mohan is eating "
print( string1. rpartition('@') )
print( string2. rpartition(' is ') )
```

运行结果：

```
(' Geeks@ for@ Geeks@ is@ for ','@',' geeks ')
(' Ram is not eating but Mohan ',' is ',' eating ')
```

3) string. split(str="", num)

split( )方法返回字符串中所有单词的列表，使用 str 作为分隔符（如果未指定，则拆分所有空格），可选择将拆分数量限制为 num。

str：这是任何分隔符，默认情况下它是空格。

num：这是要制作的行数。

例 3.32：

```
str=" this is string example....wow!!! "
print( str. split( ) )
print( str. split(' i ',1) )
print( str. split(' w ') )
```

运行结果：

```
['this','is','string','example....wow!!! ']
['th','s is string example....wow!!! ']
['this is string example....','o','!!! ']
```

4) string. splitlines()

splitlines()方法用于分割线边界处的线。该函数返回字符串中的行列表，包括换行符（可选）。

例 3.33：

```
string="Welcome everyone to\rthe world of Geeks\nGeeksforGeeks"
print(string.splitlines())
print(string.splitlines(0))
print(string.splitlines(True))
```

运行结果：

```
['Welcome everyone to','the world of Geeks','GeeksforGeeks']
['Welcome everyone to','the world of Geeks','GeeksforGeeks']
['Welcome everyone to\r','the world of Geeks\n','GeeksforGeeks']
```

例 3.34：

```
string="Cat\nBat\nSat\nMat\nXat\nEat"
print(string.splitlines())
print('India\nJapan\nUSA\nUK\nCanada\n'.splitlines())
```

运行结果：

```
['Cat','Bat','Sat','Mat','Xat','Eat']
['India','Japan','USA','UK','Canada']
```

string. join(seq)

join()方法返回该序列串元素加入以 str 作为分隔符的字符串。

例 3.35：

```
s="-"
seq=("a","b","c") # This is sequence of strings.
print(s.join(seq))
```

运行结果：

```
a-b-c
```

3.3 列 表

列表是 Python 中最通用的数据类型,可写成方括号之间的逗号分隔值(项目)列表。使用列表的重要事项是,列表中的项目不必是相同的类型。也就是说,一个列表中的项目(元素)可以是数字、字符串、数组及字典等,甚至是列表类型。创建列表时,可在方括号([ ])中放置,并使用逗号分隔值。

例如:

['中华人民共和国','甘肃省','天水市']

[1, 2, 3, 4, 5]

["a","b","c","d"]

3.4 列表内置函数和方法

3.4.1 列表内置函数

列表内置函数见表 3.7。

表 3.7 列表内置函数

函 数	说 明
cmp(list1, list2)	比较两个列表的元素
len(list)	列表元素个数
max(list)	返回列表元素最大值
min(list)	返回列表元素最小值
list(seq)	将元组转换为列表

1)cmp(list1, list2)

如果比较的元素是同类型的,则比较其值,返回结果。

如果两个元素不是同一种类型,则检查它们是否是数字。如果是数字,执行必要的数字强制类型转换,然后比较。如果有一方的元素是数字,则另一方的元素"大"(数字是"最小的")。否则,通过类型名字的字母顺序进行比较。

如果有一个列表首先到达末尾,则另一个长一点的列表"大"。

如果用尽两个列表的元素而且所有元素都是相等的,那么返回 0。

例 3.36:

```
list1, list2=[123,'xyz'], [456,'abc']
print(cmp(list1, list2))
print(cmp(list2, list1))
list3=list2 + [786]
print(cmp(list2, list3))
```

运行结果：

```
-1
1
-1
```

2)len(list)

返回列表 list 的元素个数。

例 3.37：

```
list1, list2=[123,'xyz','zara'], [456,'abc']
print("First list length :", len(list1))
print("Second list length :", len(list2))
```

运行结果：

```
First list length :  3
Second lsit length :  2
```

3)max(list)

返回列表 list 元素中的最大值。

例 3.38：

```
list1, list2=['123','xyz','zara','abc'], [456, 700, 200]
print("Max value element :", max(list1))
print("Max value element :", max(list2))
```

运行结果：

```
Max value element :  zara
Max value element :  700
```

4)min(list)

返回列表 list 元素中的最小值。

例 3.39：

```
list1, list2=['123','xyz','zara','abc'], [456, 700, 200]
print("Min value element :", min(list1))
print("Min value element :", min(list2))
```

运行结果：

```
Min value element :  123
Min value element :  200
```

5)list(seq)

list()接受序列类型并将它们转换为列表。它用于将给定元组转换为列表。

例 3.40:

```
aTuple=(123,'xyz','zara','abc')
aList=list(aTuple)
print("List elements :", aList)
```

运行结果:

```
List elements : [123,'xyz','zara','abc']
```

3.4.2 列表内置方法

列表内置方法见表 3.8。

表 3.8 列表内置方法

方法	说明
list. append(obj)	在列表末尾添加新的对象
list. count(obj)	统计某个元素在列表中出现的次数
list. extend(seq)	在列表末尾一次性追加另一个序列中的多个值(用新列表扩展原来的列表)
list. index(obj)	从列表中找出某个值第一个匹配项的索引位置
list. insert(index, obj)	将对象插入列表
list. pop([index=-1])	移除列表中的一个元素(默认最后一个元素),并且返回该元素的值
list. remove(obj)	移除列表中某个值的第一个匹配项
list. reverse()	反向列表中元素
list. sort(cmp=None, key=None, reverse=False)	对原列表进行排序

1)list. append(obj)

append()方法将传递的 obj 追加到现有列表中,更新现有列表。

例 3.41:

```
aList=[123,'xyz','zara','abc']
aList.append( 2022 );
print("Updated List :", aList)
```

运行结果:

```
Updated List : [123,'xyz','zara','abc', 2022]
```

2）list. count（obj）

count（）方法返回列表中 obj 出现次数的计数。

例 3.42：

```
aList=[123,'xyz','zara','abc', 123]
print("Count for 123 :", aList.count(123))
print("Count for zara :", aList.count('zara'))
```

运行结果：

```
Count for 123 :  2
Count for zara :  1
```

3）list. extend（seq）

在列表末尾一次性追加另一个序列中的多个值（用新列表扩展原来的列表）。

例 3.43：

```
aList=[123,'xyz','zara','abc', 123]
bList=[2022,'manni']
aList.extend(bList)
print("Extended List :", aList)
```

运行结果：

```
Extended List :  [123,'xyz','zara','abc', 123, 2022,'manni']
```

4）list. index（obj）

index（）方法返回 obj 出现的列表中的最低索引。

例 3.44：

```
aList=[123,'xyz','zara','abc'];
print("Index for xyz :", aList.index('xyz'))
print("Index for zara :", aList.index('zara'))
```

运行结果：

```
Index for xyz :  1
Index for zara :  2
```

5）list. insert（index, obj）

insert（）方法用于将指定对象插入列表。

例 3.45：

```
aList=[123,'xyz','zara','abc']
aList.insert(3, 2022)
print("Final List :", aList)
```

运行结果：

```
Final List : [123,'xyz','zara', 2022,'abc']
```

6) list.pop([index=-1])

pop()函数用于移除列表中的一个元素(默认最后一个元素)，并返回该元素的值。index为可选参数，要移除列表元素的索引值，不能超过列表总长度，默认为 index=-1，删除最后一个列表值。

例 3.46：

```
list1 =['知乎','itzixishi','Taobao']
list1.pop()
print ("列表现在为 :", list1)
list1.pop(1)
print ("列表现在为 :", list1)
```

运行结果：

```
列表现在为 :  ['知乎','itzixishi']
列表现在为 :  ['知乎']
```

7) list.remove(obj)

remove()方法函数用于移除列表中某个值的第一个匹配项。

例 3.47：

```
aList=[123,'xyz','zara','abc','xyz']
aList.remove('xyz')
print("List :", aList)
aList.remove('abc')
print("List :", aList)
```

运行结果：

```
List :  [123,'zara','abc','xyz']
List :[123,'zara','xyz']
```

8) list.reverse()

reverse()方法用于反向列表中元素。

例 3.48:

```
aList=[123,'xyz','zara','abc','xyz']
aList.reverse()
print("List :", aList)
```

运行结果:

```
List :  ['xyz','abc','zara','xyz', 123]
```

9)list.sort(cmp=None, key=None, reverse=False)

sort()方法用于对原列表进行排序。如果指定参数,则使用比较函数指定的比较函数。

cmp:可选参数, 如果指定了该参数会使用该参数的方法进行排序。

key:主要是用来进行比较的元素,只有一个参数,具体的函数的参数就是取自可迭代对象中,指定可迭代对象中的一个元素来进行排序。

reverse:排序规则,reverse=True 降序,reverse=False 升序(默认)。

例 3.49:

```
aList=['123','Google','Runoob','Taobao','Facebook']
aList.sort()
print("List :")
print(aList)
```

运行结果:

```
List :
['123','Facebook','Google','Runoob','Taobao']
```

3.5 元 组

Python 的元组与列表类似,不同之处在于元组的元素不能修改。元组使用小括号,列表使用方括号。元组创建很简单,只需要在括号中添加元素,并使用逗号隔开即可。

('中华人民共和国', '甘肃省', '天水市')

(1, 2, 3, 4, 5)

("a", "b", "c","d")

元组中只包含一个元素时,需要在元素后面添加逗号,如:

tup1 = (50,)

3.6 元组内置函数和方法

3.6.1 元组内置函数

元组内置函数见表3.9。

表3.9 元组内置函数

函数	说明
cmp(tuple1, tuple2)	比较两个元组的元素
len(tuple)	元组元素个数
max(tuple)	返回元组元素最大值
min(tuple)	返回元组元素最小值
tuple(seq)	将列表转换为元组

1)cmp(tuple1, tuple2)

如果比较的元素是同类型的,则比较其值,返回结果。

如果两个元素不是同一种类型,则检查它们是否是数字。如果是数字,执行必要的数字强制类型转换,然后比较。如果有一方的元素是数字,则另一方的元素"大"(数字是"最小的");否则,通过类型名字的字母顺序进行比较。

如果有一个元组首先到达末尾,则另一个长一点的列表"大"。

如果用尽两个元组的元素而且所有元素都是相等的,那么返回0。

例3.50:

```
tup1, tup2=(123,'xyz'), (456,'abc')
print(cmp(tup1, tup2))
print(cmp(tup1, tup2))
```

运行结果:

```
-1
1
```

2)len(tuple)

返回元组tuple的元素个数。

例3.51:

```
tup1, tup2=(123,'xyz'), (456,'abc')
print("First tuple length :", len(tup1))
print("Second tuple length :", len(tup2))
```

运行结果：

```
First tuple length :  3
Second tuple length :  2
```

3) max(tuple)

返回元组 tuple 元素中的最大值。

例 3.52：

```
tuple1, tuple2=('123','xyz','zara','abc'), (456, 700, 200)
print("Max value element :", max(tuple1))
print("Max value element :", max(tuple2))
```

运行结果：

```
Max value element :  zara
Max value element :  700
```

4) min(tuple)

返回元组 tuple 元素中的最小值。

例 3.53：

```
tuple1, tuple2=('123','xyz','zara','abc'), (456, 700, 200)
print("Min value element :", min(tuple1))
print("Min value element :", min(tuple2))
```

运行结果：

```
Min value element :  123
Min value element :  200
```

5) tuple(seq)

tuple()函数将列表转换为元组。

例 3.54：

```
aList=[123,'xyz','zara','abc']
aTuple=tuple(aList)
print("Tuple elements :", aTuple)
```

运行结果：

```
Tuple elements :  (123,'xyz','zara','abc')
```

3.6.2 元组内置法

元组内置方法见表3.10。

表3.10 元组内置方法

方法	说明
tuple.count(obj)	统计某个元素在元组中出现的次数
tuple.index(obj)	从元组中找出某个值第一个匹配项的索引位置

1)tuple.count(obj)

count()方法返回列表中 obj 出现次数的计数。

例3.55：

```
aTuple=(123,'xyz','zara','abc', 123)
print("Count for 123 :", aTuple.count(123))
print("Count for zara :", aTuple.count('zara'))
```

运行结果：

```
Count for 123 :  2
Count for zara :  1
```

2)tuple.index(obj)

index()方法返回 obj 出现的元组中的最低索引。

例3.56：

```
aTuple=(123,'xyz','zara','abc')
print("Index for xyz :", aTuple.index('xyz'))
print("Index for zara :", aTuple.index('zara'))
```

运行结果：

```
Index for xyz :  1
Index for zara :  2
```

3.7 字　典

字典是另一种可变容器模型,且可存储任意类型对象。

字典的每个键值 key:value 对用冒号分割,每个键值对之间用逗号分隔,整个字典包括在花括号中。其格式如下：

```
d={key1 : value1, key2 : value2 }
```

注意:dict 作为 Python 的关键字和内置函数,变量名不建议命名为 dict。
键一般是唯一的,如果重复最后的一个键值对会替换前面的,值不需要唯一。

3.8 字典内置函数和方法

3.8.1 字典内置函数

字典内置函数见表 3.11。

表 3.11 字典内置函数

函　数	说　明
len(dict)	计算字典元素个数,即键的总数
str(dict)	输出字典可打印的字符串表示
type(variable)	返回输入的变量类型,如果变量是字典就返回字典类型

1)len(dict)

计算字典元素个数,即键的总数。

例 3.57:

```
tinydict={'Name':'Runoob','Age': 7,'Class':'First'}
print(len(tinydict))
```

运行结果:

```
3
```

2)str(dict)

输出字典,可以打印的字符串表示。

例 3.58:

```
tinydict={'Name':'Runoob','Age': 7,'Class':'First'}
print(str(tinydict))
```

运行结果:

```
"{'Name':'Runoob','Class':'First','Age': 7}"
```

3)type(variable)

返回输入的变量类型。如果变量是字典,则返回字典类型。

例 3.59：

```
tinydict={'Name':'Runoob','Age':7,'Class':'First'}
print(type(tinydict))
```

运行结果：

```
<class 'dict'>
```

3.8.2 字典内置方法

字典内置方法见表 3.12。

表 3.12 字典内置方法

方法	说明
dict.clear()	删除字典内所有元素
dict.copy()	返回一个字典的浅复制
dict.fromkeys(seq[, value])	创建一个新字典，以序列 seq 中的元素作字典的键，val 为字典所有键对应的初始值
dict.get(key, default=None)	返回指定键的值，如果键不在字典中，则返回 default 设置的默认值
dict.items()	以列表返回一个视图对象
dict.keys()	返回一个视图对象
dict.setdefault(key,default=None)	与 get()类似，但如果键不存在于字典中，将会添加键并将值设为 default
dict.update(dict2)	把字典 dict2 的键/值对更新到 dict 里
dict.values()	返回一个视图对象

1)dict.clear()

clear()方法用于删除字典内所有元素。

例 3.60：

代码编写：

```
tinydict={'Name':'Zara','Age':7}
print ("字典长度：%d"%  len(tinydict))
tinydict.clear()
print ("字典删除后长度：%d"%  len(tinydict))
```

运行结果：

```
字典长度：2
字典删除后长度：0
```

2) dict. copy()

copy()方法返回一个字典的浅复制。

例 3.61：

```
dict1 = {'Name':'Runoob','Age': 7,'Class':'First'}
dict2 =dict1. copy()
print ("新复制的字典为 :",dict2)
```

运行结果：

```
新复制的字典为 :  {'Age': 7,'Name':'Runoob','Class':'First'}
```

3) dict. fromkeys(seq[, value])

fromkeys()方法用于创建一个新字典，以序列 seq 中的元素作字典的键，value 为字典所有键对应的初始值。

seq：字典键值列表。

value：可选参数，设置键序列(seq)对应的值，默认为 None。

例 3.62：

代码编写：

```
seq =('name','age','sex')
tinydict=dict. fromkeys(seq)
print ("新的字典为 : %s"%  str(tinydict))
tinydict=dict. fromkeys(seq, 10)
print ("新的字典为 : %s"%  str(tinydict))
```

运行结果：

```
新的字典为 : {'age': None,'name': None,'sex': None}
新的字典为 : {'age': 10,'name': 10,'sex': 10}
```

4) dict. get(key, default=None)

get()方法返回指定键的值。

key：字典中要查找的键。

value：可选，如果指定键的值不存在时，返回该默认值。

例 3.63：

```
tinydict={'Name':'Runoob','Age': 27}
print ("Age :", tinydict. get('Age'))
print ("Sex :", tinydict. get('Sex'))
print ('Salary:', tinydict. get('Salary', 0.0))
```

运行结果:

```
Age : 27
Sex :None
Salary: 0.0
```

5)dict. items()

items()方法以列表返回视图对象,是一个可遍历的 key/value 对。

例 3.64:

```
tinydict={'Name':'Runoob','Age': 7}
print ("Value : %s"% tinydict.items())
```

运行结果:

```
Value : dict_items([('Age', 7), ('Name','Runoob')])
```

6)dict. keys()

keys()方法返回一个视图对象。

例 3.65:

```
tinydict={'Name':'Zara','Age': 7}
print("Value : %s"% tinydict.keys())
```

运行结果:

```
Value : ['Age','Name']
```

7)dict. setdefault(key, default=None)

setdefault()方法, 如果键不存在于字典中,将会添加键并将值设为默认值。

key:查找的键值。

default:键不存在时,设置的默认键值。

如果 key 在 字典中,返回对应的值。如果不在字典中,则插入 key 及设置的默认值 default,并返回 default,default 默认值为 None。

例 3.66:

```
tinydict={'Name':'Runoob','Age': 7}
print ("Age 键的值为 : %s"% tinydict.setdefault('Age', None))
print ("Sex 键的值为 : %s"% tinydict.setdefault('Sex', None))
print ("新字典为:", tinydict)
```

运行结果:

```
Age 键的值为 : 7
Sex 键的值为 : None
新字典为: {'Age': 7,'Name':'Runoob','Sex': None}
```

8) dict. update(dict2)

update()方法把字典参数 dict2 的 key/value(键/值)对更新到字典 dict 里。

例 3.67:

```
tinydict={'Name':'Runoob','Age': 7}
tinydict2={'Sex':'female'}
tinydict.update(tinydict2)
print ("更新字典 tinydict :", tinydict)
```

运行结果:

```
更新字典 tinydict : {'Name':'Runoob','Age': 7,'Sex':'female'}
```

9) dict. values()

values()方法返回一个视图对象。

例 3.68:

代码编写:

```
dishes={'eggs': 2,'sausage': 1,'bacon': 1,'spam': 500}
keys=dishes.keys()
values=dishes.values()
n=0
for val in values:
    n +=val
print(n)
```

运行结果:

```
504
```

第 4 章

函数与模块

4.1 函　数

在编程的语境下，“函数”这个词的意思是对一系列语句的组合，这些语句共同完成一种运算。定义函数时，要给这个函数指定一个名字，另还要写出这些进行运算的语句。定义完成后，就可通过函数名来“调用”函数。

通过观察规律其实不难发现，Python 中所谓的使用函数就是把要处理的对象放到一个名字后面的括号里即可。简单来说，函数就是这么使用，可往里面塞东西就得到处理结果。这样的函数在 Python 中还有内置函数，见表 4.1。

表 4.1　Python 内置函数

abs()	dict()	help()	min()	setattr()
all()	dir()	hex()	next()	slice()
any()	divmod()	id()	object()	sorted()
ascii()	enumerate()	input()	oct()	staticmethod()
bin()	evalu()	int()	open()	str()
bool()	exec()	isinstance()	ordu()	sum()
bytearray()	filter()	issubclass()	pow()	super()
bytes()	float()	iter()	print()	tuple()
callabled()	format()	len()	property()	type()
chr()	frozenset()	list()	range()	vars()
classmethod()	getattr()	locals()	repr()	zip()
compile()	globals()	map()	reversed()	—import—()

续表

complex()	hasattru()	max()	round()	
delttr()	hash()	memoryview()	set()	

以3.50版本为例，一共存在68个这样的函数，它们统称为内建函数(Built-in Functions)。之所以称为内建函数，并不是因还有“外建函数”这个概念，内建的意思是这些函数在3.50版本安装完成后就可使用它们，是“自带”的而已。千万不要为这些术语搞晕了头，随着往后学习，还能看见更多这样的术语，其实都只是很简单的概念，毕竟在一个专业领域内为了表达准确和高效往往会使用专业术语。

具体定义：函数(Functions)是指可重复使用的程序片段。它们允许为某个代码块赋予名字，允许通过这一特殊的名字在你的程序任何地方来运行代码块，并可重复任何次数。这就是所谓的调用(Calling)函数。之前已使用过了许多内置的函数，如len和range。

函数概念可能是在任何复杂的软件(无论使用的是何种编程语言)中最重要的构建块。接下来，将在本章中探讨有关函数的各个方面，可通过关键字def来定义。这一关键字后跟一个函数的标识符名称，再跟一对圆括号，其中可包括一些变量的名称，再以冒号结尾，结束这一行随后而来的语句块是函数的一部分。

4.2　函数的定义与调用

函数定义格式如下：

```
def 函数名( 参数 ):
    function_suite
    return [返回的值]
```

其中：

def：声明函数的关键词。

fn：函数变量名。

()：参数列表，参数个数可为0～n个，但是()一定不能丢。

function_suite：函数体，完成功能的具体代码。

return：函数的返回值。

函数的4个组成部分如下：

①函数名：使用该函数的依据。

②函数体：完成功能的代码块。

③返回值：功能完成的反馈结果。

④参数：完成功能需要的条件信息。

函数的调用如下：

函数名：拿到函数的地址。

函数名()：拿到函数的地址，并执行函数中存放的代码块(函数体)。

函数名(参数):执行函数并传入参数。

函数名():执行完毕后,会得到函数的返回值,返回值就跟普通变量一样,可直接打印、使用、运算。

例如:

```
def fn(num):
    print("传入的 num 值:%s"% num)
    return '收到了'
res=fn(10)
```

输出:

```
控制台会打印:传入的 num 值:10
res 的值为:'收到了'
```

Python 自定义函数的 5 种常见形式如下:

1)标准自定义函数

形参列表是标准的 tuple 数据类型。

```
def abvedu_add(x,y):
    print( x + y)
abvedu_add(3,6)
```

2)没有形参的自定义函数

该形式是标准自定义函数的特例。

```
def abvedu_print():
    print("hello Python! ")
abvedu_print()
```

3)使用默认值的自定义函数

在定义函数指定参数时,有时会有一些默认的值,可利用"="先指定在参数列表上,如果在调用时没有设置此参数,那么该参数就使用默认的值。

```
def abvedu_printSymbol(n,symbol="%"):
    for i in range(1,n+1):
        print(symbol , end="")
    print()
abvedu_printSymbol(6)
abvedu_printSymbol(9,"@")
```

4)参数个数不确定的自定义函数

此函数可接受没有预先设置的参数个数。定义方法是在参数的前面加上"*"。

```
def abvedu_main( *args):
    print("参数分别是:")
    for arg in args:
        print(arg)
abvedu_main(1,2,3)
abvedu_main(6,9)
abvedu_main('a','b','v','e',"du")
```

5)使用 lambda 隐函数的自定义函数

Python 提供了一种非常有趣且精简好用的自定义函数的方法 lambda,这是一种可实现一行语句用完即丢的自定义函数。这种定义方式可与 map 函数一起使用。

例 4.1 密码验证。

```
def get_money_fromATM(cardno,password,money):
#密码要求是6位字符串类型
    if type(password) is str and len(password)==6:
        print('密码正确')
    else:
        print('密码格式错误')
#金额小于3000元的能被100整除的整数
    if type(money) is int :
        if money%100==0 and money<=3000:
            print('金额正确')
        else:
            print('金额格式错误,请重新输入')
get_money_fromATM(12412412412,'123456',2300)
```

运行结果:

```
密码正确
金额正确
```

4.3 函数的参数

4.3.1 形参和实参

Python 中函数的参数可分为形参和实参两大类。

```
def func(x, y): #x, y 就是形参
    print(x, y)
func(2, 3)  #2, 3 就是实参
```

形参(如上面的 x, y)仅在定义的函数中有效,函数调用结束后,不能再使用该形参变量。在调用函数时,该函数中的形参才会被分配内存,并赋值;函数调用结束,分配的内存空间也随即释放。

实参即在调用函数时,向该函数的形参传递确定的值(必须是确定的值)。传递的值可以是常量、变量、表达式及函数等形式。

形参与实参的关系如下:

①在调用阶段,实参(变量值)会绑定给形参(变量名)。

②这种绑定关系只能在函数体内使用。

③实参与形参的绑定关系在函数调用时生效,函数调用结束后解除绑定关系。

4.3.2 形参和实参的具体使用

在形参和实参中,又可细化为多种参数,如形参中有位置形参、默认形参和可变长参数;实参中有位置实参、关键字实参等。

1)位置参数

位置参数,顾名思义,是指按照从左到右的顺序依次定义的参数。位置参数有位置形参和位置实参两种。上面示例中,func 函数中的 x,y 就是位置形参,每一个位置形参都必须被传值。调用 func 时,传递的 2,3 就是位置实参,位置实参与位置形参一一对应,不能多也不能少。

创建一个包含 3 个参数的函数,包含一个人的名、姓和年纪。

例 4.2:

```
def describe_person(first_name, last_name, age):
    # This function takes in a person 's first and last name,
    # and their age.
    # It then prints this information out in a simple format.
    print("First name: %s"% first_name.title())
    print("Last name: %s"% last_name.title())
    print("Age: %dn"% age)
```

运行结果:

```
describe_person('brian','kernighan', 71)
describe_person('ken','thompson', 70)
describe_person('adele','goldberg', 68)
```

在这个函数中,参数是 first_name , last_name , age 。它们被称为位置参数。Python 会根据参数的相对位置为它们赋值。在下面的调用语句中:

```
describe_person('brian','kernighan', 71)
```

其中,给函数传递了 brian, kernighan, 71 这 3 个值。Python 就会根据参数位置将 first_ name 和 brian 匹配,last_name 和 kernighan 匹配,age 和 71 匹配。

这种参数传递方式是相当直观的,但需要严格保证参数的相对位置。

如果参数的位置混乱了,就会得到一个无意义的结果或报错。例如:

```
def describe_person(first_name, last_name, age):
    # This function takes in a person's first and last name,
    # and their age.
    # It then prints this information out in a simple format.
    print("First name: %s"% first_name.title())
    print("Last name: %s"% last_name.title())
    print("Age: %dn"% age)

describe_person(71,'brian','kernighan')
describe_person(70,'ken','thompson')
describe_person(68,'adele','goldberg')
```

这段代码中,first_name 和 71 匹配,然后调用 first_name.title(),而整数是无法调用 title()方法的。

2)关键字参数

关键字参数针对实参,即实参在定义时,按照 key=value 形式定义。

```
def func(x, y, z):
    print(x, y, z)
func(1, z=2, y=3)
```

关键字参数可以不用像位置参数一样与形参一一对应。例如,这里可以是 z 在前面,y 在后面。

使用注意点如下:

在调用函数时,位置实参必须在关键字实参的前面。

```
def func(x, y, z):
    print(x, y, z)
    # 位置参数和关键字参数混合使用的时候
func(1, z=2, y=3)    # 正确
func(x=1, z=2, 3)    # 错误
```

一个形参不能重复传值。

```
def func(x, y, z):
    print(x, y, z)
func(1, x=2, y=3, z=4)    # 错误,形参 x 重复传值
```

此外,关键字参数和可变参数类似,参数的个数都是可变的,故常称可变关键字参数。但

是,与可变参数的区别在于关键字参数在调用时会被组装成一个字典 dict ,而且参数是带参数名的,关键字参数在定义时用两个符号 ** 表示,与可变参数差不多,看下面的具体代码即可。

例 4.3:

```
#  关键字参数
defkeyWordParams( ** params):
    print(params)   #关键字参数会被组装成一个字典 dict
dict={'a':6,'b':3}
keyWordParams(a=6,b=3)
keyWordParams( ** dict)  #如果已存在了一个 dict,可使用 ** 来把参数当成关键字参数
```

运行结果:

```
{'a': 6, 'b': 3}
{'a': 6, 'b': 3}
```

通过改写位置参数中的示例代码如下:

```
def describe_person(first_name,last_name, age):
    # This function takes in a person ' s first and last name,
    # and their age.
    # It then prints this information out in a simple format.
    print("First name: %s "% first_name.title())
    print("Last name: %s "% last_name.title())
    print("Age: %dn "% age)

describe_person(age=71, first_name=' brian ', last_name=' kernighan ')
describe_person(age=70, first_name=' ken ', last_name=' thompson ')
describe_person(age=68, first_name=' adele ', last_name=' goldberg ')
```

这样就能工作了。Python 不再根据位置为参数赋值,而是通过参数名字匹配对应的参数值。这种写法可读性更高。

3)默认参数

默认参数即在函数的定义时就给了个默认值,在函数调用时可不传这个默认参数。例如,计算 m ~ n 的正整数之和,可分别给定 m 和 n 两个默认值 1 和 100,这样再调用该函数时即使不传任何参数,该函数也会使用默认值来计算 1 ~ 100 的正整数之和。

默认参数即在函数定义阶段,就已经为形参赋值。

```
def function(x, y=10):    #y 即为默认参数
    pass
function(1)   #x=1,y=10
function(1,2)   #x=1,y=2
```

默认参数使用的注意点如下：

定义函数时，默认形参必须放在位置形参后面。

```
def func(y=10, x):  # 错误
    pass
def func(x, y=10):  # 正确
    pass
```

默认参数通常要定义成不可变类型，如数字、字符串和元组等；虽然语法上支持定义成可变类型，但一般不建议这么做。

默认参数只在定义阶段被赋值一次。

```
x=10
def func(name, age=x):
    pass
x=20
func('hello')
```

提示：func 函数在定义时，age 只被赋值一次，即 age=10。下面重新指定了 x=20，不会再作用于函数中的 age 参数。

在使用默认参数时，要特别注意的一点是，默认参数必须要指向不可变对象，如数组、字典这些都是可变对象，是不能被用作默认参数的。

例 4.4：

```
#默认参数,注意不能使用 list 或 dict 等作为默认参数
def defaultParams(m=1,n=100):
    sum=0
    for i in range(m,n+1):
        sum +=i
    print(sum)
    return sum
def defaultParamsTemp(list=[]):
    list.append(9)
    print(list)
    return list
defaultParams(1,3)
defaultParamsTemp()
defaultParamsTemp()
defaultParamsTemp()
```

运行结果：

```
6
[9]
```

```
[9, 9]
[9, 9, 9]
```

4)可变长参数

可变参数是指参数的个数是可变化的,可以是 0 个,可以是 1 个,也可以是多个。可变参数在定义时用符号 * 表示,而且在函数被调用时参数会被组装成一个 tuple (类似 list 数组的一种基本数据类型)。因此,在定义函数时,若不确定调用时需要传入多少个参数,这时就可使用可变长参数,即实参的个数不固定可变长参数可分为以下两类:

①按位置定义的可变长度的实参(*)。

②按关键字定义的可变长度的实参(**)。

例4.5:

```
def func(x, y, *args):  # *args 会把传入的多余的参数以一个元组 args 的形式存放

    print(x, y)
    print(args)
func(1, 2, 3, 4, 5, 6)   # x=1, y=2, args=(3,4,5)
```

输出结果:

```
1 2
(3, 4, 5, 6)
```

提示:'args=(3, 4, 5, 6)',所以' * args= * (3, 4, 5, 6)',在调用函数时,也可使用如下方式传值(* 是用来处理位置参数的,表示把后面的元组拆开)。

例4.6:

```
func(1, 2, *(3, 4, 5, 6)) #  等同于 func(1, 2, 3, 4, 5, 6)
```

输出结果:

```
1 2
(3, 4, 5, 6)
```

例4.7:

```
def func(x, y, ** kwargs):   # ** kwargs 会把多传入的参数以 dict 形式存放
    print(x, y)
    print(kwargs)
func(1, 2, a=3, b=4, c=5)   # x=1,y=2,kwargs={'a': 3,'b': 4,'c': 5}
```

输出结果:

```
12
{'a': 3,'b': 4,'c': 5}
```

提示:'kwargs={'a': 3,'b': 4,'c': 5}',所以' ** kwargs= ** {'a': 3,'b': 4,'c': 5}',在调用函数时,也可使用如下方式传值(** 表示关键字形式的实参, ** 会将字典拆开,以关键字的形式传入)。

例 4.8:

```
func(1, 2, ** {'a': 3,'b': 4,'c': 5} )  # 等同于 func(1, 2, a=3, b=4, c=5)
```

输出结果:

```
12
{'a': 3,'b': 4,'c': 5}
```

接受任意长度、任意形式参数的函数。

```
def func( * args, ** kwargs):
    pass
```

调用方式:

```
func(1, 2, 3)  # 参数被 * 接受,转成元组,保存在 args 中
func(1, x=1, y=2)  #1 与上述一致,x=1, y=2 被 ** 接受,保存在 kwargs 中
```

接下来,要实现一个计算多个数字的平方和,多个数字即可被当成一个可变参数传过去,具体看下面的代码。

例 4.9:

```
# 可变参数
defvariableParams( * params):
    print(params)  # 可变参数会被组装成一个 tuple
    sum=0
    for i in params:
        sum +=i * i
    print(sum)
    return sum
list=[2,4]
variableParams(2,4)
variableParams(list[0],list[1])
variableParams( * list)
```

运行结果:

```
(2, 4)
20
(2, 4)
20
(2, 4)
20
```

5)命名关键字参数

使用关键字参数允许函数调用时参数的顺序与声明时不一致,因 Python 解释器能用参数名匹配参数值定义函数时,* 号后面的形参就是命名关键字参数;在调用时,命名关键字参数必须要传值,而且必须要以关键字的形式传值,还有命名关键字并不常用。

```
def func( *, name, age):   #name 和 age 就是命名关键字参数
    print(name)
    print(age)
func(name='abc', age=2)   #name 和 age 必须以关键字的形式传值
```

命名关键字参数的使用示例。前面提过默认形参必须放在位置形参后面,如下示例的函数定义中,name 和 age 都是命名关键字参数(不是默认形参,也不是位置形参),name 是命名关键字参数的默认值,故下面示例中的函数定义方式并没有问题。

```
def func( *, name='kitty', age):
    print(name)
    print(age)
func(age=2)
```

6)位置参数、默认参数、可变参数的混合使用

在 Python 中定义函数,可用位置参数、默认参数、可变参数、关键字参数及命名关键字参数,这 5 种参数都可组合使用。

参数的顺序原则是:位置参数、默认参数、可变参数、命名关键字参数及关键字参数。在定义函数时,一定要严格按照这个顺序来定义函数参数,否则都不能正确解析。同时,在定义函数时,尽量避免多个参数类型混合使用,这样对函数的调用可读性和理解性非常差。在实际开发中,通常将一到两种参数类型混合使用。

例 4.10:

```
#参数混合使用
defmergeParams(name,age,city='北京', *year, ** detail):
    print('姓名:'+name)
    print('年龄:'+str(age))
    print('城市:'+city)
    for i in year:
        print('年份:'+str(i))
```

```
    print('其他:',detail)
year=[2017,2018]
detail={'sex':'man','interset':'coding'}
mergeParams('谭某人',20)
mergeParams('谭某人',20,'中国',*year, ** detail)
```

运行结果：

```
姓名:谭某人
年龄:20
城市:北京
其他:{}
姓名:谭某人
年龄:20
城市:中国
年份:2017
年份:2018
其他:{'sex':'man','interset':'coding'}
```

4.4 模 块

4.4.1 自定义模块

自定义模块(即私人订制)要自定义模块,首先就要知道什么是模块。一个函数封装一个功能。例如,现在有一个软件,不可能将所有程序都写入一个文件,应分文件,组织结构要好,代码不冗余,故要分文件。但是分文件,分了5个文件,每个文件里面可能都有相同的功能(函数),怎么办呢？因此,应将这些相同的功能封装到一个文件中。

模块就是文件,存放一堆函数,谁用谁拿,怎么拿。模块是一系列常用功能的集合体,一个py文件就是一个模块,为什么要使用模块呢?

1)从文件级别组织程序,更方便管理

随着程序的发展,功能越来越多,为了方便管理,通常将程序分成一个个的文件,这样做程序的结构更清晰,方便管理。这时,不仅可将这些文件当成脚本去执行,还可当成模块来导入其他的模块中,以实现功能的重复利用。

2)"拿来主义",提升开发效率

同样的原理,也可下载别人写好的模块后导入自己的项目中使用。这种"拿来主义"可极大地提升开发效率,避免重复劳动。

如果退出Python解释器然后重新进入,那么之前定义的函数或变量都将丢失。因此,通常将程序写到文件中以便永久保存下来,需要时就通过python meet.py方式去执行,此时meet.py称为脚本script。

```
print('from the meet.py')
name='guoboayuan'
def read1():
    print('meet 模块:',name)
def read2():
    print('meet 模块')
    read1()
def change():
    global name
    name='meet'
```

4.4.2 模块导入

import 翻译过来是一个导入的意思。

模块可包含可执行的语句和函数的定义,这些语句的目的是初始化模块,它们只在模块名第一次遇到导入 import 语句时才执行(import 语句可在程序中的任意位置使用的且可针对同一个模块导入多次。为了防止重复导入,Python 的优化手段是:第一次导入后就将模块名加载到内存,后续的 import 语句只是对已加载到内存中的模块对象增加了一次引用,不会重新执行模块内的语句)。例如:

```
import spam  #只在第一次导入时才执行 meet.py 内代码
```

例 4.11:

```
import meet
import meet
import meet
import meet
import meet
```

运行结果:

```
from the meet.py
```

每个模块都是一个独立的名称空间,定义在这个模块中的函数,把这个模块的名称空间当成全局名称空间。这样,在编写自己的模块时,就不用担心定义在自己模块中全局变量会在被导入时,与使用者的全局变量冲突。

例 4.12:

```
import meet
name='alex'
print(name)
print(meet.name)
```

运行结果：

```
from the meet. py
alex
guoboayuan
```

4.4.3 导入多个模块

import os, sys, json, 这样写可以但不推荐。推荐写法如下：

import os

import sys

import json

4.4.4 from… import…

from… import…使用示例：

例 4.13：

```
from meet import name, read1
print(name)
read1()
```

运行结果：

```
from the meet. py
guoboayuan
meet 模块：guoboayuan
```

4.4.5 from…import…与 import 对比

唯一的区别就是：使用 from… import…，则是将 spam 中的名字直接导入当前的名称空间中。因此，在当前名称空间中，直接使用名字即可，无须加前缀 meet。from…import…方式有好处也有坏处。其好处是：使用起来方便了；其坏处是：容易与当前执行文件中的名字冲突。

例 4.14：

```
name='oldboy'
from meet import name, read1, read2
print(name)
```

执行结果：

```
from the meet. py
Guoboayuan
```

例 4.15：

```
from meet import name, read1, read2
name='oldboy'
print(name)
```

运行结果：

```
Oldboy
```

例 4.16：

```
def read1():
    print(666)
from meet import name, read1, read2
read1()
```

运行结果：

```
from the meet.py
meet 模块：guoboayuan
```

例 4.17：

```
from meet importname, read1, read2
def read1():
    print(666)
read1()
```

运行结果：

```
from the meet.py
666
```

4.4.6 模块循环导入问题

模块循环/嵌套导入抛出异常的根本原因是在 Python 中模块被导入一次之后，就不会重新导入，只会在第一次导入时执行模块内代码。在项目中，应尽量避免出现循环/嵌套导入。如果出现多个模块都需要共享的数据，可将共享的数据集中存放到某一个地方。在程序出现了循环/嵌套导入后的异常分析、解决方法如下（了解，以后尽量避免）：

例 4.18：

```
# 创建一个 m1.py
print('正在导入 m1')
from m2 import y
x='m1'
```

```
# 创建一个 m2. py
print('正在导入 m2 ')
from m1 import x
y=' m2 '
# 创建一个 run. py
import m1
```

运行结果：

```
正在导入 m1
正在导入 m2
Traceback (most recent call last):
  File "/Users/linhaifeng/PycharmProjects/pro01/1 aaaa 练习目录/aa. py", line 1, in
<module>
    import m1
  File "/Users/linhaifeng/PycharmProjects/pro01/1 aaaa 练习目录/m1. py", line 2, in
<module>
    from m2 import y
  File "/Users/linhaifeng/PycharmProjects/pro01/1 aaaa 练习目录/m2. py", line 2, in
<module>
    from m1 import x
ImportError: cannot import name ' x'
```

结果分析如下：

先执行 run. py→执行 import m1，开始导入 m1 并运行其内部代码→打印内容“正在导入 m1”→执行 from m2 import y 开始导入 m2 并运行其内部代码→打印内容“正在导入 m2”→执行 from m1 import x。由于 m1 已被导入过了，故不会重新导入。因此，直接去 m1 中拿 x，然而 x 此时并没有存在于 m1 中，所以报错。

4.4.7 模块的重载

考虑性能的原因，每个模块只被导入一次，放入字典 sys. module 中，如果改变了模块的内容，必须重启程序。Python 不支持重新加载或卸载之前导入的模块，有的操作可能会想到直接从 sys. module 中删除一个模块不就可以卸载了吗。注意，删了 sys. module 中的模块对象仍然可能被其他程序的组件所引用，因而不会被清除，特别对引用了这个模块中的一个类，用这个类产生了很多对象。因此，这些对象都有关于这个模块的引用。

py 文件的两种功能如下：

①编写好的一个 Python 文件可以有以下两种用途：

a. 脚本，一个文件就是整个程序，用来被执行。

b. 模块，文件中存放着一堆功能，用来被导入使用。

②Python 为人们内置了全局变量__ name __：

a. 当文件被当成脚本执行时，__ name __ 等于'__ main __'。

b. 当文件被当成模块导入时，__ name __等于模块名。

作用：用来控制. py 文件在不同的应用场景下执行不同的逻辑。

```
if __ name __=='__ main __':
print('from the meet. py')
__ all __=['name', 'read1', ]
name='guobaoyuan'
def read1():
    print('meet 模块:', name)
def read2():
    print('meet 模块')
    read1()
def change():
    global name
    name='宝元'
if __ name __=='__ main __':
    # 在模块文件中测试 read1()函数
    # 此模块被导入时 __ name __ 就变成了文件名,if 条件不成立
    # 所以 read1 不执行
    read1()
```

4.4.8 模块的搜索路径

模块的查找顺序是：内存中已加载的模块→内置模块→sys. path 路径中包含的模块。

模块的查找顺序如下：

①在第一次导入某个模块时（如 spam），会先检查该模块是否已被加载到内存中（当前执行文件的名称空间对应的内存），如果有则直接引用。

提示：Python 解释器在启动时会自动加载一些模块到内存中，可使用 sys. modules 查看。

②如果没有，解释器则会查找同名的内建模块。

③如果还没有找到，就从 sys. path 给出的目录列表中依次寻找 spam. py 文件。

需要特别注意的是，自定义的模块名不应与系统内置模块重名。虽然每次都说，但仍然会有人不停地犯错。在初始化后，Python 程序可修改 sys. path，优先搜索匹配路径中的库名，若未搜索匹配到，才会搜索匹配标准库。

```
import sys
sys. path. append('/a/b/c/d')
sys. path. insert(0,'/x/y/z')  # 排在前的目录,优先被搜索
# windows 下的路径不加 r 开头,会产生语法错误
sys. path. insert(0,r'C:\Users\Administrator\PycharmProjects\a')
```

4.4.9 编译 Python 文件

为了提高加载模块的速度，注意提高的是加载速度而绝非运行速度，Python 解释器会在

__ pycache __目录下缓存每个模块编译后的版本，格式为：module. version. pyc。通常会包含 Python 的版本号。例如，在 CPython 3. 3 版本下，spam. py 模块会被缓存成__ pycache __/spam. cpython-33. pyc。这种命名规范保证了编译后的结果多版本共存。

Python 检查源文件的修改时间与编译的版本进行对比，如果过期就需要重新编译。这是完全自动的过程，并且编译的模块是平台独立的，所以相同的库可在不同的架构的系统之间共享，即 pyc 是一种跨平台的字节码，类似于 JAVA 火. NET，是由 Python 虚拟机来执行的，但 pyc 的内容与 Python 的版本相关，不同的版本编译后的 pyc 文件不同，2.5 编译的 pyc 文件不能到3.5 上执行，并且 pyc 文件是可以反编译的。因此，它的出现仅仅是用来提升模块的加载速度的，不是用来加密的。

提示：

①模块名区分大小写，foo. py 与 FOO. py 代表的是两个模块。

②在速度上，从. pyc 文件中读指令来执行不会比从. py 文件中读指令执行更快，只有在模块被加载时，. pyc 文件才是更快的。

③只有使用 import 语句时才将文件自动编译为. pyc 文件。在命令行或标准输入中指定运行脚本，则不会生成这类文件。

第5章

面向对象程序设计

5.1 面向对象概述

面向对象是一种设计思想,从20世纪60年代提出面向对象的概念到现在,它已发展成为一种较成熟的编程思想,并且逐步成为目前软件开发领域的主流技术。例如,人们经常听说的面向对象编程就是主要针对大型软件设计而提出的,它可使软件设计更灵活,并且能更好地进行代码复用。

面向对象中的对象(Object),通常是指客观世界中存在的对象。这个对象具有唯一性,对象之间各不相同,各有各的特点,每个对象都有自己的运动规律和内部状态;对象和对象之间又是可以相互联系、相互作用的。另外,对象也可以是一个抽象的事物。例如,可从圆形、正方形、三角形等图形中抽象出一个简单图形,简单图形就是一个对象,它有自己的属性和行为,图形中边的个数是它的属性,图形的面积也是它的属性,输出图形的面积就是它的行为。概括地讲,面向对象技术是一种从组织结构上模拟客观世界的方法。

如今主流的软件开发思想有两种:一个是面向过程,另一个是面向对象。面向过程出现得较早,典型代表为C语言,开发中小型项目的效率很高,但很难适用于如今主流的大中型项目开发场景。面向对象则出现得更晚一些,典型代表为Java或C++等语言,更适合用于大型开发场景。两种开发思想各有长短。

对面向过程的思想,需要实现一个功能时,看重的是开发的步骤和过程,每一个步骤都需要自己亲力亲为,需要自己编写代码(自己来做)。

5.2 对象与类

5.2.1 对象

对象是一个抽象概念,表示任意存在的事物。通常将对象划分为两个部分,即静态部分和动态部分。静态部分称为“属性”,任何对象都具备自身属性,这些属性不仅是客观存在的,而且是不能被忽视的,如人的性别;动态部分是对象的行为,即对象执行的动作,如人的行走。

5.2.2　类

类是封装对象的属性和行为的载体。反过来说,具有相同属相和行为的一类实体称为类。在 Python 中,类是一种抽象概念,如定义一个大雁类(Geese),在该类中,可定义每个对象共有的属性和方法,而一只要从北方飞往南方的大雁则是大雁类的一个对象,对象是类的实例。

5.3　面向对象程序设计的特点

面向对象程序设计具有三大基本特征:封装、继承和多态。

1)封装

封装是面向对象编程的核心思想,将对象的属性和行为封装起来,而将对象的属性和行为封装起来的载体就是类。类通常对客户隐藏其实现细节,这就是封装思想。

2)继承

在 Python 中,继承是实现重复利用的重要手段,子类通过继承复用了父类的属性和行为的同时,又添加子类特有的属性和行为。

3)多态

将父类对象应用于子类的特征就是多态。

5.4　类的定义和使用

5.4.1　定义类

在 Python 中,类的定义使用 class 关键字来实现,语法如下;

```
class ClassName:
    "类的帮助信息" #类文档字符串
    Statement  #类体
```

ClassName:用于指定类名,一般使用大写字母开头,如果类名中包括两个单词,第二个单词的首字母也大写,这种命名方式也称 “驼峰命名法”,这是惯例。当然,也可根据自己的习惯命名,但一般推荐按照惯例来命名。

“类的帮助信息”:用于指定类的文档字符串,定义该字符串后,在创建类的对象时,输入类名和左侧的括号“(”后,将显示该信息。

statement:类体,主要由类变量(或类成员)、方法和属性等定义语句组成。如果在定义类时,没想好类的具体功能,也可在类体中直接使用 pass 语句代替。

class 语句本身并不创建该类的任何实例。因此,在类定义完成之后,需要创建类的实例,即实例化该类的对象。

例 5.1：

```
class Geese:
    "大雁类"
    def __init__(self, beak, wing, claw): # 构造方法
        print("我是大雁类！我有以下特征:")
        print(beak) # 输出喙的特征
        print(wing) # 输出翅膀的特征
        print(claw) # 输出爪子的特征
beak="喙的基部较高,长度和头部的长度几乎相等" # 喙的特征
wing="翅膀长而尖" # 翅膀的特征
claw="爪子是蹼状的" # 爪子的特征
wildGeese=Geese(beak, wing, claw) # 创建大雁类的实例
```

运行结果：

```
我是大雁类！我有以下特征:
喙的基部较高,长度和头部的长度几乎相等
翅膀长而尖
爪子是蹼状的
```

以 Student 类为例,在 Python 中,定义类是通过 class 关键字实现的。

```
class Student(object):
    pass
```

定义好了 Student 类,就可根据 Student 类创建出 Student 的实例,创建实例是通过类名+()实现的。

```
bart=Student()
bart
<__main__.Student object at 0x10a67a590>
Student
<class '__main__.Student'>
```

可知,变量 bart 指向的就是一个 Student 的 object,后面的 0x10a67a590 是内存地址,每个 object 的地址都不一样,而 Student 本身则是一个类。

可自由地给一个实例变量绑定属性。例如,给实例 bart 绑定一个 name 属性。

```
bart.name='Bart Simpson'
bart.name
'Bart Simpson'
bart=Student('Bart Simpson', 59)
bart.name
```

```
'Bart Simpson'
bart.score
59
```

5.4.2　创建类的实例

class 语句本身并不创建该类的任何实例。因此，在类定义完成后，可创建类的实例，即实例化该类的对象。基本语法如下：

```
class Name(paramenterlist)
```

其中，ClassName 是必选参数，用于指定具体的类；paramenterlist 是可选参数。

例 5.2：创建 Geese 类的实例。

```
class Geese:
    pass
wildGoose=Geese()
print(wildGoose)
```

运行结果：

```
<__main__.Geese object at 0x0000000002E48EB8>
```

5.4.3　创建__init__()方法

在创建类后，通常会创建一个 __init__() 方法。该方法是一个特殊的方法，类似 Java 语言中的构造方法。每当创建一个类的新实例时，Python 都会自动执行它。__init__()方法必须包含一个 self 参数，并且必须是第一个参数。self 参数是一个指向实例本身的引用，用于访问类中的属性和方法。在方法调用时，会自动传递实际参数 self。因此，当 __init__() 方法只有一个参数时，在创建类的实例时，就不需要指定实际参数了。

例 5.3：以大雁为例声明一个类，并且创建__init__()方法。

```
class Geese:
    def __init__(self):
        print("我是大雁！")
wildGoose=Geese()
```

运行结果：

```
我是大雁！
```

例 5.4：在__init__()方法中，除了 self 参数外，还可定义一些参数，参数间使用逗号“，”进行分割。

```
class Geese:
    '''大雁类'''
    def __init__(self,beak,wing,claw):  # 构造方法
        print("我是大雁类！我有以下特征:")
        print(beak)  # 输出喙的特征
        print(wing)  # 输出翅膀的特征
        print(claw)  # 输出爪子的特征
beak_1="喙的基部较高,长度和头部的长度几乎相等"  # 喙的特征
wing_1="翅膀长而尖"  # 翅膀的特征
claw_1="爪子是蹼状的"  # 爪子的特征
wildGoose=Geese(beak_1,wing_1,claw_1)  # 创建大雁类的实例
```

运行结果：

```
我是大雁类！我有以下特征:
喙的基部较高,长度和头部的长度几乎相等
翅膀长而尖
爪子是蹼状的
```

5.5 创建类的成员并访问

类的成员主要由实例方法和数据成员组成。在类中创建了类的成员后，可通过类的实例进行访问。

5.5.1 创建实例方法并访问

所谓实例方法，是指在类中的定义函数。该函数是一种在类的实例上操作的函数，创建实例方法的语法格式如下：

```
def functionName(self,parameterlist)
    block
```

例 5.5：创建大雁类并定义飞行方法。

```
class Geese:
    '''大雁类'''
    def __init__(self,beak,wing,claw):  # 构造方法
        print("我是大雁类！我有以下特征:")
        print(beak)  # 输出喙的特征
        print(wing)  # 输出翅膀的特征
        print(claw)  # 输出爪子的特征
    def fly(self,state):  # 定义飞行方法
```

```
    print(state)
beak_1="喙的基部较高,长度和头部的长度几乎相等"
wing_1="翅膀长而尖"
claw_1="爪子是蹼状的"
wildGoose=Geese(beak_1,wing_1,claw_1)
wildGoose.fly("我与同伴飞行的时候,一会儿排成个人字,一会排成个一字")
```

运行结果:

```
我是大雁类!我有以下特征:
喙的基部较高,长度和头部的长度几乎相等翅膀长而尖
爪子是蹼状的
我与同伴飞行的时候,一会儿排成个人字,一会排成个一字
```

5.5.2　创建数据成员并访问

数据成员是指在中定义的变量,即属性。根据定义位置,可分为类属性和实例属性。

1)类属性

类属性是指定义在类中且在函数体外的属性。类属性可在类的所有实例之间共享值,也就是在所有实例化的对象中公用。

例5.6:通过类属性统计类的实例个数。

```
class Geese:
    '''雁类'''
    neck="脖子较长"  #类属性(脖子)
    wing="振翅频率高"  #类属性(翅膀)
    leg="腿位于身体的中心支点,行走自如"  #类属性(腿)
    number=0  #编号
    def __init__(self):  #构造方法
        Geese.number +=1  #将编号加1
        print("\n 我是第"+str(Geese.number)+"只大雁,我属于雁类!我有以下特征:")
        print(Geese.neck)  #输出脖子的特征
        print(Geese.wing)  #输出翅膀的特征
        print(Geese.leg)  #输出腿的特征
#创建4个雁类的对象(相当于有4只大雁)
list1=[]
for i in range(4):  #循环4次
    list1.append(Geese())  #创建一个雁类的实例
print("一共有"+str(Geese.number)+"只大雁")
```

2)实例属性

实例属性是指定义在类的方法中的属性,只作用于当前实例中。

对实例属性,也可通过实例名称修改。与属性不同,通过实例名称修改实例属性后,并不影响该类的另一个实例中相应的实例属性的值。

例 5.7:

```
class Geese:
    '''雁类'''
    def __init__(self): # 实例方法
        self.neck="脖子较长"
        print(self.neck)
        goose1=Geese()
        goose2=Geese()
        goose1.neck="脖子没有天鹅的长"
        print("goose1 的 neck 属性:",goose1.neck)
        print("goose2 的 neck 属性:",goose2.neck)
```

5.5.3 访问限制

在类的内部可定义属性和方法,而在类的外部则可直接调用属性或方法来操作数据,从而隐藏了类内部的复杂逻辑。但是,在 Python 并没有对属性和方法的访问权限进行限制,为了保证类内部的某些属性或方法不被外部访问,可在属性或方法名前面添加下画线(_foo)、双下画线(__foo)或首尾加双下画线,从而限制访问权限。

_foo:以单下画线开头的表示 protected 类型的成员,只允许类本身和子类进行访问。

__foo:双下画线表示 private 类型的成员,只允许定义该方法的类本身进行访问,而且也不能通过类的实例进行访问,但可通过"类的实例名.类名__xxx"方式访问。

foo 首尾双下画线表示定义特殊方法,一般是系统定义的名字,如__init()。

5.6 类的属性

由于 Python 是动态语言,在创建了 Python 实例时,可随时定义实例属性,那实例属性与类属性有什么区别呢?在学习类属性之前,先搞清楚实例属性与类属性的区别。实例的属性只能被该实例使用,不同实例之间的属性互不相关,即使两实例的属性有同名的情况。但类属性是属于类的,而实例是由类创建出来的,类的属性可被类名访问"类名.属性名",也可被实例访问。不过,当实例访问类属性时,如果更改了类属性的内容,实际不是修改了类属性内容,而是给该实例创建了与类属性同名的属性,也就是当其他实例再次访问该类属性时,类属性的内容没有改变。但是,当通过类名访问类属性时,如果对类属性内容做更改,当再次访问该类属性时,输出的是更改后的内容。

例 5.8:为类 Person 创建一个类属性 count,每创建一个实例时,该类属性 count 自动加 1。

```
class Person(object):
    count=0
    def __init__(self, name):
        self.name=name
```

```
        Person.count=Person.count + 1
    print(Person.count)
```

运行结果：

```
0
```

如上 Person 类中，已创建了类属性 count，并赋初值为0。因为每创建一个实例，__init__()函数都要自动被调用，所以将类属性 count 自增放在了__init__()函数里。

在类中需要访问类属性时，也需要借用类名进行访问，如 Person.count。

在类外访问类属性，需要借用类名访问，“类名.属性名”。

通过实例访问类属性时，“实例名.属性名”。

当通过实例改变类属性的内容时，实际达到的效果是给该实例重新定义了一个属性，该属性与类属性名相同。因此，当再次通过类名访问类属性时，类属性的内容没有改变，还是2。

5.6.1　创建属性

创建类属性可直接在 class 中定义：

```
class Person(object):
    address='Earth'
    def __init__(self, name):
        self.name=name
```

因为类属性是直接绑定在类上的，所以访问类属性不需要创建实例，就可直接访问：

```
print(Person.address)
#=> Earth
```

对一个实例调用类的属性也是可以访问的，所有实例都可访问到它所属的类的属性：

```
p1=Person('Bob')
p2=Person('Alice')
print(p1.address)
#=> Earth
print(p2.address)
#=> Earth
```

由于 Python 是动态语言，因此类属性也是可以动态添加和修改的。

```
Person.address='China'
print(p1.address)
#=> 'China'
print(p2.address)
#=> 'China'
```

因为类属性只有一份，所以当 Person 类的 address 改变时，所有实例访问到的类属性都改变了。

5.6.2 用于计算的属性

在 Python 中，可通过@ property 将一个方法转换为属性，从而实现用于计算的属性，将方法转换为属性后，可直接通过方法名来访问方法，而不需要再添加一对小括号“()”，这样使代码更简洁。通过@ property 创建用于计算的属性的语法格式如下：

例 5.9：用于计算的属性。

```
class Rect:
    def __init__(self, width, height):
        self.width=width  #矩形的宽
        self.height=height  #矩形的高
    @property  #将方法转换为属性
    def area(self):  #计算矩形的面积的方法
        return self.width * self.height  #返回矩形的面积
rect=Rect(800, 600)  #创建实例对象
print("矩形面积为：", rect.area)  #输出属性的值
```

运行结果：

```
矩形面积为：480000
```

例 5.10：

```
class TVshow:
    list=["战狼 2", "红海行动", "湄公河行动", "功夫", "魔童降世之哪吒"]
    def __init__(self, show):
        self.__show=show
    @property
    def show(self):
        return self.__show
    @show.setter  #设置 setter 方法，让属性可修改
    def show(self, value):
        if value in TVshow.list:
            self.__show="您选择了《"+ value +"》，稍后将播放"
        else:
            self.__show="您点播的电影不存在"
tvshow=TVshow("战狼 2")
print("正在播放：《", tvshow.show, "》")
print("您可以从 ", tvshow.list, "中选择要点播的电影")
tvshow.show="红海行动"  #修改属性值
print(tvshow.show)  #获取属性值
```

```
tvshow. show="捉妖记 2"  #修改属性值
print(tvshow. show)  #获取属性值
```

运行结果：

```
正在播放:《战狼 2》
您可以从 ['战狼 2','红海行动','湄公河行动','功夫','魔童降世之哪吒'] 中选择
要点播的电影
您选择了《红海行动》,稍后将播放
您点播的电影不存在
```

5.6.3　为属性添加安全保护机制

在 Python 中，默认情况下，创建的类属性或实例是可在类体外进行修改的。如果想要限制其不能在类体外修改，可将其设置为私有的，但设置为私有后，在类体外也不能获取它的值。如果想要创建一个可读取但不能修改的属性，则可使用@ property 实现只读属性。

例 5.11：创建一个电视节目类 TVshow，再创建一个 show 属性，用于显示当前播放的电视节目。

```
class TVshow:
    def __init__(self,show):
        self.__show=show
    @property
    def show(self):
        return self.__show
tvshow=TVshow("正在播放《复联 4》")
print("默认:",tvshow. show)
```

运行结果：

```
正在播放《复联 4》
```

5.7　类成员和实例成员

面向对象最重要的概念就是类(Class)和实例(Instance)。必须牢记，类是抽象的模板，如 Student 类，而实例是根据类创建出来的一个个具体的“对象”，每个对象都拥有相同的方法，但各自的数据可能不同。

在 Python 中，定义类是通过 class 关键字。class 后面紧接着是类名，即 Student，类名通常是大写开头的单词，紧接着是(object)，表示该类是从哪个类继承下来的，继承的概念后面再介绍，通常如果没有合适的继承类，就使用 object 类，这是所有类最终都会继承的类。

定义好了 Student 类，就可根据 Student 类创建出 Student 的实例，创建实例是通过类名+()实现的。

由于类可起到模板的作用。因此,可在创建实例时,把一些认为必须绑定的属性强制填写进去。通过定义一个特殊的__ init __方法,在创建实例时,就把 name,score 等属性绑定上去。

```
class Student(object):
    def __init__(self, name, score):
        self.name=name
        self.score=score
```

注意:特殊方法"__ init __"前后分别有两个下画线。

注意到__ init __方法的第一个参数永远是 self,表示创建的实例本身,因此,在__ init __方法内部,就可把各种属性绑定到 self,因 self 就指向创建的实例本身。

有了__ init __方法,在创建实例时,就不能传入空的参数了,必须传入与__ init __方法匹配的参数,但 self 不需要传,Python 解释器自己会把实例变量传进去。

与普通的函数相比,在类中定义的函数只有一点不同,就是第一个参数永远是实例变量 self,并且调用时,不用传递该参数。除此之外,类的方法与普通函数没有什么区别。因此,仍可用默认参数、可变参数、关键字参数和命名关键字参数。

类是创建实例的模板,而实例则是一个一个具体的对象,各个实例拥有的数据都互相独立,互不影响;方法就是与实例绑定的函数,与普通函数不同,方法可直接访问实例的数据;通过在实例上调用方法,可直接操作对象内部的数据,但无须知道方法内部的实现细节。

与静态语言不同,Python 允许对实例变量绑定任何数据,也就是说,对两个实例变量,虽然它们都是同一个类的不同实例,但拥有的变量名称都可能不同。

类中定义的变量又称数据成员,或称广义上的属性。可以说,数据成员有两种:一种是实例成员(实例属性);另一种是类成员(类属性)。

实例成员一般是指在构造函数__ init __()中定义的。定义和使用时,必须以 self 作为前缀。

类成员是在类中所有方法之外定义的数据成员。

两者的区别如下:

在主程序中(或类的外部),实例成员属于实例(即对象),只能通过对象名访问;而类成员属于类,可通过类名或对象名访问。

在类的方法中,可调用类本身的其他方法,也可访问类成员以及实例成员。

提示:与很多面向对象程序设计语言不同,Python 允许动态地为类和对象增加成员,这是 Python 动态类型特点的重要体现。

例 5.12:

```
class Vehicle:
    def __init__(self,speed):
        self.speed=speed  # speed 实例成员变量
    def drive(self,distance):
        print 'need %f hour(s)'% (distance/self.speed)
class Bike(Vehicle):
    pass
```

```
class Car(Vehicle):
    test='Car_original'
    def __init__(self,speed,fuel):
        Vehicle.__init__(self,speed)
        self.fuel=fuel
    def drive(self,distance):
        Vehicle.drive(self,distance)
print('need %f fuels'%(distance * self.fuel))
b=Bike(16.0)
c=Car(120,0.015)
b.drive(200.0)
c.drive(200.0)
c2=Car(120,0.015)
c3=Car(120,0.015)
print('情形 1: c2 中 test 成员尚未进行过修改,c3 中对 test 进行过修改, car 不变')
c3.test='c3_test'
print(c2.test)
print(c3.test)
print(Car.test)
print('情形 2: c2 尚未对类成员变量 test 进行过修改,类 car 中 test 成员改变')
Car.test='Car_changed'
print('Car test: '+Car.test)
print('c2 test: '+c2.test)
print('c3 test: '+c3.test)
print('情形 3: c2 c3 实例中都对 test 进行过修改,car 中成员 test 再次改变')
c2.test='c2_test'
Car.test='Car_changed_again'
print('Car test: '+Car.test)
print('c2 test: '+c2.test)
print('c3 test: '+c3.test)
```

运行结果：

```
need 12.500000 hour(s)
need 1.666667 hour(s)
need 3.000000 fuels
情形 1: c2 中 test 成员尚未进行过修改,c3 中对 test 进行过修改, car 不变
Car_original
c3_test
Car_original
情形 2: c2 尚未对类成员变量 test 进行过修改,类 car 中 test 成员改变
Car test: Car_changed
c2 test: Car_changed
c3 test: c3_test
```

```
情形3：c2 c3 实例中都对 test 进行过修改,car 中成员 test 再次改变
Car test：Car_changed_again
c2 test：c2_test
c3 test：c3_test
```

一个类的类变量为所有该类型成员共同拥有,可直接使用类型名访问(print Car. test),可使用类型名更改其值(Car. test='Car_changed')

定义一个类的多个实例对象后(如 c2,c3),类成员 test 的属性如下:

①实例对象 c2 定义后尚未修改过类成员(本例中 test)之前,c2 并没有自己的类成员副本,而是和类本身(class Car)共享。当类 Car 改变成员 test 时,c2 的成员 test 自然也是改变的。

②当实例对象中的类成员修改时,该对象才拥有自己单独的类成员副本,此后再通过类本身改变类成员时,该实例对象的该类成员不会随之改变。

③实例变量是在实例对象初始化之后才有的,不能通过类本身调用,故也不存在通过类本身改变其值,实例成员属于实例本身,同一个类的不同实例对象的实例成员也就自然是各自独立的。

类的变量由一个类的所有对象(实例)共享使用。只有一个类变量的拷贝,因此当某个对象对类的变量做了改动时,这个改动会反映到所有其他的实例上。当实例调用完成之后或有实例被删除时(del 实例名称)调用__del__函数。

5.8 封装、继承、多态

5.8.1 封装

封装是面向对象编程的一大特点,将属性和方法放到类的内部,通过对象访问属性或方法,隐藏功能的实现细节,也可设置访问权限。

```
class Student():
    def __init__(self,name,age):
        self.name=name  #将属性封装到类的内部
        self.age=age
    def prin_info(self):
        print(self.name,self.age)
#在同一个类创建多个对象之间,属性是互不干扰的
zs=Student('张三', 20)
ls=Student('李四',21)
zs.prin_info()
ls.prin_info()
```

5.8.2 继承

继承是一种创建新类的方式。如果子类需要复用父类的属性或者方法时,就可使用继

承。当然,子类也可提供自己的属性和方法。

父类中已经有的方法,在子类中直接继承,不用再重写。避免代码重复,降低冗余。

```
class Father():   #父类 超类
    pass
class Son(Father):   #子类 派生类
    pass
```

1)单继承

```
class Grandfather(object):
    def sleep(self):
        print('Grandfather sleep 11')
class Father(Grandfather):
    def eat(self):
        print('Father eat')
    def drink(self):
        print('Father drink')
class Son(Father):
    def study_python(self):
        print('Son study_python')
    def sleep(self):
        print('Son sleep 8')  #当子类中有与父类名字相同的方法时,就意味着对父类方法进行了重写
T=Son()
T.study_python()  #自己的方法可以直接使用
T.eat() #通过子类的对象可以使用父类的方法,子类中没有的,可以去父类中找
T.sleep()  #子类中有就使用子类的方法;子类没有,去父类中找,父类中没有,则继续去父类的父类中找
```

当对象调用方法时,查找顺序先从自身类找。如果自身没找到,则去父类找,父类无,再到父类的父类找,直到 object 类。若还无,则报错。这也称深度优先机制。

需要注意的是,当子类与父类拥有同名称的方法时,子类对象调用该方法优先执行自身的方法。那么,实际上就是子类的方法覆盖父类的方法,也称重写。但是,在实际的开发中,遵循开放封闭原则。

2)多继承

所谓多继承,即子类有多个父类,并且具有它们的特征(属性和方法),JAVA 和 C#不支持多继承,无法判断子类继承时,调用哪一个类的相同的方法。

Son 类继承 Father 类和 Father1 类,两个父类均有 run 方法,应继承哪一个呢? 应遵循左边优先的原则。

```
class Father(object):
    def run(self):  #实例方法
```

```
        print('Father can run')
class Father1(object):
    def run(self):
        print('Father1 can run')
class Son(Father, Father1):
    pass
T=Son()
T.run()  # Father can run  左侧优先
```

Son 类继承 Father 类和 Father1 类两个父类, Father 类继承 GrandFather 类, Father1 和 GrandFather 类中均有 sleep 方法。那么,用 Son 类去调用 sleep 方法时,应继承哪一个呢? 应遵循左边一条路走到底的原则。

```
class GrandFather(object):
    def sleep(self):
        print('GrandFather sleep')
class Father(GrandFather):
    def run(self):  # 实例方法
        print('Father can run')
class Father1(object):
    def run(self):
        print('Father1 can run')
    def sleep(self):
        print('Father1 sleep')
class Son(Father, Father1):
    pass
T=Son()
T.sleep()  # GrandFather sleep 左边一条路走到底
```

Son 类继承 Father 类和 Father1 类两个父类, Father 类和 Father1 类又同时继承 GrandFather 类, Father1 类和 GrandFather 类均有 sleep 方法。那么,用 Son 类去调用 sleep 方法时,应继承哪一个呢? 应遵循左边优先,根(同一个父类)最后执行的原则。

```
class GrandFather(object):
    def sleep(self):
        print('GrandFather sleep')
class Father(GrandFather):
    def run(self):  # 实例方法
        print('Father can run')
class Father1(GrandFather):
    def run(self):
        print('Father1 can run')
    def sleep(self):
        print('Father1 sleep')
```

```
class Son(Father, Father1):
    pass
T=Son()
T.sleep()  # Father1 sleep 两个类有同一个根的时候,根最后执行,Father1 进行了重写父类的方法
```

5.8.3　多态

Python 是动态语言,具有多态的特征。

多态的概念是应用于 Java 和 C# 这一类强类型语言中,而 Python 崇尚"鸭子类型"。

动态语言调用实例方法时不检查类型,只要方法存在,参数正确,就可调用。

这就是动态语言的"鸭子类型",它并不要求严格的继承体系,一个对象只要"看起来像鸭子,走起路来像鸭子",那它就可被看成鸭子。

所谓多态,定义时的类型和运行时的类型不一样,此时就成为多态。

```
class Person(object):
    def print_self(self):
        print('自我介绍')
class Man(Person):
    def print_self(self):
        print('Man 的自我介绍')
def print_self(obj):
    obj.print_self()
zs=Person()
zs.print_self()  # 自我介绍
print_self(zs)  # 自我介绍  通过函数传参,调用类
ls=Man()
ls.print_self()  # Man 的自我介绍
print_self(ls)  # Man 的自我介绍
```

一个函数实现了多个不同类方法的调用。不同功能的函数使用相同功能的函数名,就可用函数名调用不同功能的函数。Person 和 Man 中的 print_self 实现的功能不一样,可用一个函数名去调用不同功能的方法,体现出来了多态的含义。

第 6 章

NumPy 数据分析

6.1 NumPy 简介

NumPy(Numerical Python)是 Python 语言的一个扩展程序库,支持大量的维度数组与矩阵运算,此外也针对数组运算提供大量的数学函数库。

NumPy 的前身 Numeric 最早是由 Jim Hugunin 与其他者共同开发。2005 年,Travis Oliphant 在 Numeric 中结合了另一个同性质的程序库 Numarray 的特色,并加入了其他扩展而开发了 NumPy。NumPy 为开放源代码,并且由许多协作者共同维护开发。

NumPy 是一个运行速度非常快的数学库,主要用于数组计算,包含:

①一个强大的 N 维数组对象 ndarray。

②广播功能函数。

③整合 C/C++/Fortran 代码的工具。

④线性代数、傅里叶变换、随机数生成等功能。

NumPy 通常与 SciPy(Scientific Python)和 Matplotlib(绘图库)一起使用,这种组合广泛用于替代 MatLab,是一个强大的科学计算环境,有助于人们通过 Python 学习数据科学或机器学习。

SciPy 是一个开源的 Python 算法库和数学工具包。

SciPy 包含的模块有最优化、线性代数、积分、插值、特殊函数、快速傅里叶变换、信号处理和图像处理、常微分方程求解以及其他科学与工程中常用的计算。

Matplotlib 是 Python 编程语言及其数值数学扩展包 NumPy 的可视化操作界面。它为利用通用的图形用户界面工具包,如 Tkinter, wxPython, Qt 或 GTK+ 向应用程序嵌入式绘图提供了应用程序接口(API)。

6.2 NumPy Ndarray 对象

ndarray 对象是用于存放同类型元素的多维数组。其中,每个元素在内存中都有相同存储大小的区域。

ndarray 内部由以下内容组成：

①一个指向数据（内存或内存映射文件中的一块数据）的指针。

②数据类型或 dtype，描述在数组中的固定大小值的格子。

③一个表示数组形状（shape）的元组，表示各维度大小的元组。

④一个跨度元组（stride），其中的整数指的是为了前进到当前维度下一个元素需要“跨过”的字节数。

ndarray 的内部结构如图 6.1 所示。

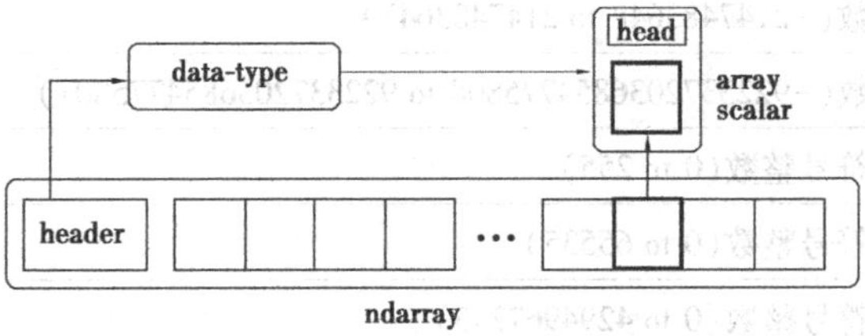

图 6.1　ndarray 的内部结构

跨度可以是负数，这样会使数组在内存中后向移动，切片中 obj[::-1] 或 obj[:,::-1] 就是如此。

创建一个 ndarray 只需调用 NumPy 的 array 函数即可。

```
numpy.array(object, dtype=None, copy=True, order=None, subok=False, ndmin=0)
```

array 函数参数说明见表 6.1。

表 6.1　array 函数参数说明

object	数组或嵌套的数列
dtype	数组元素的数据类型，可选
copy	对象是否需要复制，可选
order	创建数组的样式，C 为行方向，F 为列方向，A 为任意方向（默认）
subok	默认返回一个与基类类型一致的数组
ndmin	指定生成数组的最小维度

6.3　NumPy 数据类型

NumPy 支持的数据类型比 Python 内置的类型要多很多，基本上可与 C 语言的数据类型对应上，其中部分类型对应为 Python 内置的类型。表 6.2 列举了常用 NumPy 基本类型。

表 6.2　常用 NumPy 基本类型

名　称	描　述
bool_	布尔型数据类型（True 或 False）

续表

名　称	描　述
int_	默认的整数类型(类似于 C 语言中的 long,int32 或 int64)
intc	与 C 的 int 类型一样,一般是 int32 或 int 64
intp	用于索引的整数类型(类似于 C 的 ssize_t,一般情况下仍然是 int32 或 int64)
int8	字节(-128 to 127)
int16	整数(-32768 to 32767)
int32	整数(-2147483648 to 2147483647)
int64	整数(-9223372036854775808 to 9223372036854775807)
uint8	无符号整数(0 to 255)
uint16	无符号整数(0 to 65535)
uint32	无符号整数(0 to 4294967295)
uint64	无符号整数(0 to 18446744073709551615)
float_	float64 类型的简写
float16	半精度浮点数,包括:1 个符号位,5 个指数位,10 个尾数位
float32	单精度浮点数,包括:1 个符号位,8 个指数位,23 个尾数位
float64	双精度浮点数,包括:1 个符号位,11 个指数位,52 个尾数位
complex_	complex128 类型的简写,即 128 位复数
complex64	复数,表示双 32 位浮点数(实数部分和虚数部分)
complex128	复数,表示双 64 位浮点数(实数部分和虚数部分)

numpy 的数值类型实际上是 dtype 对象的实例,并对应唯一的字符,包括 np. bool_, np. int32, np. float32 等。

数据类型对象(numpy. dtype 类的实例)用来描述与数组对应的内存区域是如何使用。它描述了数据的以下 3 个方面:

①数据的类型(整数,浮点数或者 Python 对象)。

②数据的大小(如整数使用多少个字节存储)。

③数据的字节顺序(小端法或大端法)。

每个 numpy 数组都是相同类型元素的网格。Numpy 提供了一组可用于构造数组的大量数值数据类型。Numpy 在创建数组时尝试猜测数据类型,但构造数组的函数通常还包含一个可选参数来显示指定数据类型。例如:

```
import numpy as np

x=np. array([1, 2])          # Let numpy choose the datatype
print(x. dtype)              # Prints "int64"
```

```
x=np.array([1.0, 2.0])                  # Let numpy choose the datatype
print(x.dtype)                          # Prints "float64"
x=np.array([1, 2], dtype=np.int64)      # Force a particular datatype
print(x.dtype)                          # Prints "int64"
```

6.4 NumPy 数组属性

NumPy 数组的维数称为秩(rank),秩就是轴的数量,即数组的维度。一维数组的秩为 1,二维数组的秩为 2,以此类推。

在 NumPy 中,每一个线性的数组称为是一个轴(axis),即维度(dimensions)。例如,二维数组相当于是两个一维数组,其中第一个一维数组中每个元素又是一个一维数组。因此,一维数组就是 NumPy 中的轴(axis),第一个轴相当于是底层数组,第二个轴是底层数组里的数组。而轴的数量——秩,就是数组的维数。

很多时候可以声明 axis。axis=0,表示沿着第 0 轴进行操作,即对每一列进行操作;axis=1,表示沿着第 1 轴进行操作,即对每一行进行操作。

NumPy 的数组中比较重要 ndarray 对象属性见表 6.3。

表 6.3　ndarray 对象属性

属　性	说　明
ndarray.ndim	秩,即轴的数量或维度的数量
ndarray.shape	数组的维度,对于矩阵,n 行 m 列
ndarray.size	数组元素的总个数,相当于 .shape 中 n * m 的值
ndarray.dtype	ndarray 对象的元素类型
ndarray.itemsize	ndarray 对象中每个元素的大小,以字节为单位
ndarray.flags	ndarray 对象的内存信息
ndarray.real	ndarray 元素的实部
ndarray.imag	ndarray 元素的虚部
ndarray.data	包含实际数组元素的缓冲区,由于一般通过数组的索引获取元素,所以通常不需要使用这个属性。

6.5 NumPy 数组索引

Numpy 提供了以下 3 种索引数组的方法:

1)切片(Slicing)

与 Python 列表类似,可对 numpy 数组进行切片。由于数组可能是多维的,因此必须为数组的每个维指定一个切片。

```
import numpy as np
# Create the following rank 2 array with shape (3, 4)
#[[ 1  2  3  4]
#  [5  6  7  8]
#  [ 9 10 11 12]]
a=np.array([[1,2,3,4], [5,6,7,8], [9,10,11,12]])
# Use slicing to pullout the subarray consisting of the first 2 rows
# and columns 1 and 2; b is the following array of shape (2, 2):
#[[2 3]
#  [6 7]]
b=a[:2, 1:3]

# A slice of an array is a view into the same data, so modifying it
# will modify the original array.
print(a[0, 1])   # Prints "2"
b[0, 0]=77       # b[0, 0] is the same piece of data as a[0, 1]
print(a[0, 1])   # Prints "77"
```

还可将整数索引与切片索引混合使用。但是,这样做会产生比原始数组更低级别的数组。

```
import numpy as np

# Create the following rank 2 array with shape (3, 4)
#[[ 1  2  3  4]
#  [5  6  7  8]
#  [ 9 10 11 12]]
a=np.array([[1,2,3,4], [5,6,7,8], [9,10,11,12]])

# Two ways of accessing the data in the middle row of the array.
# Mixing integer indexing with slices yields an array of lower rank,
# while using only slices yields anarray of the same rank as the
# original array:
row_r1=a[1, :]      # Rank 1 view of the second row of a
row_r2=a[1:2, :]    # Rank 2 view of the second row of a
print(row_r1, row_r1.shape)   # Prints "[5 6 7 8] (4,)"
print(row_r2, row_r2.shape)   # Prints "[[5 6 7 8]] (1, 4)"

# We can make the same distinction when accessing columns of an array:
col_r1=a[:, 1]
col_r2=a[:, 1:2]
```

```
print(col_r1, col_r1.shape)   # Prints "[ 2  6 10] (3,)"
print(col_r2, col_r2.shape)   # Prints "[[ 2]
                              #          [ 6]
                              #          [10]] (3, 1)"
```

2)整数数组索引

使用切片索引到 numpy 数组时,生成的数组视图将始终是原始数组的子数组;相反,整数数组索引允许使用另一个数组中的数据构造任意数组。例如:

```
import numpy as np

a=np.array([[1,2], [3, 4], [5, 6]])

# An example of integer array indexing.
# The returned array will have shape (3,) and
print(a[[0, 1, 2], [0, 1, 0]])  # Prints "[1 4 5]"

# The above example of integer array indexing is equivalent to this:
print(np.array([a[0, 0], a[1, 1], a[2, 0]]))  # Prints "[1 4 5]"

# When using integer array indexing, you can reuse the same
# element from the source array:
print(a[[0, 0], [1, 1]])  # Prints "[2 2]"

# Equivalent to the previous integer array indexing example
print(np.array([a[0, 1], a[0, 1]]))  # Prints "[2 2]"
```

整数数组索引的一个有用技巧是从矩阵的每一行中选择或改变一个元素:

```
import numpy as np

# Create a new array from which we will select elements
a=np.array([[1,2,3], [4,5,6], [7,8,9], [10, 11, 12]])

print(a)  # prints "array([[ 1,  2,  3],
          #                [ 4,  5,  6],
          #                [ 7,  8,  9],
          #                [10, 11, 12]])"

# Create an array of indices
b=np.array([0, 2, 0, 1])
```

```
# Select one element from each row of a using the indices in b
print(a[np.arange(4), b])  # Prints "[ 1  6  7 11]"

# Mutate one element from each row of a using the indices in b
a[np.arange(4), b] +=10

print(a)  # prints "array([[11,  2,  3],
          #                [ 4,  5, 16],
          #                [17,  8,  9],
          #                [10, 21, 12]])"
```

3)布尔数组索引

布尔数组索引允许选择数组的任意元素。通常这种类型的索引用于选择满足某些条件的数组元素。例如：

```
import numpy as np

a=np.array([[1,2], [3, 4], [5, 6]])

bool_idx=(a > 2)   # Find the elements of a that are bigger than 2;
                   # this returns a numpy array of Booleans of the same
                   # shape as a, where each slot of bool_idx tells
                   # whether that element of a is > 2.

print(bool_idx)    # Prints "[[False False]
                   #          [ True  True]
                   #          [ True  True]]"

# We use boolean array indexing to construct a rank 1 array
# consisting of the elements of a corresponding to the True values
# of bool_idx
print(a[bool_idx])  # Prints "[3 4 5 6]"

# We can do all of the above in a single concise statement:
print(a[a > 2])     # Prints "[3 4 5 6]"
```

6.6 广播机制(Broadcast)

NumPy 中的广播机制(Broadcast)旨在解决不同形状数组之间的算术运算问题。已知,如果进行运算的两个数组形状完全相同,它们直接可作相应的运算。例如：

```
import numpy as np
a=np.array([0.1,0.2,0.3,0.4])
b=np.array([10,20,30,40])
c=a * b
print(c)  #[ 1.   4.9. 16.]
```

但是,如果两个形状不同的数组呢？它们之间就不能做算术运算了吗？当然不是。为了保持数组形状相同,NumPy 设计了一种广播机制,这种机制的核心是对形状较小的数组,在横向或纵向上进行一定次数的重复,使其与形状较大的数组拥有相同的维度。

当进行运算的两个数组形状不同,Numpy 会自动触发广播机制。例如：

```
import numpy as np
a=np.array([[ 0, 0, 0],
            [10,10,10],
            [20,20,20],
            [30,30,30]])
#b 数组与 a 数组形状不同
b=np.array([1,2,3])
print(a + b)
输出结果为：
[[ 1  2  3]
 [11 12 13]
 [21 22 23]
 [31 32 33]]
```

第 7 章

数据可视化

7.1 Matplotlib

Matplotlib 是 Python 的绘图库，它能让使用者很轻松地将数据图形化，并且提供多样化的输出格式。Matplotlib 可用来绘制各种静态、动态和交互式的图表。Matplotlib 是一个非常强大的 Python 画图工具，人们可使用该工具将很多数据通过图表的形式更直观地呈现出来。

7.2 Matplotlib 库基本使用

Pyplot 是 Matplotlib 的子库，提供了与 MATLAB 类似的绘图 API。Pyplot 是常用的绘图模块，能很方便地让用户绘制 2D 图表。Pyplot 包含一系列绘图函数的相关函数，每个函数会对当前的图像进行一些修改。例如，给图像加上标记，生成新的图像，以及在图像中产生新的绘图区域等。使用时，可使用 import 导入 pyplot 库，并设置一个别名 plt：

```
import matplotlib. pyplot as plt
```

这样，就可使用 plt 来引用 Pyplot 包的方法。例如，通过两个坐标(0,0)到(6,100)来绘制一条线。

代码编写：

```
import matplotlib. pyplot as plt
import numpy as np
xpoints=np. array([0, 6])
ypoints=np. array([0, 100])
plt. plot(xpoints, ypoints)
plt. show()
```

运行结果如图7.1所示。

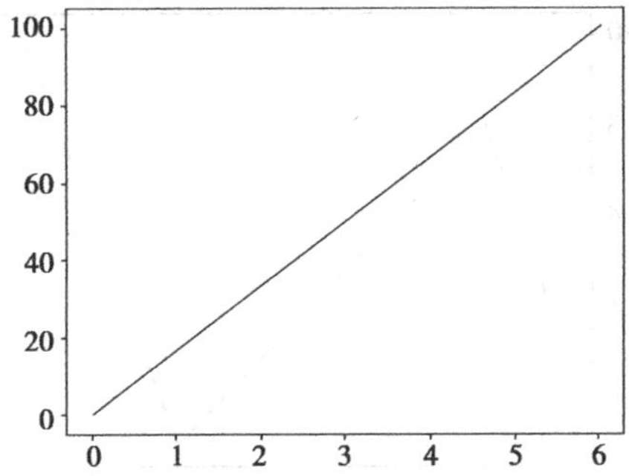

图7.1 运行结果

以上实例中使用了Pyplot的plot()函数，plot()函数是绘制二维图形的最基本函数。plot()用于画图,它可绘制点和线。其语法格式如下：

```
#画单条线
plot([x], y, [fmt], *, data=None, **kwargs)
#画多条线
plot([x], y, [fmt], [x2], y2, [fmt2], ..., **kwargs)
```

参数说明：

x, y:点或线的节点,x为x轴数据,y为y轴数据,数据可列表或数组。

fmt:可选,定义基本格式(如颜色、标记和线条样式)。

**kwargs:可选,用在二维平面图上,设置指定属性,如标签、线的宽度等。

```
plot(x, y)  #创建y中数据与x中对应值的二维线图,使用默认样式
plot(x, y, 'bo')  #创建y中数据与x中对应值的二维线图,使用蓝色实心圈绘制
plot(y)  #x的值为0..N-1
plot(y, 'r+')  #使用红色+号
```

颜色字符:'b'蓝色,'m'洋红色,'g'绿色,'y'黄色,'r'红色,'k'黑色,'w'白色,'c'青绿色,'#008000'RGB颜色符串。多条曲线不指定颜色时,会自动选择不同颜色。

线型参数:'-'实线,'--'破折线,'-.'点划线,':'虚线。

标记字符:'.'点标记,','像素标记(极小点),'o'实心圈标记,'v'倒三角标记,'^'上三角标记,'>'右三角标记,'<'左三角标记等。

代码编写：

可绘制任意数量的点,只需确保两个轴上的点数相同即可。绘制一条不规则线,坐标为(1, 3),(2, 8),(6, 1),(8, 10)对应的两个数组为:[1, 2, 6, 8]和[3, 8, 1, 10]。

```
import matplotlib.pyplot as plt
import numpy as np
xpoints=np.array([1, 2, 6,8])
ypoints=np.array([3, 8, 1, 10])
plt.plot(xpoints, ypoints)
plt.show()
```

运行结果如图 7.2 所示。

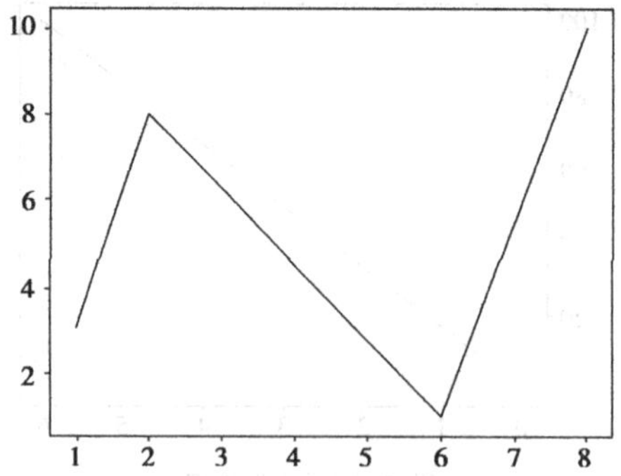

图 7.2　运行结果

代码编写:

绘制一个正弦和余弦图,在 plt. plot( )参数中包含两对 x,y 值。第一对是 x,y,这对应于正弦函数;第二对是 x,z,这对应于余弦函数。

```
import matplotlib. pyplot as plt
import numpy as np
x=np. arange(0,4 * np. pi,0. 1)
y=np. sin(x)
z=np. cos(x)
plt. plot(x,y,x,z)
plt. show()
```

运行结果如图 7.3 所示。

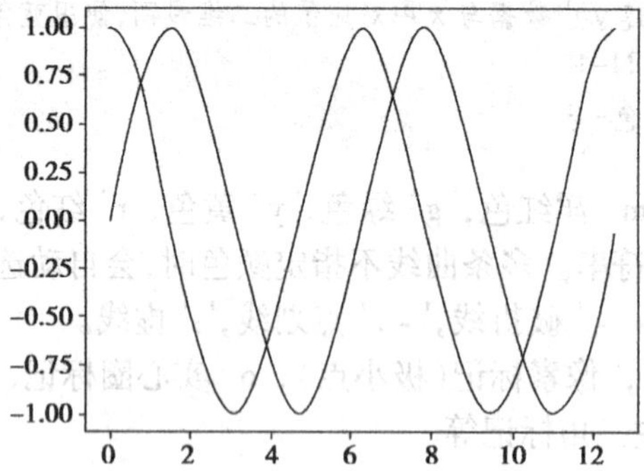

图 7.3　运行结果

7.3　Matplotlib 绘图标记

在绘图过程中,如果想要给坐标自定义一些不一样的标记,就可使用 plot( ) 方法的 marker 参数来定义。

代码编写:

下面代码定义了实心圆标记。

```
import matplotlib.pyplot as plt
import numpy as np
ypoints=np.array([1,3,4,5,8,9,6,1,3,4,5,2,4])
plt.plot(ypoints, marker='o')
plt.show()
```

运行结果如图 7.4 所示。

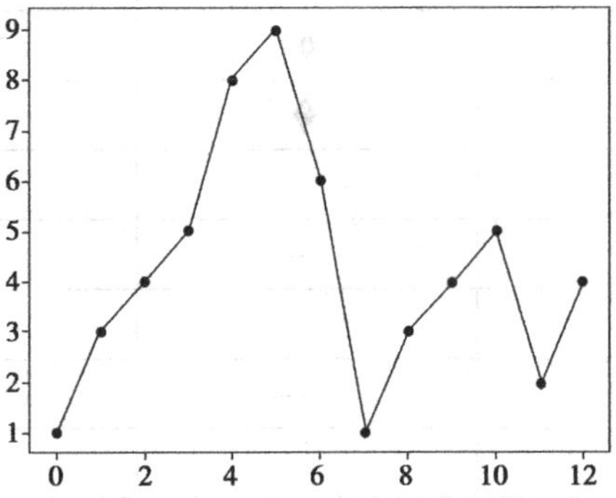

图 7.4　运行结果

marker 可定义的符号见表 7.1。

表 7.1　marker 可定义的符号

标　记	符　号	描　述
“.”	•	点
“,”	·	像素点
“o”	●	实心圆
“v”	▼	下三角
“^”	▲	上三角
“<”	◀	左三角
“>”	▶	右三角
“1”	⋎	下三叉
“2”	⋏	上三叉
“3”	≺	左三叉
“4”	≻	右三叉
“8”	⯃	八角形
“s”	■	正方形
“p”	⬟	五边形
“P”	✚	加号(填充)
“ * ”	★	星号
“h”	⬢	六边形 1

续表

标　记	符　号	描　述
“H”	⬢	六边形 2
“+”	+	加号
“x”	×	乘号 x
“X”	✖	乘号 x(填充)
“D”	◆	菱形
“d”	♦	瘦菱形
“|”	|	竖线
“_”	—	横线
0（TICKLEFT）	—	左横线
1（TICKRIGHT）	—	右横线
2（TICKUP）	|	上竖线
3（TICKDOWN）	|	下竖线
4（CARETLEFT）	◀	左箭头
5（CARETRIGHT）	▶	右箭头
6（CARETUP）	▲	上箭头
7（CARETDOWN）	▼	下箭头
8(CARETLEFTBASE)	◀	左箭头（中间点为基准）
9（CARETRIGHTBASE）	▶	右箭头（中间点为基准）
10（CARETUPBASE）	▲	上箭头（中间点为基准）
11（CARETDOWNBASE）	▼	下箭头（中间点为基准）
“None”，“or”		没有任何标记
'$...$'	f	渲染指定的字符。例如，"f"以字母 f 为标记

代码编写：

```
import matplotlib.pyplot as plt
import numpy as np
ypoints=np.array([1,3,4,5,8,9,6,1,3,4,5,2,4])
plt.plot(ypoints, marker='*')
plt.show()
```

运行结果如图 7.5 所示。

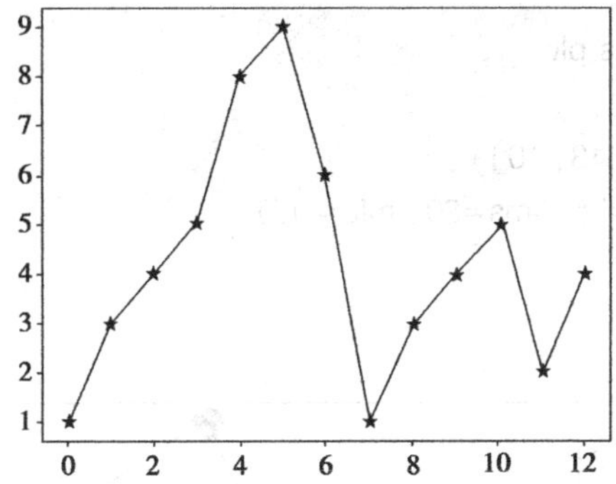

图 7.5　运行结果

线类型见表 7.2。

表 7.2　线类型

线类型标记	描　述
'-'	实线
':'	虚线
'--'	破折线
'-.'	点画线

颜色类型见表 7.3。

表 7.3　颜色类型

颜色标记	描　述
'r'	红色
'g'	绿色
'b'	蓝色
'c'	青色
'm'	品红
'y'	黄色
'k'	黑色
'w'	白色

可自定义标记的大小与颜色，使用的参数如下：

markersize，简写为 ms：定义标记的大小。

markerfacecolor，简写为 mfc：定义标记内部的颜色。

markeredgecolor，简写为 mec：定义标记边框的颜色。

代码编写：

```
import matplotlib. pyplot as plt
import numpy as np
ypoints=np. array([6, 2, 13, 10])
plt. plot(ypoints, marker='o', ms=20, mfc='r')
plt. show()
```

运行结果如图 7.6 所示。

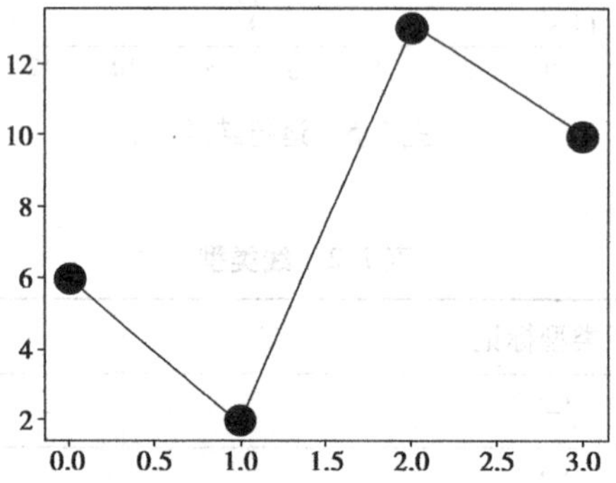

图 7.6　运行结果

7.4　Matplotlib 绘图线

在绘图过程中,可自定义线的样式,包括线的类型、颜色和大小等。

7.4.1　线的类型

线的类型可使用 linestyle 参数来定义,简写为 ls,见表 7.4。

表 7.4　线的类型

类　型	简　写	说　明
'solid' (默认)	'-'	实线
'dotted'	':'	点虚线
'dashed'	'--'	破折线
'dashdot'	'-.'	点画线
'None'	''或' '	不画线

代码编写:

```
import matplotlib. pyplot as plt
import numpy asnp
ypoints=np. array([6, 2, 13, 10])
plt. plot(ypoints, ls='-.')
plt. show()
```

运行结果如图7.7所示。

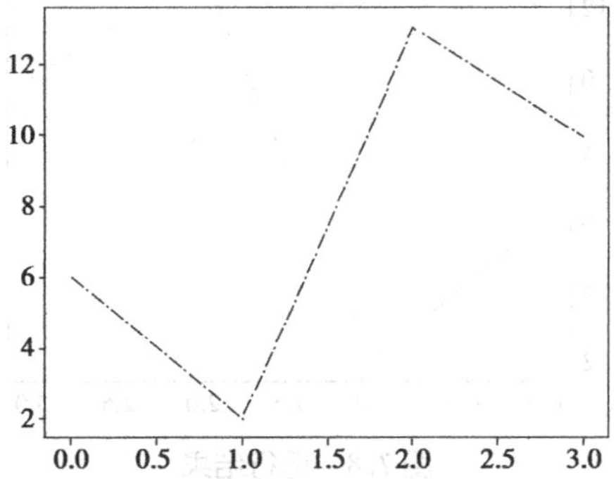

图7.7　运行结果

7.4.2　线的颜色

线的颜色见表7.5。

表7.5　线的颜色

颜色标记	描　述
'r'	红色
'g'	绿色
'b'	蓝色
'c'	青色
'm'	品红
'y'	黄色
'k'	黑色
'w'	白色

注:当然,也可自定义颜色类型,如SeaGreen,#8FBC8F等。完整样式可参考HTML颜色值。

代码编写:

```
import matplotlib.pyplot as plt
import numpy as np
ypoints=np.array([6, 2, 13, 10])
plt.plot(ypoints, c='SeaGreen')
plt.show()
```

运行结果如图7.8所示。

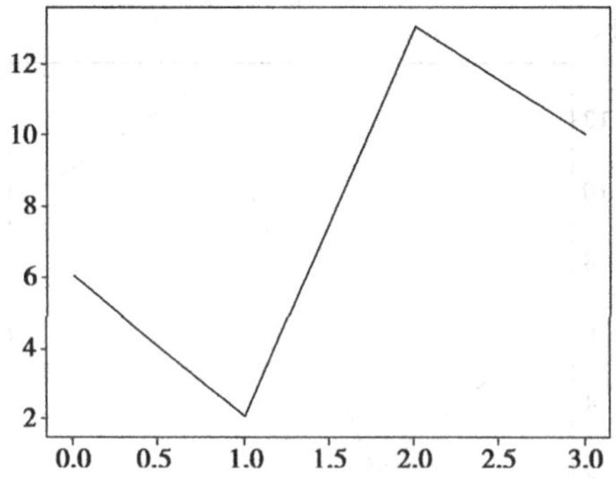

图 7.8　运行结果

7.4.3　线的宽度

线的宽度可使用 linewidth 参数来定义,简写为 lw,值可以是浮点数,如 1,2.0,5.67 等。

代码编写:

```
import matplotlib. pyplot as plt
import numpy as np
ypoints=np. array([6, 2, 13, 10])
plt. plot(ypoints, linewidth='12.5')
plt. show()
```

运行结果如图 7.9 所示。

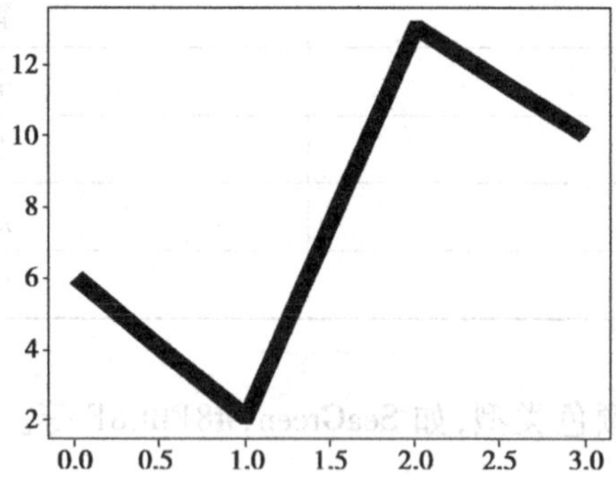

图 7.9　运行结果

7.4.4　多条线绘制

plot()方法中可包含多对 x,y 值来绘制多条线。

代码编写:

```
import matplotlib. pyplot as plt
import numpy as np
y1=np. array([3, 7, 5, 9])
y2=np. array([6, 2, 13, 10])
plt. plot(y1)
```

```
plt.plot(y2)
plt.show()
```

运行结果如图 7.10 所示。

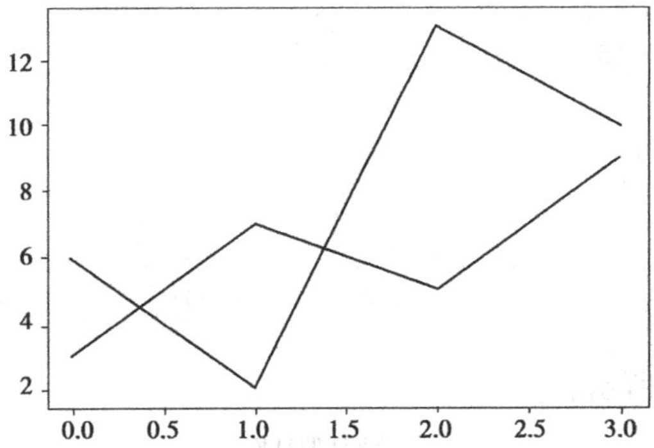

图 7.10　运行结果

7.4.5　Matplotlib 轴标签和标题

使用 xlabel()和 ylabel()方法来设置 x 轴和 y 轴的标签。

代码编写：

```
import numpy as np
import matplotlib.pyplot as plt
x=np.array([1, 2, 3, 4])
y=np.array([1, 4, 9, 16])
plt.plot(x, y)

plt.xlabel("x -label")
plt.ylabel("y-label")
plt.show()
```

运行结果如图 7.11 所示。

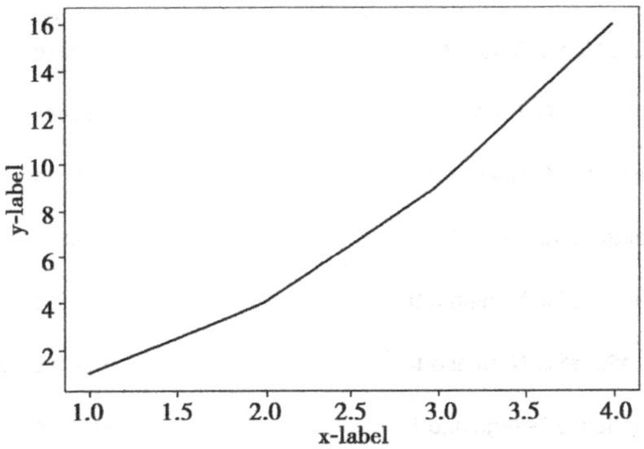

图 7.11　运行结果

使用 title()方法来设置标题。

代码编写：

```
import numpy as np
import matplotlib. pyplot as plt
x=np. array([1, 2, 3, 4])
y=np. array([1, 4, 9, 16])
plt. plot(x, y)
plt. title(" TEST TITLE ")
plt. xlabel(" x-label ")
plt. ylabel(" y-label ")
plt. show( )
```

运行结果如图 7.12 所示。

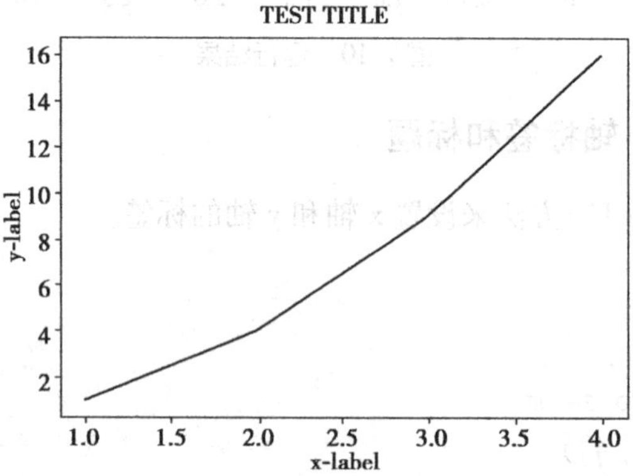

图 7.12　运行结果

7.4.6　图形中文显示

Matplotlib 默认情况不支持中文，可使用下面简单的方法来解决。这里，使用思源黑体。思源黑体是 Adobe 与 Google 推出的一款开源字体。

打开链接后，在里面选一个即可（图 7.13）。

图 7.13　选择字体

代码编写：

```
import numpy as np
from matplotlib import pyplot as plt
import matplotlib
# fname 为下载的字体库路径，注意 SourceHanSansSC-Bold. otf 字体的路径
zhfont1 =matplotlib. font_manager. FontProperties( fname =" SourceHanSansSC-Bold. otf ")
x=np. arange(1,11)
y =  2  * x +  5
plt. title("菜鸟教程-测试", fontproperties =zhfont1)
#fontproperties 设置中文显示，fontsize 设置字体大小
plt. xlabel(" x 轴", fontproperties =zhfont1)
plt. ylabel(" y 轴", fontproperties =zhfont1)
plt. plot(x,y)
plt. show()
```

运行结果如图 7.14 所示。

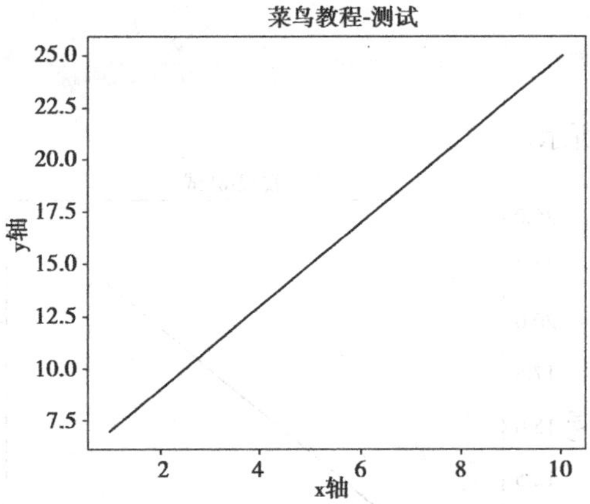

图 7.14　运行结果

7.4.7　标题与标签的定位

title()方法提供了 loc 参数来设置标题显示的位置，可设置为：' left '，' right '和' center '，默认值为' center '。

xlabel()方法提供了 loc 参数来设置 x 轴显示的位置，可设置为：' left '，' right '和' center '，默认值为' center '。

ylabel()方法提供了 loc 参数来设置 y 轴显示的位置，可设置为：' bottom '，' top '和' center '，默认值为' center '。

代码编写：

```
import numpy as np
from matplotlib import pyplot as plt
import matplotlib
```

```
# fname 为下载的字体库路径,注意 SourceHanSansSC-Bold. otf 字体的路径,size 参数设置字体大小
zhfont1 =matplotlib. font_manager. FontProperties( fname =" SourceHanSansSC-Bold. otf ", size =18)
font1 = {' color ':' blue ',' size ':20}
font2 = {' color ':' darkred ',' size ':15}
x=np. arange(1,11)
y=2 * x+5
# fontdict 可以使用 css 来设置字体样式
plt. title("菜鸟教程-测试",
        fontproperties=zhfont1,
        fontdict=font1,
        loc=" left ")
# fontproperties 设置中文显示,fontsize 设置字体大小
plt. xlabel("x 轴", fontproperties=zhfont1, loc=" left ")
plt. ylabel("y 轴", fontproperties=zhfont1, loc=" top ")
plt. plot(x,y)
plt. show()
```

运行结果如图 7.15 所示。

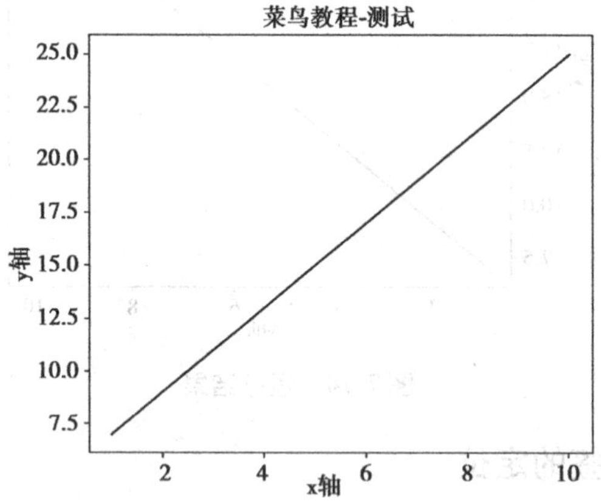

图 7.15　运行结果

7.4.8　Matplotlib 网格线

使用 pyplot 中的 grid()方法来设置图表中的网格线。

grid()方法语法格式如下:

```
matplotlib. pyplot. grid( b=None, which=' major ', axis=' both ', ** kwargs)
```

参数说明:

b:可选,默认为 None,可设置布尔值,true 为显示网格线,false 为不显示。如果设置 ** kwargs 参数,则值为 true。

which:可选,可选值有' major ',' minor ',' both ',默认为' major ',表示应用更改的网格线。

axis:可选,设置显示哪个方向的网格线,可以是取' both '(默认),' x '或' y ',分别表示两个方向,x 轴方向或 y 轴方向。

** kwargs:可选,设置网格样式,可以是 color=' r ', linestyle='-',linewidth=2,分别表示网格线的颜色、样式和宽度。

下面实例添加一个简单的网格线,并设置网格线的样式。其语法格式如下:

```
grid(color=' color ', linestyle=' linestyle ', linewidth=number)
```

参数说明:

color:' b ' 蓝色,' m ' 洋红色,' g ' 绿色,' y ' 黄色,' r ' 红色,' k ' 黑色,' w ' 白色,' c ' 青绿色,' #008000 ' RGB 颜色符串。

linestyle:' - ' 实线,' - - ' 破折线,' - . ' 点画线,' : ' 虚线。

linewidth:设置线的宽度,可设置一个数字。

代码编写:

```
import numpy as np
import matplotlib. pyplot as plt
x=np. array([1, 2, 3, 4])
y=np. array([1, 4, 9, 16])
plt. title("grid() Test")
plt. xlabel("x-label")
plt. ylabel("y-label")
plt. plot(x, y)
plt. grid(color='r', linestyle='--', linewidth=0.5)
plt. show()
```

运行结果如图 7.16 所示。

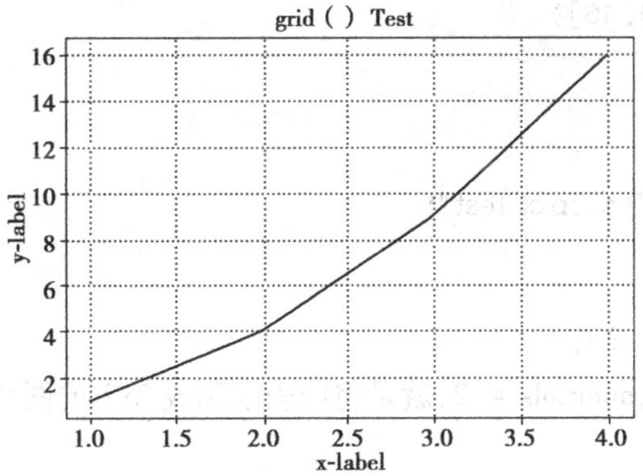

图7.16　运行结果

7.4.9　Matplotlib 绘制多图

可使用 pyplot 中的 subplot()和 subplots()方法来绘制多个子图。

subplot()方法在绘图时需要指定位置,subplots()方法可一次生成多个。在调用时,只需要调用生成对象的ax即可。

```
subplot(nrows, ncols, index, ** kwargs)
subplot(pos, ** kwargs)
subplot( ** kwargs)
subplot(ax)
```

以上函数将整个绘图区域分成nrows行和ncols列,然后按从左到右、从上到下的顺序,对每个子区域进行编号1,…,N。左上的子区域的编号为1,右下的区域编号为N,编号可通过参index来设置。

设置numRows = 1,numCols = 2,就是将图表绘制成1×2的图片区域,对应的坐标为:

(1, 1), (1, 2)

plotNum= 1, 表示的坐标为(1, 1), 即第一行第一列的子图。

plotNum= 2, 表示的坐标为(1, 2), 即第一行第二列的子图。

代码编写:

```
import matplotlib. pyplot as plt
import numpy as np
# plot 1:
xpoints=np. array([0, 6])
ypoints=np. array([0, 100])
plt. subplot(1, 2, 1)
plt. plot(xpoints, ypoints)
plt. title(" plot 1 ")
# plot 2:
x=np. array([1, 2, 3, 4])
y=np. array([1, 4, 9, 16])
plt. subplot(1, 2, 2)
plt. plot(x,y)
plt. title(" plot 2 ")
plt. suptitle(" RUNOOB subplot Test ")
plt. show()
```

运行结果如图7.17所示。

设置numRows = 2,numCols = 2,就是将图表绘制成2x2的图片区域,对应的坐标为:

(1, 1), (1, 2)

(2, 1), (2, 2)

plotNum= 1, 表示的坐标为(1, 1), 即第一行第一列的子图。

plotNum= 2, 表示的坐标为(1, 2), 即第一行第二列的子图。

plotNum= 3, 表示的坐标为(2, 1), 即第二行第一列的子图。

plotNum= 4, 表示的坐标为(2, 2), 即第二行第二列的子图。

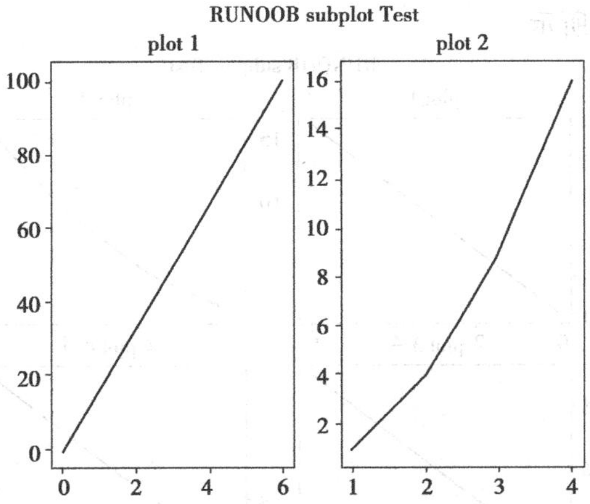

图7.17　运行结果

代码编写：

```
import matplotlib. pyplot as plt
import numpy as np
#plot 1:
x=np. array([0, 6])
y=np. array([0, 100])
plt. subplot(2, 2, 1)
plt. plot(x,y)
plt. title(" plot 1 ")
#plot 2:
x=np. array([1, 2, 3, 4])
y=np. array([1, 4, 9, 16])
plt. subplot(2, 2, 2)
plt. plot(x,y)
plt. title(" plot 2 ")
#plot 3:
x=np. array([1, 2, 3, 4])
y=np. array([3, 5, 7, 9])
plt. subplot(2, 2, 3)
plt. plot(x,y)
plt. title(" plot 3 ")
#plot 4:
x=np. array([1, 2, 3, 4])
y=np. array([4, 5, 6, 7])
plt. subplot(2, 2,4)
plt. plot(x,y)
plt. title(" plot 4 ")
plt. suptitle(" RUNOOB subplot Test ")
plt. show()
```

运行结果如图 7.18 所示。

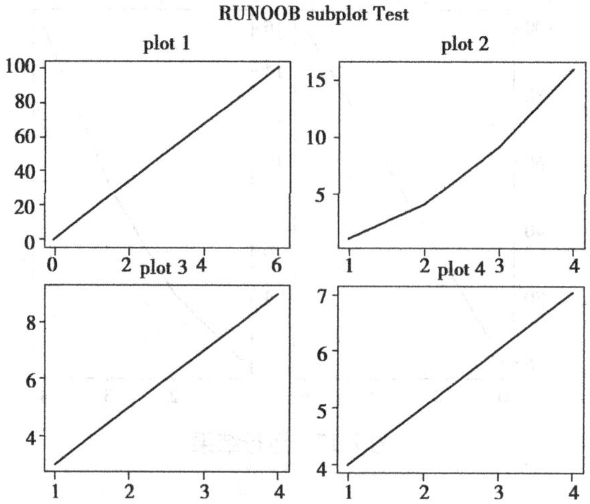

图 7.18　运行结果

7.5　Matplotlib 散点图

可使用 pyplot 中的 scatter( ) 方法来绘制散点图。

scatter( )方法语法格式如下：

```
matplotlib.pyplot.scatter(x, y,
    s=None,
    c=None,
    marker=None,
    cmap=None,
    norm=None,
    vmin=None,
    vmax=None,
    alpha=None,
    linewidths=None,
    edgecolors=None,
    plotnonfinite=False,
    data=None,
    **kwargs)
```

参数说明：

x,y:长度相同的数组,也就是即将绘制散点图的数据点,输入数据。

s:点的大小,默认 20,也可以是个数组,数组每个参数为对应点的大小。

c:点的颜色,默认蓝色 'b',也可以是个 RGB 或 RGBA 二维行数组。

marker:点的样式,默认小圆圈 'o'。

cmap:Colormap,默认 None,标量或是一个 colormap 的名字,只有 c 是一个浮点数数组的时才使用。如果没有申明,就是 image. cmap。

norm:Normalize,默认 None,数据亮度在 0 ~ 1,只有 c 是一个浮点数的数组的时才使用。

vmin,vmax:亮度设置,在 norm 参数存在时会忽略。

alpha:透明度设置,0 ~ 1,默认 None,即不透明。

linewidths:标记点的长度。

edgecolors:颜色或颜色序列,默认为 'face',可选值有 'face', 'none', None。

plotnonfinite:布尔值,设置是否使用非限定的 c (inf, -inf 或 nan) 绘制点。

** kwargs:其他参数。

代码编写:

```
import matplotlib. pyplot as plt
import numpy as np
x=np. array([5,7,8,7,2,17,2,9,4,11,12,9,6])
y=np. array([99,86,87,88,111,86,103,87,94,78,77,85,86])
colors=np. array([0, 10, 20, 30, 40, 45, 50, 55, 60, 70, 80, 90, 100])
plt. scatter(x, y, c=colors, cmap=' afmhot_r ')
plt. colorbar( )
plt. show( )
```

运行结果如图 7. 19 所示。

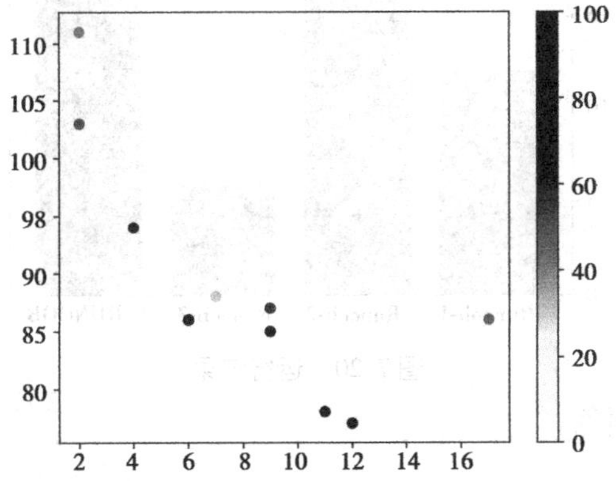

图 7. 19　运行结果

7. 6　Matplotlib 柱状图

可使用 pyplot 中的 bar( ) 方法来绘制柱形图。

bar( )方法语法格式如下:

```
matplotlib. pyplot. bar(x, height,width=0.8, bottom=None, *, align=' center ', data=None, *
*kwargs)
```

参数说明:

x:浮点型数组,柱形图的 x 轴数据。

height:浮点型数组,柱形图的高度。

width:浮点型数组,柱形图的宽度。

bottom:浮点型数组,底座的 y 坐标,默认 0。

align:柱形图与 x 坐标的对齐方式,'center'以 x 位置为中心,这是默认值。'edge':将柱形图的左边缘与 x 位置对齐。要对齐右边缘,可传递负数的宽度值及 align='edge'。

** kwargs:其他参数。

这里简单使用 bar()来创建一个柱形图。

代码编写:

```
import matplotlib. pyplot as plt
import numpy as np
x=np. array(["Runoob-1", "Runoob-2", "Runoob-3", "C-RUNOOB"])
y=np. array([12, 22, 6, 18])
plt. bar(x,y)
plt. show()
```

运行结果如图 7.20 所示。

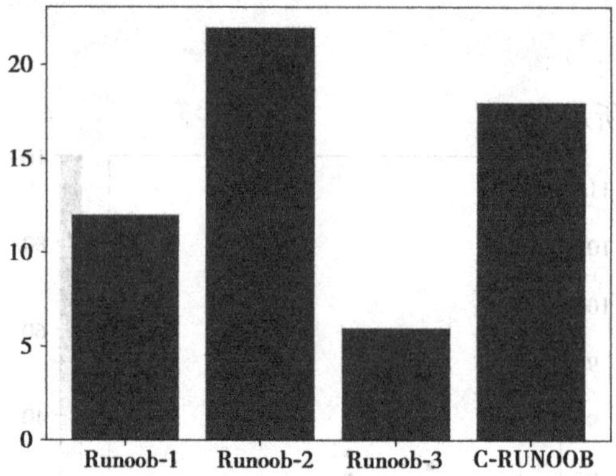

图 7.20　运行结果

自定义各个柱形的颜色。

代码编写:

```
importmatplotlib. pyplot as plt
import numpy as np
x=np. array(["Runoob-1", "Runoob-2", "Runoob-3", "C-RUNOOB"])
y=np. array([12, 22, 6, 18])
plt. bar(x, y,  color=["#4CAF50","red","hotpink","#556B2F"])
plt. show()
```

运行结果如图 7.21 所示。

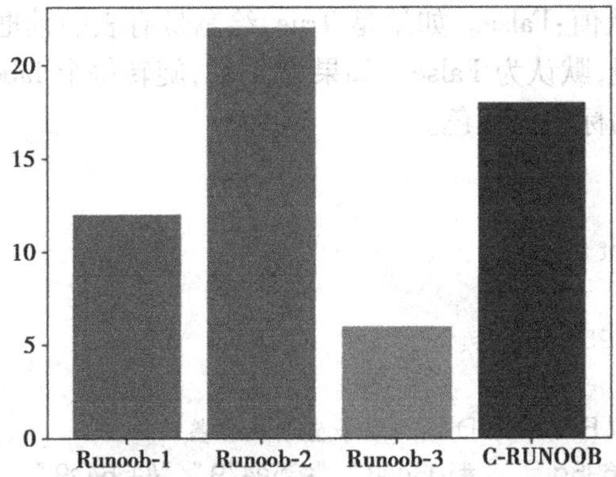

图 7.21　运行结果

7.7　Matplotlib 饼图

可使用 pyplot 中的 pie( )方法来绘制饼图。

pie( )方法语法格式如下：

```
matplotlib. pyplot. pie ( x, explode = None, labels = None, colors = None, autopct = None, pctdistance=0.6, shadow=False, labeldistance=1.1, startangle=0, radius=1, counterclock=True, wedgeprops=None, textprops=None, center=0, 0, frame=False, rotatelabels=False, *, normalize=None, data=None)
```

参数说明：

x：浮点型数组，表示每个扇形的面积。

explode：数组，表示各个扇形之间的间隔，默认值为 0。

labels：列表，各个扇形的标签，默认值为 None。

colors：数组，表示各个扇形的颜色，默认值为 None。

autopct：设置饼图内各个扇形百分比显示格式，%d%% 整数百分比，%0.1f 一位小数，%0.1f%% 一位小数百分比，%0.2f%% 两位小数百分比。

labeldistance：标签标记的绘制位置，相对于半径的比例，默认值为 1.1。如 <1，则绘制在饼图内侧。

pctdistance：类似于 labeldistance，指定 autopct 的位置刻度，默认值为 0.6。

shadow：布尔值 True 或 False，设置饼图的阴影，默认为 False，不设置阴影。

radius：设置饼图的半径，默认为 1。

startangle：起始绘制饼图的角度，默认为从 x 轴正方向逆时针画起。如设定 =90，则从 y 轴正方向画起。

counterclock：布尔值，设置指针方向，默认为 True，即逆时针，False 为顺时针。

wedgeprops：字典类型，默认值 None。参数字典传递给 wedge 对象用来画一个饼图。例如，wedgeprops={'linewidth':5} 设置 wedge 线宽为 5。

textprops：字典类型，默认值为：None。传递给 text 对象的字典参数，用于设置标签(labels)和比例文字的格式。

center：浮点类型的列表，默认值：(0,0)。用于设置图标中心位置。

frame:布尔类型,默认值:False。如果是 True,绘制带有表的轴框架。

rotatelabels:布尔类型,默认为 False。如果为 True,旋转每个 label 到指定的角度。

设置饼图各个扇形的标签与颜色。

代码编写:

```
import matplotlib. pyplot as plt
import numpy as np
y=np. array([35, 25, 25, 15])
plt. pie(y,
        labels=['A','B','C','D'],  #设置饼图标签
        colors=["#d5695d", " #5d8ca8", "#65a479", "#a564c9"]  #设置饼图颜色
        )
plt. title("RUNOOB Pie Test")  #设置标题
plt. show()
```

运行结果如图 7.22 所示。

突出显示第二个扇形,并格式化输出百分比。

代码编写:

```
import matplotlib. pyplot as plt
import numpy as np
y=np. array([35, 25, 25, 15])
plt. pie(y,
        labels=['A','B','C','D'],  #设置饼图标签
        colors=["#d5695d", "#5d8ca8", "#65a479", "#a564c9"],  #设置饼图颜色
        explode=(0, 0.2, 0, 0),  #第二部分突出显示,值越大,距离中心越远
        autopct='%.2f%%',  #格式化输出百分比
        )
plt. title("RUNOOB Pie Test")
plt. show()
```

运行结果如图 7.23 所示。

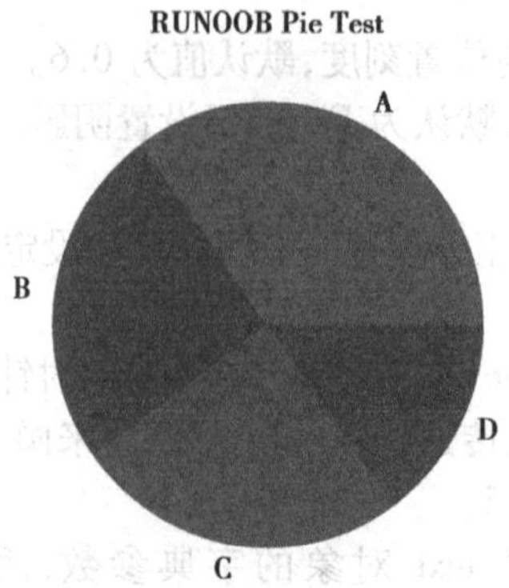

图 7.22 运行结果

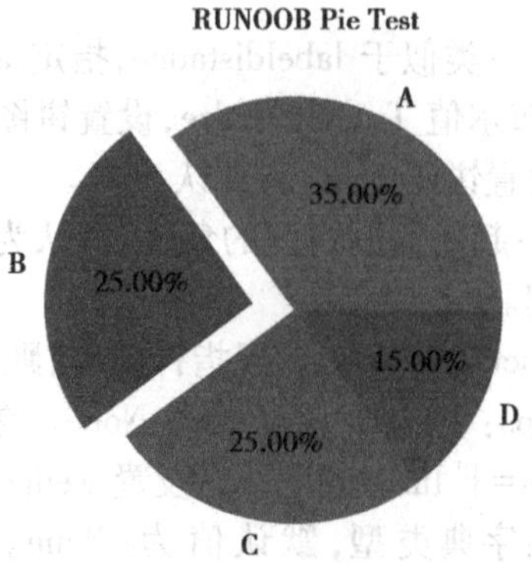

图 7.23 运行结果

第 8 章

基础算法分析与实现

8.1 算法的概念

算法:解决一个问题的无歧义的指令序列,对合法的输入在有限的时间内可得到需要的输出。

算法的一些特点:无歧义性(确定性):算法的每个步骤必须确定无疑;有穷性:算法的执行必须有限步终止;输入的范围:算法只对满足条件的输入有响应;正确性:算法应能解决要求的问题;同一算法的不同表示形式:自然语言、伪代码、高级语言;同一问题存在的多种算法:设计思想不同,时空性能各异。

例如,求两个正整数 m 和 n 的最大公因子的算法。

最容易想到的算法——挨个检查:

Step 1:t=min{m, n}。

Step 2:如果 m 除以 t 的余数为 0,转 Step 3;否则,转 Step 4。

Step 3:如果 n 除以 t 的余数为 0,返回 t 的值;否则,转 Step 4。

Step 4:t=t-1,转 Step 2。

分析:

上述步骤每一步均确定没有歧义,是一个循环结构程序;循环执行次数未知,那么它会有限步终止吗?(每次 t-1);该算法由自然语言描述;该算法正确吗?如何证明?

小学数学中讲述的算法:

Step 1:将 m 分解质因子。

Step 2:将 n 分解质因子。

Step 3:寻找 Step 1 和 Step 2 得到的两个质因子连乘积的公共部分(注:若 m 的分解中质因子 p 出现了 x 次,n 的分解中 p 出现了 y 次,作为公共部分,p 应出现 min{x, y} 次)。

Step 4:计算公共部分的连乘积,并将结果返回。

分析:此算法中,如何分解质因子没说明,如何寻找公共部分不清楚,不满足算法的确定性要求,所以严格讲起来不能称为算法,至少有待进一步具体说明。

考虑如何具体说明:分解质因子需要知道有哪些质数;寻找公共部分涉及质因子连乘积的表示形式。

Euclid 算法(记录于公元前 3 世纪 Euclid 所著的 Elements)

```
Euclid (m, n)
//Input:两个正整数 m 和 n
//Output:m 和 n 的最大公因子
while n≠0 do
r=m mod n
  m=n
  n=r
return m
```

分析:上述步骤每一步均确定没有歧义,是一个循环结构程序;循环执行次数未知,那么它有限步终止吗?(每次 n 都减小)

该算法由伪代码描述:伪代码是自然语言和编程语言的混合;该算法正确吗?如何证明?

证明:设函数 gcd(m, n)就是采用 Euclid 算法计算最大公因子的函数。则算法的正确性基于两个事实:

若 $m\neq0$,则 $gcd(m, 0)=m$

$gcd(m, n)=gcd(n, m \bmod n)$

第一个事实显然易见。

设 $d=gcd(m, n)$且 $m=kn+t$。则存在 a,b 使得 $m=ad, n=bd$,且 a 与 b 互质。

$m \bmod n=t=m-kn=ad-kbd=(a-kb)*d$。说明 d 是 n 和 m mod n 的公因子,还需说明,b 与 a-kb 互质。

假设 b 与 a-kb 有公因子 c。即 $b=uc, a-kb=vc$。则 $a=kuc+vc=(ku+v)*c, m=(ku+v)*cd, n=bd=ucd$,由 d 是 m 与 n 的最大公因子得 $c=1$,即 b 与 a-kb 互质。

比较上述 3 个算法,很明显,Euclid 算法形式简单,循环次数少(后面会进行详细分析),故 Euclid 算法更高效。

8.2 算法问题求解基础

算法是求解的具体指令,不是解答。

设计和分析算法的典型步骤如下:

8.2.1 理解问题

理解问题:

①仔细阅读问题描述。

②手工测试几个例子。

③思考特殊情形。

④分析是否已有该类问题的算法。

8.2.2　确定计算设备的能力

现行的绝大多数算法都是基于冯·诺依曼机器模型的，即随机存储模型。它假定指令依次执行，每次执行一个操作。在这样机器上执行的算法，称为 sequential 算法。适于现在新兴的可同时执行多条操作的计算机的算法，称为并行算法。

除非对某些本质上复杂、需处理大量数据或者对时间要求很高的问题，无须担心现在计算机的能力。

①选择精确算法还是近似算法。

存在某些问题不能精确解决，如求平方根。

精确求解算法通过搜索整个问题的全部解空间，在所有解集中求得最优解，但由于过大的搜索空间范围导致计算时间过长，计算效率非常低下，很少用于实际应用。

近似算法可以是某些更为复杂的精确算法的组成部分。

②确定合适的数据结构。

存在某些算法设计方法固有依赖于描述问题的数据结构。

8.2.3　算法设计方法

算法设计方法（或策略）是指从算法上解决问题的通用方法。它可适用于不同领域的各种各样的问题。

学习这些方法的原因如下：

①有助于为新问题设计算法，授人以鱼不如授人以渔。

②每门学科都对其研究主题进行分类，算法是计算机科学的基础，有助于根据设计思想对算法进行分类。

描述算法的方法如下：

①自然语言描述。

②伪代码描述，如前例中算法三 Euclid 算法，无统一格式。

③流程图，只适于描述很简单的算法。

④某种计算机语言写成的程序。

8.2.4　证明算法的正确性

一旦算法描述清楚，就需要证明其正确性，即它对每一个合法的输入都可在有限的时间内得出需要的结果。

证明算法正确的一个常用方法是数学归纳法。

注意：测试几组输入数据的方法虽然简单，但却不足以说明算法正确。不过，却可说明一个算法不正确。

8.2.5　算法分析

算法应具有的以下 4 个品质（本课程所要解决的主要问题）：

①正确性。

②效率。时间效率和空间效率。

③简洁性。无法用数学定义精确描述,最好给人以美感。

④通用性。同样的效率,解决的问题可适用范围当然越广越好,但有时通用算法难设计且效率差,或根本无通用算法。

8.2.6 算法编码实现

算法编码实现:

①注意程序严格准确的实现算法。

②算法到程序的过渡:算法中假设输入都是合法的,程序中需验证。

③程序的正确性验证的实际方式:测试(testing)。

④学习编程技巧,以提高程序效率。

最优算法(optimality):不是算法效率的问题,而是算法解决问题的复杂性,即解决某类问题的任意算法中哪个所付出的代价最小。某些问题的最优算法是存在的,如通过比较进行排序的最优算法需要进行 n log n 次比较;但某些看上去简单的问题,还未找到最优算法,如矩阵乘法。

不可判定性(undecidability):不是说,每个问题均有算法解决(注意,这不同于一个问题没有解,如判别式为负的二次方程无实数解)。所幸的是,实际计算中的绝大多数问题还是有解决算法的。

8.3 重要的问题类型

8.3.1 排序

人们经常遇到排序问题,如学校学生按学号排序,学号通常被称为 key。那么,为什么要进行排序?排序使很多关于列表的问题简单,如字典中单词的搜索;排序还常作为某些领域重要算法的辅助步骤,如在几何算法中。

当前,已有很多排序算法,在这些算法当中,有些较好的可将任意 n 个元素通过大约 n log 2 n 比较完成排序,但没有哪一个通过关键字比较的排序算法能比 n log 2 n 作得更好!

排序算法的两个性质:排序是否稳定(保持输入相等元素的相对次序不变),是否需要大量辅助空间(in place 排序)。

8.3.2 搜索(查找)

同样,有很多搜索算法,简单的如顺序搜索,以快速的如二叉搜索(要求元素已排序)等。由于搜索经常与添加和删除操作联系在一起,因此,需仔细设计数据结构。

8.3.3 字符串处理

由于所有程序在计算机看来都是字符串,因此,此类算法同计算机语言和编译紧密相关。此类算法中最特殊的一个——字符串匹配——在给定文本中搜索给定单词,在实际中非常有用。

8.3.4　图论问题

算法中最古老而又吸引人的领域就是图算法。图可看成由若干结点和若干个连接其中某些结点的边所构成,其准确定义在下一小节给出。图可以为日常很多应用建模,如交通和通信网、项目调度、博弈。

最基本的图算法包括图遍历算法(如何遍历网络中所有结点)、最小生成树算法(如何铺设最经济的通信网络)、最短路径算法(如何确定两城市间的最佳路线)、有向图的拓扑排序(如何确定专业课程的学习顺序)等。

有些图论问题非常复杂,以至于最快的计算机也只能解决较小规模的这类问题,如旅行商问题(遍历 n 个城市每个一次的最短线路)和图着色问题(给图的结点着色以使相邻结点颜色不同的最少颜色数)。例如,多叉路口交通灯的设计就是一个图着色问题。

8.3.5　组合问题

更抽象地讲,旅行商问题和图着色问题都是组合问题的例子。组合问题寻求满足某些约束条件或某些期望性质的组合对象(排列、组合、多重集)。

组合问题被认为是计算机科学中最困难的问题,因为随着问题规模扩大,组合对象的数目急剧扩大;没有已知的算法可在可接受的时间内解决大多数此类问题;大多数计算机科学家相信不存在可接受时间内解决此类问题的算法,但不能证实和证伪。

8.3.6　几何问题

几何问题处理点、线、多边形。应用领域包括计算机图形学、机器人学和 X 线断层摄影学。典型算法,如寻找平面内 n 个点中的最近点对算法。

8.3.7　数值问题

涉及数学问题的求解,如解方程或方程组、计算定积分等。大多数这类问题只能近似解决,主要一个原因是其操作对象是实数,计算机只能够近似表述。

8.4　蛮力法(Brute Force)和算术问题

8.4.1　选择排序和冒泡排序

1)选择排序

扫描整个列表选择最小的元素放在第一个位置,扫描余下的元素选择最小的放在第二个位置,依次继续,直至最后一个元素,这恐怕是我们进行排序所想到的第一个算法。

例如,对 89,45,68,90,29,34,17 的选择法排序。

考虑一般情形,第 i 次扫描是寻找第 i 小的元素,所以前面 i-1 个元素已经排好序,要依次扫描从第 i 个元素开始的每个元素,这是内循环。经过 n-1 次扫描后,只余最后一个元素,无须比较,故共需 n-1 次扫描(外循环)完成排序。伪代码如下:

```
SelectionSort(A[1..n])
//Input:一个可排序元素的数组 A[1..n]
//Output:以升序排列的数组 A[1..n]
for i=1 to n-1 do
    min=i
    for j=i+1 to n do
        if A[j]<A[min] min=j
    swap A[i] and A[min]
```

输入规模:数组中元素个数 n。

基本操作:内循环内的操作最频繁,基本操作为比较。

是否依赖于输入:只和数组大小有关 。

比较次数:

$$C(n)=\sum_{i=1}^{n-1}\sum_{j=i+1}^{n}1=\sum_{i=1}^{n-1}(n-i)=\sum_{i=1}^{n-1}n-\sum_{i=1}^{n-1}i=n\sum_{i=1}^{n-1}1-\frac{n(n-1)}{2}$$

$$=n(n-1)-\frac{n(n-1)}{2}=\frac{n(n-1)}{2}\in\Theta(n^2)$$

交换次数:交换位于外循环,所以进行次数 $S(n)=n-1\in\Theta(n)$。

程序实现:

```
def getmin(ls):
    min=ls[0]
    min_index=0
    for i in range(0,len(ls)):
        if ls[i] < min:
            min=ls[i]
            min_index=i
    return min_index
def selectsort(ls):
    newls=[]
    for i in range(0,len(ls)):
        min_index=getmin(ls)
        newls.append(ls.pop(min_index))
    return newls

ls=[89,45,68,90,29,34,17]
print(selectsort(ls))
```

2)冒泡排序

基于事实:排好序的列表必遵循相邻元素“前小后大”原则,从第一个元素开始依次扫描整个列表比较相邻元素,如果不是“前小后大”则交换,则第一次扫描后,没有一个元素会在最大元素后面,即最大元素在最后的位置了。

例如,对 89,45,68,90,29,34,17 的冒泡法排序。

考虑一般情形,第 i 次扫描是要将第 i 大的元素放在它该在的位置,而最大到第 i-1 大的元素已排在它们该在的倒数第一到倒数第 i-1 的位置。因此,待排序的元素从第 1 个元素开始到倒数第 i 个元素,这是内循环的起止区间。经过 n-1 次扫描后,只余第一个元素,无须比较,故共需 n-1 次扫描(外循环)完成排序。伪代码如下:

```
BubbleSort(A[1..n])
//Input:一个可排序元素的数组 A[1..n]
//Output:以升序排列的数组 A[1..n]
for i=1 to n−1 do
   for j=1 ton−i do
      if A[j]<A[j+1] swap A[j] and A[j+1]
```

输入规模:数组中元素个数 n。

基本操作:内循环内的操作最频繁,基本操作为比较。

是否依赖于输入:只和数组大小有关 。

比较次数:

$$C(n)=\sum_{i=1}^{n-1}\sum_{j=1}^{n-i}1=\sum_{i=1}^{n-1}[(n-i-1)+1]=\sum_{i=1}^{n-1}(n-i)$$

$$=\frac{n(n-1)}{2}\in\Theta(n^2)$$

交换次数:交换位于内循环,最差情况下每次都要交换,则进行次数 $S_{worst}(n)=C(n)=\frac{n(n-1)}{2}\in\Theta(n^2)$。

程序实现:

```
def mao_pao(num_list):
    num_len=len(num_list)
    # 控制循环的次数
    for j in range(num_len):
      # 添加标记位 用于优化(如果没有交换表示有序,结束循环)
      sign=False
      # 内循环每次将最大值放在最右边
      for i in range(num_len-1-j):
        if a[i] > a[i+1]:
          a[i], a[i+1]=a[i+1], a[i]
          sign=True

      # 如果没有交换说明列表已经有序,结束循环
      if not sign:
        break
if __name__=='__main__':
    a =[89,45,68,90,29,34,17]
    mao_pao(a)
    print(a)
```

8.4.2 穷举搜索

许多重要的问题要求在一个随输入规模指数阶(或更快)的范围内寻找满足某些性质的元素,这些问题通常涉及排列、组合、幂集等组合对象,并且很多此类问题都是寻求最优解的优化问题。穷举搜索是解决组合问题的一种蛮力法,它一一枚举每个组合对象,然后从满足要求性质的元素中选择最优解。

程序实现:

```
listdata=[89,45,68,90,29,34,17]
x=3
i=listdata.index(x)
if(i>=0 and i<len(listdata)):
    print(x,'is in data')
else:
    print('{}is not in list'.format(x))
#异常处理
try:
    i=listdata.index(x)
except ValueError:
    print('{}is not in list'.format(x))
else:
    if(i>=0 and i<len(listdata)):
        print(x,'is in data')
```

8.5 分治法(Devide-and-Conqure)

8.5.1 归并排序

应用分治法进行归并排序的基本思想:排整个列表复杂,可分别排前面一半和后面一半,再将前后排好序的列表合并起来。

例如,对 89,45,68,90,29,34,17 进行归并排序。

由主定理可知,归并排序的效率需视 a 和 d 的值而定。归并排序中 a=b=2,d 由合并算法的效率确定。

1)合并算法

合并前列表的前后两半已排好序,而一般将两个已排好序的列表进行合并的基本思想是,依次比较两列表的对应元素,将小的移入一个新的列表,直至合并完毕,其伪代码如下:

```
Merge(B[1..p], C[1..q], A[1..p+q])
//Input:两个已排好序的数组 B[1..p]和 C[1..q]
//Output:由 B 和 C 中元素合并得到的排好序的数组 A[1..p+q]
i=1; j=1; k=1
```

```
while i≤p and j≤q do
    if B[i]≤C[j]
        A[k]=B[i]; i=i+1
    else
        A[k]=C[j]; j=j+1
    k=k+1
if i > p
    copy C[j..q] to A[k..p+q]
else
    copy B[i..p] toA[k..p+q]
```

该算法的基本操作是 B[i]与 C[j]的比较,至多比较 n-1 次,所以其最差情况效率为 $\Theta(p+q)$。

2)归并排序的效率分析

由上述分析可知,p+q=n,所以其最差情况效率为 $\Theta(n)$,n 为待排序数组的规模,即 d=1,故 $a=b^d$,归并排序的最差情况效率属于 $\Theta(n \log n)$,归并排序具有比选择排序、冒泡排序更好的时间效率。

但是,归并排序需要额外的数组保存 Merge 中间结果,所以空间效率还不如选择和冒泡排序,属于 $\Theta(n)$。

3)归并排序算法

```
MergeSort(A[1..n])
//Input:可排序的数组 A[1..n]
//Output:排好序的数组 A[1..n]
if n>1
    copy A[1..⌊n/2⌋] to B[1..⌊n/2⌋]
    copy A[⌊n/2⌋+1..n] to C[1.. n-⌊n/2⌋]
    MergeSort(B[1..⌊n/2⌋])
    MergeSort(C[1.. n-⌊n/2⌋])
    Merge(B, C, A)
```

程序实现:

```
def mergeSort(nums):
    if len(nums) <2:
        return nums
    mid=len(nums)//2
    left=mergeSort(nums[:mid])
    right=mergeSort(nums[mid:])
    return megre(left,right)
```

```
def megre(left,right)：
    result=[ ]
    i=j=0
    while j<len(left) and i <len(right)：
        if left[j] < right[i]：
            result.append(left[j])
            j+=1
        else：
            result.append(right[i])
            i+=1
    if j==len(left)：
        for temp in right[i：]：
            result.append(temp)
    else：
        for temp in left[j：]：
            result.append(temp)
    return result

if __name__ =="__main__"：
    nums=[1, 4, 2, 3.6, -1, 0, 25, -34, 8, 9, 1, 0]
    print("original：", nums)
    print("Sorted：", mergeSort(nums))
```

8.5.2 快速排序

归并排序简单地将列表大小减半达到分治的效果。快速排序则是根据划分元素的值(又称枢轴)将列表划分成前后两部分,前边的都小于划分元素,后边的都大于划分元素,中间的位置正好留给划分元素,然后对前后部分继续排序,分而治之。关键是枢轴如何选择?又如何把枢轴放到它最终该放的位置?

1)划分算法

枢轴可选择列表中任意一个元素,但最简单的是选择列表中第一个元素,那么具体又该如何划分呢?如果从第二个开始到最后一个依次和第一个元素相比,小的则移到第一个元素前面,大的则不必移动。那么,小的移到第一个元素前面具体什么位置?又用什么数据结构如何具体实现?不妨考虑下面的更一般的算法:

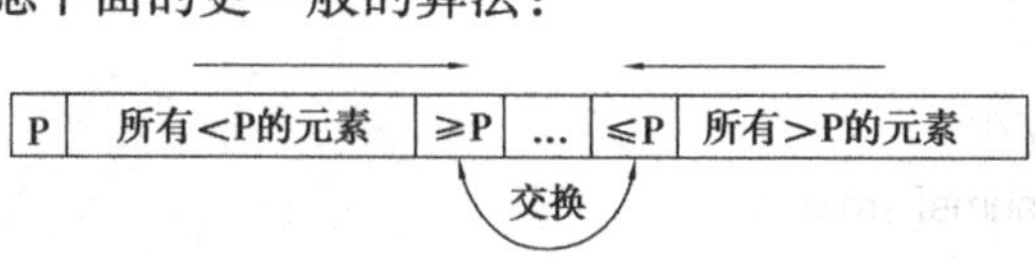

但是,有可能出现以下两种情况:

P	所有≤P的元素	≤P	≥P	所有≥P的元素

P	所有≤P的元素	=P	所有≥P的元素

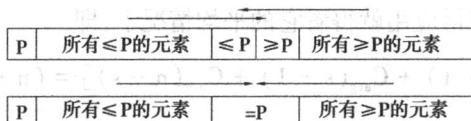

此时,其实已找到了枢轴 P 最终的位置!

```
Partition(A[l..r])
//Input:数组 A[1..n]的子数组 A[l..r]
//Output:A[l..r]的划分,最初的 A[l]已在枢轴位置 s,返回 s
p=A[l]
i=l; j=r+1
repeat
    repeat i=i+1 until A[i]≥p
    repeat j=j-1 until A[j]≤p
    swap A[i] and A[j]
until i≥j
swap A[i] and A[j]    //why? undo last swap when i≥j
swap A[l] and A[j]    //将枢轴放到它的最终位置
return j
```

2)快速排序算法

```
QuickSort(A[l..r])
    //Input:数组 A[1..n]的子数组 A[l..r],初次调用 A[1..n]
    //Output:排好序的 A[l..r]
    if l<r
        s=Partition(A[l..r])
        QuickSort(A[l..s-1])
        QuickSort(A[s+1..r])
```

例如,对 89,45,68,90,29,34,17 进行快速排序。

3)快速排序的效率分析

快速排序的效率 $C(n)=C(s-1)+C(n-s)+P(n)$,其中 $P(n)$ 为划分算法的效率,而划分算法基本操作是每个元素同枢轴的比较,故从第二个到第 n 个共需比较 n 或 n+1 次(why?),属于 $\Theta(n)$。

为推导 $C(n)$,先考虑一种特殊情况,即,每次划分正好将列表分成规模相同的两部分,则 $C(n)=2C(n/2)+\Theta(n)$,由归并排序的分析可知,快速排序在这种特殊情况下效率属于 $\Theta(n\log n)$,而这种特殊情况其实是最好情况。

考虑已按升序排好的列表,每次划分返回的位置就是要排序的第一个元素,故此时 $C(n)=C(0)+C(n-1)+n+1$,而 $C(0)=0$,$C(1)=0$,所以得 $C(n)=C(n-1)+n+1$,逆向回推得 $C(n)=(n+1)+n+(n-1)+\cdots+3=\frac{(n+1)(n+2)}{2}-3\in\Theta(n^2)$,显然此时是最差情况。

因此,快速排序是否值得应用就得看它的平均情况了,即

$$C_{avg}(n)=\frac{1}{n}\sum_{s=1}^{n}[(n+1)+C_{avg}(s-1)+C_{avg}(n-s)]=(n+1)+\frac{2}{n}\sum_{i=0}^{n-1}C_{avg}(i)$$

故

$$nC_{avg}(n)=n(n+1)+2\sum_{i=0}^{n-1}C_{avg}(i)$$

用n-1代换,得

$$(n-1)C_{avg}(n-1)=n(n-1)+2\sum_{i=0}^{n-2}C_{avg}(i)$$

求二者之差,得

$$nC_{avg}(n)=(n+1)C_{avg}(n-1)+2n$$

两边同除以n(n+1),得

$$\frac{C_{avg}(n)}{n+1}=\frac{C_{avg}(n-1)}{n}+\frac{2}{n+1}$$

因此, $\frac{C_{avg}(n)}{n+1}=2\sum_{i=3}^{n+1}\frac{1}{i}$,由高数知识,得

$$\sum_{i=1}^{n+1}\frac{1}{i}\approx\int_{1}^{n+1}\frac{1}{x}dx=\ln(n+1)$$

故

$$C_{avg}(n)\approx 2(n+1)\ln(n+1)\in\Theta(n\log n)$$

借助更复杂的数学分析,快速排序的常数因子比同类的 $\Theta(n\log n)$ 排序算法要小,这也是它被称为“快速”的原因。

仅交换时需额外空间,空间效率和选择和冒泡排序一样。

程序实现:

```
def partition(arr,low,high):
    i=( low-1 )  #最小元素索引
    pivot=arr[high]

    for j in range(low , high):

        #当前元素小于或等于 pivot
        if   arr[j] <=pivot:

            i=i+1
            arr[i],arr[j] =arr[j],arr[i]
    arr[i+1],arr[high] =arr[high],arr[i+1]
    return ( i+1 )
```

```
# arr[ ] -->排序数组
# low    -->起始索引
# high   -->结束索引

# 快速排序函数
def quickSort(arr,low,high):
    if low < high:

        pi=partition(arr,low,high)

        quickSort(arr, low, pi-1)
        quickSort(arr, pi+1, high)

arr=[89,45,68,90,29,34,17]
n=len(arr)
quickSort(arr,0,n-1)
print ("排序后的数组:")
for i in range(n):
    print ("%d" %arr[i])
```

8.5.3　快速傅里叶变换

信号是时间的函数,如它可能刻画的是人说话的语音。为了提取信号的信息,需要通过采样将信号数字化,然后将之输入系统,由系统处理后做出某种响应。在数字信号处理中,一类很重要的系统是线性时不变系统。线性是指对多个信号之和的响应等于各个信号响应之和;时不变是指将信号沿时间轴的移动 t 单位则响应也相应移动 t 单位。

假设信号为 a(t),对 0 时刻单位信号的响应函数为 b(t),则在 T 时刻对信号 a(t)的响应 c(T)是根据 0 到 T-1 时刻的 a(t)的采样计算得到的,可表示为

$$c(T)=\sum_{i=0}^{T-1}a(i)b(T-i)$$

这正是要运用 FFT 的地方!

两个 n-1 次多项式的乘积是一个 2n-2 次多项式,例如

$$(1+3x+2x^2)(2+4x+3x^2)=2+10x+19x^2+17x^3+6x^4$$

一般如果 $A(x)=a_0+a_1x+\cdots+a_{n-1}x^{n-1}$, $B(x)=b_0+b_1x+\cdots+b_{n-1}x^{n-1}$,它们的乘积 $C(x)=A(x)\cdot B(x)=c_0+c_1x+\cdots+c_{2n-2}x^{2n-2}$ 的系数应满足

$$c_k=a_0b_k+a_1b_{k-1}+\cdots+a_kb_0=\sum_{i=0}^{k}a_ib_{k-i}\qquad(\text{对 } i\geqslant n,\text{取 } a_i \text{ 和 } b_i \text{ 为 } 0)$$

可知,计算 c_k 的时间效率为 O(k),要计算所有 2n-1 个系数的时间效率为 $O(n^2)$。那么,可算得比这更快吗?

快速傅里叶变换正是用分治法解决此问题的高效算法,由于它的重要性,它已经对数字信号处理产生了革命性的影响。

1)多项式的值表示

要理解 FFT,首先需要知道多项式的一个重要性质:任何一个 n-1 次多项式由它在 n 个不同点的取值所唯一确定。这个性质的一个众所周知的实例是"两点确定一条直线"。

因此,可用系数 $a_0,a_1,\cdots,a_{n-1}$ 来描述 n-1 次多项式 A(x),也可确定 n 个不同点 $x_0,x_1,\cdots,x_{n-1}$,用 n 个值 $A(x_0),A(x_1),\cdots,A(x_{n-1})$ 来描述 A(x)。而这种值表示形式更适合多项式的乘法,因为 C(x) 为 2n-2 次多项式,可对 2n-1 个不同点依次来求 A(x) 和 B(x) 的值,然后求相应 $A(x_i)$ 和 $B(x_i)$ 的乘积即可。

但现在的问题是,我们平时多项式的输入和输出都是以系数表示的,需要首先从系数表示转换为值表示(这要选择相应的点进行求值),然后计算值的乘积,最后再将值表示转换为系数表示(这个过程称为插值)。

2)分治法求值

如果任意选择 n 个点来求 n-1 次多项式 A(x) 的值,那么不可避免的时间效率为 $O(n^2)$。为了便于使用分治法,选择 n/2 对正负点对,即

$$\pm x_0,\pm x_1,\cdots,\pm x_{n/2-1}$$

从而对 $A(x_i)$ 和 $A(-x_i)$ 的计算会有很多值可重复利用,因为 $(x_i)^{2m}=(-x_i)^{2m}$。

若 $A(x)=2+5x+7x^2+4x^3+11x^4+3x^5=(2+7x^2+11x^4)+x(5+4x^2+3x^4)$,若令 $A_e(x)=(2+7x+11x^2)$,$A_o(x)=(5+4x+3x^2)$,即 $A_e(x)$ 取 A(x) 中的 x 偶数次方项的系数,$A_o(x)$ 取 A(x) 中的 x 奇数次方项的系数,则

$$A(x)=A_e(x^2)+x\cdot A_o(x^2)$$

对点对 $\pm x_i$

$$A(x_i)=A_e(x_i^2)+x_i\cdot A_o(x_i^2),\quad A(-x_i)=A_e(x_i^2)-x_i\cdot A_o(x_i^2)$$

用于计算 $A(x_i)$ 的 $A_e(x_i^2)$ 和 $A_o(x_i^2)$ 可直接用于 $A(-x_i)$ 的计算中。因而对 n 个点求 A(x) 的值就转化为对 n/2 个点 $x_0^2,x_1^2,\cdots,x_{n/2-1}^2$ 求 n/2 次多项式 $A_e(x)$ 和 $A_o(x)$ 的值,即原始问题转化为两个规模减半的子问题,如果此过程递归进行下去,设 T(n) 表示求 A(x) 的 n 个点值的时间效率,则

$$T(n)=2\,T(n/2)+O(n)$$

由主定理,$T(n)\in O(n\log n)$,这是一个 $O(n\log n)$ 算法,比最初的 $O(n^2)$ 算法高效。

但是,这里有一个问题,要使递归过程顺利进行下去,需要 $x_0^2,x_1^2,\cdots,x_{n/2-1}^2$ 也是正负点对,这就必须得使用复数。那么,该选择怎样的复数呢?让我们逆向考虑此递归过程。

为方便起见,假设 $n=2^k$,则递归过程最后一步只剩一个点的求值,为计算方便,可取 1 这个点,那么倒数第二步所用的两个点是 $\pm\sqrt{1}=\pm1$,倒数第三步所用的 4 个点是 $\pm\sqrt{1}=\pm1$ 和 $\pm\sqrt{-1}=\pm i$,以此类推,可得到第一步的 n 个点应该是满足 $z^n=1$ 的 n 个复数根。令 $\omega=e^{2\pi\cdot i/n}$,则这 n 个点为 $1,\omega,\omega^2,\cdots,\omega^{n-1}$,并且,$\omega^{n/2+j}=-\omega^j$。

具体算法表示为

```
FFT(A[0..n-1],ω)
  //Input:次数≤n-1 的多项式 A(x) 的系数表示 A[0..n-1] 和 1 的 n 次方根 ω,其中 n 是 2 的幂
  //Output:A(x) 的值表示 A(ω^0),A(ω),…,A(ω^(n-1))
```

```
if   ω=1   return A[0]
     //Ae(x)=a0+a2x+…+a(n-2)x^(n/2-1), Ao(x)=a1+a3x+…+a(n-1)x^(n/2-1)
     (s0,s1,…,s(n/2-1))=FFT(Ae[0..n/2-1],ω^2)
     (t0,t1,…,t(n/2-1))=FFT(Ao[0..n/2-1],ω^2)
     for   j=0 to n/2-1
           rj=sj+ω^j tj
           r(j+n/2)=sj-ω^j tj
     return   (r0,r1,…,r(n-1))
```

3)插值法求系数

从系数表示转换为值表示的时间效率是 $O(n\log n)$,然后计算 n 个值对的乘积的时间效率 $O(n)$,现在来看将值表示转换为系数表示的时间效率。

为看得更清晰,借用一些线性代数的概念,n 个值 $A(x_0),A(x_1),\cdots,A(x_{n-1})$ 可表示为

$$\begin{bmatrix} A(x_0) \\ A(x_1) \\ \vdots \\ A(x_{n-1}) \end{bmatrix} = \begin{bmatrix} 1 & x_0 & x_0^2 & \cdots & x_0^{n-1} \\ 1 & x_1 & x_1^2 & \cdots & x_1^{n-1} \\ & & \vdots & & \\ 1 & x_{n-1} & x_{n-1}^2 & \cdots & x_{n-1}^{n-1} \end{bmatrix} \cdot \begin{bmatrix} a_0 \\ a_1 \\ \vdots \\ a_{n-1} \end{bmatrix}$$

如果称中间的矩阵为 M,则

$$M^{-1} \cdot \begin{bmatrix} A(x_0) \\ A(x_1) \\ \vdots \\ A(x_{n-1}) \end{bmatrix} = \begin{bmatrix} a_0 \\ a_1 \\ \vdots \\ a_{n-1} \end{bmatrix}$$

即如果已得到 n 个 $A(x)$ 的值,可由 M 的逆矩阵与向量 $[A(x_0) \quad A(x_1) \quad \cdots \quad A(x_{n-1})]^T$ 的积得到 $A(x)$ 的系数表示。又因为取的 n 个值是 1 的 n 次方根,即

$$M = \begin{bmatrix} 1 & 1 & 1 & \cdots & 1 \\ 1 & \omega & \omega^2 & \cdots & \omega^{n-1} \\ 1 & \omega^2 & \omega^4 & \cdots & \omega^{2(n-1)} \\ & & \vdots & & \\ 1 & \omega^j & \omega^{2j} & \cdots & \omega^{j(n-1)} \\ & & \vdots & & \\ 1 & \omega^{n-1} & \omega^{2(n-1)} & & \omega^{(n-1)(n-1)} \end{bmatrix}$$

此时矩阵 M 的逆矩阵为

$$M^{-1}=\frac{1}{n}\cdot\begin{bmatrix}1 & 1 & 1 & \cdots & 1\\ 1 & \omega^{-1} & \omega^{-2} & \cdots & \omega^{-(n-1)}\\ 1 & \omega^{-2} & \omega^{-4} & \cdots & \omega^{-2(n-1)}\\ & & \vdots & & \\ 1 & \omega^{-j} & \omega^{-2j} & \cdots & \omega^{-j(n-1)}\\ & & \vdots & & \\ 1 & \omega^{-(n-1)} & \omega^{-2(n-1)} & & \omega^{-(n-1)(n-1)}\end{bmatrix}$$

所以,系数表示所相应的向量$[a_0\quad a_1\quad \cdots\quad a_{n-1}]^T$可表示为

$$\begin{bmatrix}a_0\\ a_1\\ \vdots\\ a_{n-1}\end{bmatrix}=\frac{1}{n}\cdot\begin{bmatrix}1 & 1 & 1 & \cdots & 1\\ 1 & \omega^{-1} & \omega^{-2} & \cdots & \omega^{-(n-1)}\\ 1 & \omega^{-2} & \omega^{-4} & \cdots & \omega^{-2(n-1)}\\ & & \vdots & & \\ 1 & \omega^{-j} & \omega^{-2j} & \cdots & \omega^{-j(n-1)}\\ & & \vdots & & \\ 1 & \omega^{-(n-1)} & \omega^{-2(n-1)} & & \omega^{-(n-1)(n-1)}\end{bmatrix}\cdot\begin{bmatrix}A(x_0)\\ A(x_1)\\ \vdots\\ A(x_{n-1})\end{bmatrix}$$

将上式与求 n 个值 $A(x_0),A(x_1),\cdots,A(x_{n-1})$的 FFT 的矩阵表示相比较,上式是对$A(x_0),A(x_1),\cdots,A(x_{n-1})$进行 FFT 变换后将结果向量除以 n,所不同的是,现在 FFT 变换用的参数不再是 ω,而是 ω^{-1}。

现以一个小例子来结束本节,利用 FFT 计算(1+2x)(2+x)。

由于结果是 2 次多项式,需要 3 个值,取 n=4,得 ω=i。

对 1+2x 进行 FFT 的过程如下:

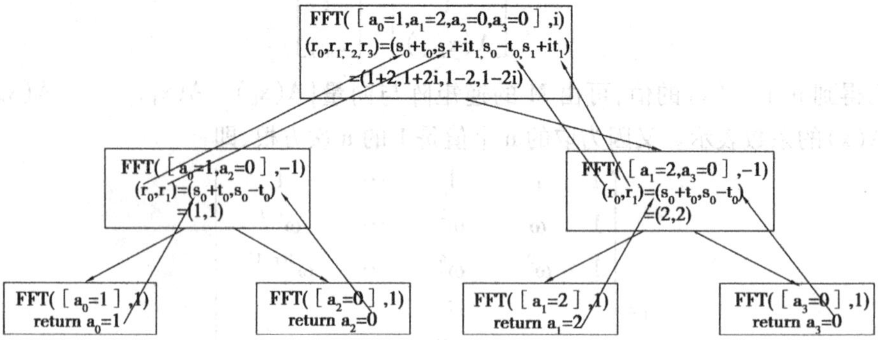

所得结果为(3,1+2i,−1,1−2i)。

同理,对 2+x 进行 FFt 的结果为(3,2+i,1,2−i),从而可得到相应$A(x_i)$与$B(x_i)$的乘积为(9,5i,−1,−5i),对此向量以$\omega^{-1}=-i$代入 FFT,可得到(8,20,8,0),取其 1/n,即(2,5,2,0),所以结果为 $C(x)=2+5x+2x^2$。

程序实现:

```
import numpy as np
from matplotlib import pyplot as pl
from matplotlib import animation
```

```
from scipy.fftpack import fft, ifft


class Schrodinger(object):
    """
    Class which implements a numerical solution of the time-dependent
    Schrodinger equation for an arbitrary potential
    """

    def __init__(self, x, psi_x0, V_x,
                 k0=None, hbar=1, m=1, t0=0.0):
        """
        Parameters
        ----------
        x : array_like, float
            length-N array of evenly spaced spatial coordinates
        psi_x0 : array_like, complex
            length-N array of the initial wave function at time t0
        V_x : array_like, float
             length-N array giving the potential at each x
        k0 : float
            the minimum value of k.  Note that, because of the workings of the
            fast fourier transform, the momentum wave-number will be defined
            in the range
              k0 < k < 2 * pi / dx
            where dx=x[1]-x[0].  If you expect nonzero momentum outside this
            range, you must modify the inputs accordingly.  If not specified,
            k0 will be calculated such that the range is [-k0,k0]
        hbar : float
            value of planck's constant (default=1)
        m : float
            particle mass (default=1)
        t0 : float
            initial tile (default=0)
        """
        # Validation of array inputs
        self.x, psi_x0, self.V_x=map(np.asarray, (x, psi_x0, V_x))
        N=self.x.size
        assert self.x.shape ==(N,)
        assert psi_x0.shape ==(N,)
        assert self.V_x.shape ==(N,)
```

```
# Set internal parameters
    self. hbar=hbar
    self. m=m
    self. t=t0
    self. dt_=None
    self. N=len(x)
    self. dx=self. x[1]-self. x[0]
    self. dk=2 * np. pi / (self. N * self. dx)

    # set momentum scale
    if k0 ==None:
        self. k0=-0.5 * self. N * self. dk
    else:
        self. k0=k0
    self. k=self. k0+self. dk * np. arange(self. N)

    self. psi_x=psi_x0
    self. compute_k_from_x()

    # variables which hold steps in evolution of the
    self. x_evolve_half=None
    self. x_evolve=None
    self. k_evolve=None

    # attributes used for dynamic plotting
    self. psi_x_line=None
    self. psi_k_line=None
    self. V_x_line=None

def _set_psi_x(self, psi_x):
    self. psi_mod_x=(psi_x * np. exp(-1j * self. k[0] * self. x)
                    * self. dx / np. sqrt(2 * np. pi))

def _get_psi_x(self):
    return (self. psi_mod_x * np. exp(1j * self. k[0] * self. x)
      * np. sqrt(2 * np. pi) / self. dx)

def _set_psi_k(self, psi_k):
    self. psi_mod_k=psi_k * np. exp(1j * self. x[0]
                                    * self. dk * np. arange(self. N))

def _get_psi_k(self):
```

```
return self.psi_mod_k * np.exp(-1j * self.x[0] *
                               self.dk * np.arange(self.N))

def _get_dt(self):
    return self.dt_

def _set_dt(self, dt):
    if dt != self.dt_:
        self.dt_ = dt
        self.x_evolve_half = np.exp(-0.5 * 1j * self.V_x
                                    / self.hbar * dt)
        self.x_evolve = self.x_evolve_half * self.x_evolve_half
        self.k_evolve = np.exp(-0.5 * 1j * self.hbar /
                               self.m * (self.k * self.k) * dt)

psi_x = property(_get_psi_x, _set_psi_x)
psi_k = property(_get_psi_k, _set_psi_k)
dt = property(_get_dt, _set_dt)

def compute_k_from_x(self):
    self.psi_mod_k = fft(self.psi_mod_x)

def compute_x_from_k(self):
    self.psi_mod_x = ifft(self.psi_mod_k)

def time_step(self, dt, Nsteps=1):
    """
    Perform a series of time-steps via the time-dependent
    Schrodinger Equation.

    Parameters
    ----------
    dt : float
        the small time interval over which to integrate
    Nsteps : float, optional
        the number of intervals to compute.  The total change
        in time at the end of this method will be dt * Nsteps.
        default is N=1
    """
    self.dt = dt

    if Nsteps > 0:
```

```
        self.psi_mod_x *=self.x_evolve_half

        for i in range(Nsteps-1):
            self.compute_k_from_x()
            self.psi_mod_k *=self.k_evolve
            self.compute_x_from_k()
            self.psi_mod_x *=self.x_evolve

        self.compute_k_from_x()
        self.psi_mod_k *=self.k_evolve

        self.compute_x_from_k()
        self.psi_mod_x *=self.x_evolve_half

        self.compute_k_from_x()

        self.t +=dt * Nsteps


######################################################################
# Helper functions for gaussian wave-packets

def gauss_x(x, a, x0, k0):
    """
    a gaussian wave packet of width a, centered at x0, with momentum k0
    """
    return ((a * np.sqrt(np.pi)) ** (-0.5)
            * np.exp(-0.5 * ((x-x0) * 1. / a) ** 2+1j * x * k0))


def gauss_k(k, a, x0, k0):
    """
    analytical fourier transform of gauss_x(x), above
    """
    return ((a / np.sqrt(np.pi)) **0.5
           * np.exp(-0.5 * (a * (k-k0)) ** 2-1j * (k-k0) * x0))


######################################################################
# Utility functions for running the animation

def theta(x):
```

```
    """
    theta function :
      returns 0 if x<=0, and 1 if x>0
    """
    x=np.asarray(x)
    y=np.zeros(x.shape)
    y[x > 0]=1.0
    return y


def square_barrier(x, width, height):
    return height * (theta(x)-theta(x-width))

######################################################################
# Create the animation


# specify time steps and duration
dt=0.01
N_steps=50
t_max=120
frames=int(t_max / float(N_steps * dt))

# specify constants
hbar=1.0    # planck's constant
m=1.9       # particle mass

# specify range in x coordinate
N=2 ** 11
dx=0.1
x=dx * (np.arange(N)-0.5 * N)

# specify potential
V0=1.5
L=hbar / np.sqrt(2 * m * V0)
a=3 * L
x0=-60 * L
V_x=square_barrier(x, a, V0)
V_x[x < -98]=1E6
V_x[x > 98]=1E6

# specify initial momentum and quantities derived from it
```

```
p0=np.sqrt(2 * m * 0.2 * V0)
    dp2=p0 * p0 * 1./80
    d=hbar / np.sqrt(2 * dp2)

    k0=p0 / hbar
    v0=p0 / m
    psi_x0=gauss_x(x, d, x0, k0)

    # define the Schrodinger object which performs the calculations
    S=Schrodinger(x=x,
                  psi_x0=psi_x0,
                  V_x=V_x,
                  hbar=hbar,
                  m=m,
                  k0=-28)

    ######################################################################
    # Set up plot
    fig=pl.figure()

    # plotting limits
    xlim=(-100, 100)
    klim=(-5, 5)

    # top axes show the x-space data
    ymin=0
    ymax=V0
    ax1=fig.add_subplot(211, xlim=xlim,
                        ylim=(ymin-0.2 * (ymax-ymin),
                        ymax+0.2 * (ymax-ymin)))
    psi_x_line,=ax1.plot([], [], c='r', label=r'$|\psi(x)|$')
    V_x_line,=ax1.plot([], [], c='k', label=r'$V(x)$')
    center_line=ax1.axvline(0, c='k', ls=':',
                            label=r"$x_0+v_0t$")

    title=ax1.set_title("")
    ax1.legend(prop=dict(size=12))
    ax1.set_xlabel('$x$')
    ax1.set_ylabel(r'$|\psi(x)|$')

    # bottom axes show the k-space data
    ymin=abs(S.psi_k).min()
```

```
ymax=abs(S.psi_k).max()
    ax2=fig.add_subplot(212, xlim=klim,
                        ylim=(ymin-0.2 * (ymax-ymin),
                        ymax+0.2 * (ymax-ymin)))
    psi_k_line, =ax2.plot([], [], c='r', label=r'$ |\psi(k)| $')

    p0_line1=ax2.axvline(-p0 / hbar,c='k', ls=':', label=r'$ \pm p_0 $')
    p0_line2=ax2.axvline(p0 / hbar, c='k', ls=':')
    mV_line=ax2.axvline(np.sqrt(2 * V0) / hbar, c='k', ls='--',
                        label=r'$ \sqrt{2mV_0} $')
    ax2.legend(prop=dict(size=12))
    ax2.set_xlabel('$ k $')
    ax2.set_ylabel(r'$ |\psi(k)| $')

    V_x_line.set_data(S.x, S.V_x)

    ######################################################################
    # Animate plot


    def init():
        psi_x_line.set_data([], [])
        V_x_line.set_data([], [])
        center_line.set_data([], [])

        psi_k_line.set_data([], [])
        title.set_text("")
        return (psi_x_line, V_x_line, center_line, psi_k_line, title)


    def animate(i):
        S.time_step(dt, N_steps)
        psi_x_line.set_data(S.x, 4 * abs(S.psi_x))
        V_x_line.set_data(S.x, S.V_x)
        center_line.set_data(2 * [x0+S.t * p0 / m], [0, 1])

        psi_k_line.set_data(S.k, abs(S.psi_k))
        title.set_text("t=%.2f" % S.t)
        return (psi_x_line, V_x_line, center_line, psi_k_line, title)
```

8.6 减治法(Decrese-and-Conqure)

8.6.1 插入排序

利用常量递减的思想对 n 个元素的列表排序:如果前 n-1 个元素已经排好序,要排第 n 个元素,只需将第 n 个元素插入其中的适当位置。注意:插入要涉及若干个元素的后移。

```
InsertionSort(A[1..n])
//Input:一个可排序元素的数组 A[1..n]
//Output:以升序排列的数组 A[1..n]
for i=2 to n do
    v=A[i]
    j=i-1
    while j≥1 and A[j]>v do
        A[j+1]=A[j];j=j-1
    A[j+1]=v
```

输入规模:数组中元素个数 n。

基本操作:内循环内的操作最频繁,基本操作为比较。

是否依赖于输入:和输入有关,最差情况下 j 降至 0。

比较次数:

$$C_{worst}(n) = \sum_{i=2}^{n}\sum_{j=1}^{i-1}1 = \sum_{i=2}^{n}(i-1) = \sum_{i=2}^{n}i - \sum_{i=2}^{n}1 = \frac{n(n+1)}{2} - 1 - (n-1)$$

$$= \frac{n(n-1)}{2} \in \Theta(n^2)$$

程序实现:

```
def insertionSort(arr):

    for i in range(1, len(arr)):

        key=arr[i]

        j=i-1
        while j >=0 and key < arr[j] :
                arr[j+1] =arr[j]
                j -=1
        arr[j+1] =key


arr=[12, 11, 13, 5, 6]
```

```
insertionSort(arr)
    print ("排序后的数组:")
    for i in range(len(arr)):
        print ("%d" %arr[i])
```

8.6.2　深度优先搜索和广度优先搜索

对给定的图,如何系统地遍历图中每一个结点？这是在验证图的连通性和无环性、解决图中任意两点间是否存在路径以及最短路径是多少等图论问题时,首先需要处理的问题。深度优先遍历和广度优先遍历是两种基本的常量递减算法,通过每次遍历一个可访问结点,将问题规模减 1,来实现对图中所有结点的访问。

1)深度优先搜索(Depth-First Search)

算法思想:从任意结点出发,访问该结点(即标记该结点已被访问过,避免重复访问),然后从该结点相邻的未被访问过的结点中任取一个,重复上述步骤直至出现以下两种情形:

①某个结点的相邻结点均被访问过:退回到上一个访问的结点,尝试该结点相邻的其他未被访问过的结点。

②无结点可退:已经退到了出发点却还要往后退,说明从该结点出发能访问到的结点均已被访问。此时如还有未被访问的结点,说明该图不是连通图,当前只是遍历了它的一个连通子图,还需从未被访问过的任意结点出发进行访问,直至所有结点均被访问。

基于上述算法思想,可得伪代码如下:

```
DFS(G)
    //Input:图 G=(V, E)
    //Output:顺序访问图中的每个结点
    mark each vertex in V with 0 as a mark of being  "unvisited"
    count=0   //global variable
    for each vertex v in V do
        if v is marked with 0
dfs(v)
dfs(v)
    //Input:图中某个结点 v
    //Output:标记从 v 出发深度优先搜索到的所有结点的访问顺序
    count=count+1; mark v with count
    for each vertex w in V adjacent to v do
        if w is marked with 0
        dfs(w)
```

上述伪代码还不足够具体,并未描述存储图 G 信息所采用的数据结构,以及算法递归调用所需的栈结构以存储访问的结点,结点入栈的顺序就是标记结点的 count。

如果图 G 用邻接矩阵表示,对任一结点,与其相邻的结点均在邻接矩阵的同一行。因此,访问完 G 中的|V|个结点,必然要访问邻接矩阵的每一行。同样,要获知任一结点相邻结点

的信息，必然要访问该结点所对应邻接矩阵行的每个元素，因而算法的效率和邻接矩阵的大小相关，属于 $\Theta(|V|^2)$。

如果图 G 用邻接表表示，类似上面的分析，算法的效率和邻接表的大小相关，属于 $\Theta(|V|+|E|)$。

程序实现：找一个入口结点，然后搜索该结点的第一个相邻结点，再搜索该相邻结点的第一个相邻结点，依次往下寻找，直到所有结点都被遍历到，算法结束，退出。

程序实现：

```
class Vertex:
    def __init__(self,key):
        self.id=key
        self.connectedTo={}

    def addNeighbor(self,nbr,weight=0):
        self.connectedTo[nbr]=weight

    def __str__(self):
        return str(self.id)+' connectedTo: '+str([x.id for x in self.connectedTo])

    def getConnections(self):
        return self.connectedTo.keys()

    def getId(self):
        return self.id

    def getWeight(self,nbr):
        return self.connectedTo[nbr]


class Graph:
    def __init__(self):
        self.vertList={}
        self.numVertices=0

    def addVertex(self,key):
        self.numVertices=self.numVertices+1
        newVertex=Vertex(key)
        self.vertList[key]=newVertex
        return newVertex

    def getVertex(self,n):
        if n in self.vertList:
            return self.vertList[n]
```

```
    else:
            return None

def __contains__(self,n):
    return n in self.vertList

def addEdge(self,f,t,cost=0):
    if f not in self.vertList:
        nv=self.addVertex(f)
    if t not in self.vertList:
        nv=self.addVertex(t)
    self.vertList[f].addNeighbor(self.vertList[t], cost)

def getVertices(self):
    return self.vertList.keys()

def __iter__(self):
    return iter(self.vertList.values())
```

2)广度优先搜索(Breath-First Search)

如果说,深度优先搜索是一种“大无畏”搜索的话(该算法从任意结点出发,逐步访问到尽可能远的结点后,再按原路退回进行其他尝试),广度优先搜索则是一种“谨慎”搜索,它严格按照与起始结点距离的递增顺序来访问每一个结点。

算法思想:从任意结点出发,将该结点入队并访问(即标记该结点已被访问过,避免重复访问)。然后访问所有与队首结点相邻且未被访问过的结点,并将这些结点入队,队首结点出队,重复上述步骤直至出现下面两种情形:

队首结点的相邻结点均被访问过:无须向队中添加任何结点,队首结点出队即可。

队空:从该结点出发能访问到的结点均已被访问。此时如还有未被访问的结点,说明该图不是连通图,当前只是遍历了它的一个连通子图,还需从未被访问过的任意结点出发进行访问,直至所有结点均被访问。

基于上述算法思想,可得伪代码如下:

```
BFS(G)
    //Input:图 G=(V, E)
    //Output:顺序访问图中的每个结点
    mark each vertex in V with 0 as a mark of being "unvisited"
    count=0   //global variable
    for each vertex v in V do
        if v is marked with 0
bfs(v)
bfs(v)
```

//Input:图中某个结点 v
//Output:标记从 v 出发广度优先搜索到的所有结点的访问顺序
count=count+1; mark v with count and initialize a queue with v
while the queue is not empty do
for each vertex w in V adjacent to the front ' s vertex v do
if w is marked with 0
count=count+1; mark w with count
add w to the queue
remove vertex v from the front of the queue

如果图 G 用邻接矩阵表示,对任一结点,与其相邻的结点均在邻接矩阵的同一行。因此,要获知任一结点相邻结点的信息,必然要访问该结点所对应邻接矩阵行的每个元素;要访问完 G 中的|V|个结点,则必然要访问邻接矩阵的每一行。因此,算法的效率和邻接矩阵的大小相关,属于 $\Theta(|V|^2)$。

如果图 G 用邻接表表示,类似上面的分析,算法的效率和邻接表的大小相关,属于 $\Theta(|V|+|E|)$。

程序实现:

```
from pythonds. graphs import Graph
class DFSGraph(Graph):
    def __init__(self):
        super().__init__()
        self. time=0

    def dfs(self):
        for aVertex in self:
            aVertex. setColor('white')
            aVertex. setPred(-1)
        for aVertex in self:
            if aVertex. getColor() =='white':
                self. dfsvisit(aVertex)

    def dfsvisit(self,startVertex):
        startVertex. setColor('gray')
        self. time +=1
        startVertex. setDiscovery(self. time)
        for nextVertex in startVertex. getConnections():
          if nextVertex. getColor() =='white':
            nextVertex. setPred(startVertex)
            self. dfsvisit(nextVertex)
        startVertex. setColor('black')
        self. time +=1
        startVertex. setFinish(self. time)
```

8.6.3　二叉搜索(折半查找)

在 n 个元素的有序列表中寻找某个值为 K 的元素的二叉搜索可递归实现,也可非递归实现。现分别描述如下:

```
BinarySearchRecursive(A[l..r], K)
    //Input:在数组 A[l..r]中寻找值为 K 的元素,初次调用为 A[1..n]
    //Output:如有,则返回元素下标;否则返回-1
    if l > r return-1
else m = ⌈(l+r)/2⌉
    if A[m]=K return m
    else if K > A[m] return BinarySearchRecursive(A[m..r-1], K)
        else return BinarySearchRecursive(A[m+1..r], K)
BinarySearchNonrecursive(A[1..n], K)
    //Input:在数组 A[1..n]中寻找值为 K 的元素
    //Output:如有,则返回;否则返回
    l=1;r=n
while l≤r do
m = ⌈(l+r)/2⌉
      if A[m]=K return m
      else if K>A[m]   r=m-1
         else   l=m+1
    return-1
```

不管哪种形式,输入规模均为列表大小 n。在没找到值为 K 的元素之前,递归调用或循环迭代的规模均降为 $\lfloor n/2 \rfloor$,而付出的代价是 A[m]=K 的比较。最差情况下比较会一直进行到子问题规模降至 1,而此时子问题经一次比较即可解决,故搜索 K 的比较次数最差情况下 $C(n)=C(\lfloor n/2 \rfloor)+1, C(1)=1$。

为计算方便,设 $n=2^k$,k 为非负整数,则 $C(n)=C(n/2)+1=C(2^{k-1})+1$,逆向回推得 $C(n)=C(2^k)=C(2^{k-1})+1=C(2^{k-2})+1+1=C(2^{k-2})+2=C(2^{k-3})+3=\cdots=C(1)+k=k+1\in\Theta(\log n)$。显然,对有序列表,二叉搜索比顺序搜索要高效得多。

程序实现:

```
import random

def binsearch(tag,mainList):

    right_li=[]
    mid_li=[]
    left_li=[]

    left=0
```

```
    right=len(mainList)-1
        while (left <=right):
            midpoint=(left+right)//2
            mid_li.append(mainList[midpoint])
            if tag ==mainList[midpoint]:
                print(mid_li)
                print(left_li)
                print(right_li)
                return midpoint
            if tag > mainList[midpoint]:
                left=midpoint+1
                left_li.append(mainList[left])
            else:
                right=midpoint-1
                right_li.append(mainList[right])
        print(mid_li)
        print(left_li)
        print(right_li)
        return -1

    def creatList(num):
        li=[]
        i=0
        while i <=(num-1):
            x=random.randint(0,100)
            li.append(x)
            i+=1

        return sorted(li)  # 升序排列


    def main():
        print("生成随机数列,请输入位数。")
        n=input("请输入:")
        liq=creatList(int(n))
        print(liq)
        tag=input("请输入您要查找的数:")

        res=binsearch(int(tag),liq)
        if res ==-1:
            print("没有找到! ")
            return 0
```

```
    else:
            print("{}在数组中是第{}位。".format(tag,res+1))

        return 0

if __name__=='__main__':
    main()
```

8.6.4　旅行商 TSP 问题

给定 n 个城市间距离的一个加权图,利用动态规划求解的该问题的关键是确定 TSP 问题的子问题。

子问题是指部分解,TSP 问题最明显的部分解是旅行的前段。如果以结点 1 作为起点,已访问了一些城市,现在城市 j,要延展这个行程,需要知道下一个访问哪一个城市最方便。当然,必须知道已经访问过了哪些城市,以免重复访问。因此,可得到一个合适的子问题:

对城市结点集{1,2,…,n}的某个包含起点 1 的子集 S,结点 $j \in S$,记 C(S,j)为访问 S 中每个结点 1 次且仅 1 次,并且以 1 为起点 j 为终点的最短路径长度。对|S| >1,因为一条路径不能既以 1 为起点又以 1 为终点,因此,规定 C(S,1)= ∞ 。现在,C(S,j)很方便用它的子问题表示:

$$C(S,j)=\min_{i \in S; i \neq j}\{C(S-\{j\},i)+d_{ij}\}$$

因此,根据|S|由小到大的顺序,依次求解子问题,最终可求解 TSP 问题。算法如下:

```
TSP(E[1..n,1..n])
//Input:n 个城市间彼此距离的矩阵 E
//Output:最短的旅行商回路
C({1},1)=0
for s=2 to n do
    for all subsets S⊆{1,2,…,n} of size s and containing 1 do
        C(S,1)=∞
        for all j∈S,j≠1 do
            C(S,j)=min{ C(S-{j},i)+ d_ij :i∈S,i≠j}
return   min{C({1,2,…,n},j)+ d_j1 :j∈{2,…,n}}
```

此算法要考虑{1,2,…,n}的 2^n 个子集,对每个子集,最多要考虑 n 个子问题,每个子问题最多要从 n 种情形中选择最小值,因此,其效率属于 $\Theta(n^2 \cdot 2^n)$。

例如,对下图求解 TSP 问题的步骤如下:

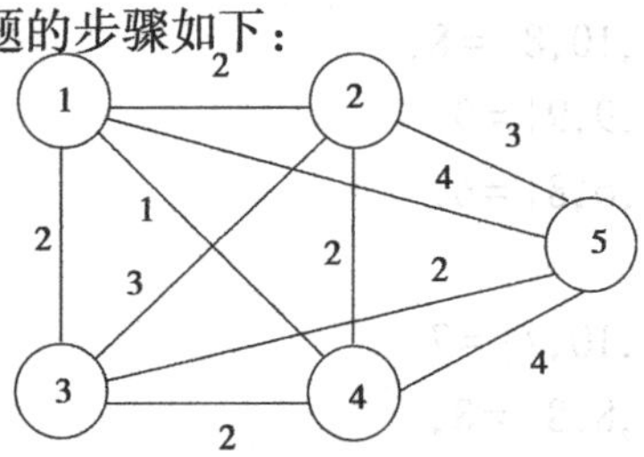

$C(\{1\},1)=0$

$C(\{1,2\},1)=\infty, C(\{1,2\},2)=C(\{1,2\}-\{2\},1)+d_{12}=2,$

$C(\{1,3\},1)=\infty, C(\{1,3\},3)=C(\{1,3\}-\{3\},1)+d_{13}=2,$

$C(\{1,4\},1)=\infty, C(\{1,4\},4)=C(\{1,4\}-\{4\},1)+d_{14}=1,$

$C(\{1,5\},1)=\infty, C(\{1,5\},5)=C(\{1,5\}-\{5\},1)+d_{15}=4,$

$C(\{1,2,3\},1)=\infty,$

$C(\{1,2,3\},2)=\min\{C(\{1,3\},1)+d_{12}, C(\{1,3\},3)+d_{32}\}=5,$

$C(\{1,2,3\},3)=\min\{C(\{1,2\},1)+d_{13}, C(\{1,2\},2)+d_{23}\}=5,$

$C(\{1,2,4\},1)=\infty,$

$C(\{1,2,4\},2)=\min\{\infty,3\}=3,$

$C(\{1,2,4\},4)=\min\{\infty,4\}=4,$

$C(\{1,2,5\},1)=\infty,$

$C(\{1,2,5\},2)=\min\{\infty,7\}=7,$

$C(\{1,2,5\},5)=\min\{\infty,5\}=5,$

$C(\{1,3,4\},1)=\infty,$

$C(\{1,3,4\},3)=\min\{\infty,3\}=3,$

$C(\{1,3,4\},4)=\min\{\infty,4\}=4,$

$C(\{1,3,5\},1)=\infty,$

$C(\{1,3,5\},3)=\min\{\infty,6\}=6,$

$C(\{1,3,5\},5)=\min\{\infty,4\}=4,$

$C(\{1,4,5\},1)=\infty,$

$C(\{1,4,5\},4)=\min\{\infty,8\}=8,$

$C(\{1,4,5\},5)=\min\{\infty,5\}=5,$

$C(\{1,2,3,4\},1)=\infty,$

$C(\{1,2,3,4\},2)=\min\{\infty,6,6\}=6,$

$C(\{1,2,3,4\},3)=\min\{\infty,6,6\}=6,$

$C(\{1,2,3,4\},4)=\min\{\infty,7,7\}=7,$

$C(\{1,2,3,5\},1)=\infty,$

$C(\{1,2,3,5\},2)=\min\{\infty,9,7\}=7,$

$C(\{1,2,3,5\},3)=\min\{\infty,10,7\}=7,$

$C(\{1,2,3,5\},5)=\min\{\infty,8,7\}=7,$

$C(\{1,2,4,5\},1)=\infty,$

$C(\{1,2,4,5\},2)=\min\{\infty,10,8\}=8,$

$C(\{1,2,4,5\},4)=\min\{\infty,9,9\}=9,$

$C(\{1,2,4,5\},5)=\min\{\infty,6,8\}=6,$

$C(\{1,3,4,5\},1)=\infty,$

$C(\{1,3,4,5\},3)=\min\{\infty,10,7\}=7,$

$C(\{1,3,4,5\},4)=\min\{\infty,8,8\}=8,$

$C(\{1,3,4,5\},5)=\min\{\infty,5,8\}=5$,

$C(\{1,2,3,4,5\},1)=\infty$,

$C(\{1,2,3,4,5\},2)=\min\{\infty,10,10,8\}=8$,

$C(\{1,2,3,4,5\},3)=\min\{\infty,11,11,8\}=8$,

$C(\{1,2,3,4,5\},4)=\min\{\infty,9,9,11\}=9$,

$C(\{1,2,3,4,5\},5)=\min\{\infty,9,8,11\}=8$

因此,$\min\{C(\{1,2,\cdots,n\},j)+d_{j1}:j\in\{2,\cdots,n\}\}=\min\{8+2,8+2,9+1,8+4\}=10$。

程序实现:

```
from sys import maxsize
from itertools import permutations
V=4

# implementation of traveling Salesman Problem
def travellingSalesmanProblem(graph, s):

    # store all vertex apart from source vertex
    vertex=[]
    for i in range(V):
        if i ! =s:
            vertex.append(i)

    # store minimum weight Hamiltonian Cycle
    min_path=maxsize
    next_permutation=permutations(vertex)
    for i in next_permutation:

        # store current Path weight(cost)
        current_pathweight=0

        # compute current path weight
        k=s
        for j in i:
            current_pathweight +=graph[k][j]
            k=j
        current_pathweight +=graph[k][s]

        # update minimum
        min_path=min(min_path, current_pathweight)

    return min_path
```

```
# Driver Code
if __name__ =="__main__":

    # matrix representation of graph
    graph=[[0, 10, 15, 20], [10, 0, 35, 25],
           [15, 35, 0, 30], [20, 25, 30, 0]]
    s=0
    print(travellingSalesmanProblem(graph, s))
```

8.7 贪心法(Greedy Techniques)

日常生活中,人们都经常遇到买东西找零的问题。例如,在超市用100块纸币买了52块的东西,需要找零48块,如果店员各种币值的钱都足够多的话,他肯定是找两张20元的,一张5元的,一张2元的,一张1元的,这样是凑足48块钱的最优方法,即找零的张数最少,此处的找零策略体现了贪心的想法:每次选择尽可能大的币值。

贪心法每次总是选择当前看起来最好的方案,并且一旦选择,在随后的步骤中,不能再更改。因此,要注意贪心法的应用前提:从一系列的局部最优解可获得所给问题的全局最优解。考虑如果币值为7元、5元和1元,找零11块的情形:贪心策略首次选择一张7元的,然后只能选择4张1元,共计5张的方案;而实际最优解是两张5元和一张1元的找零方案。在局部最优解不能导致全局最优解的情况时,则需采取动态规划。

8.7.1 连续背包问题

回忆前面所讲的背包问题:如何将质量、价值不完全相同的n件物品放在一个承重为L的背包中,使得背包中物品价值总和最大?如果每件物品必须或者放入或者不放入背包的话,由前介绍可知,该问题必然导致要尝试全部物品的任意子集,属于NP问题。

考虑若放宽要求,可将物品的一部分放入背包。

设n件物品的质量和价值分别为$w_1,w_2,\cdots,w_n;v_1,v_2,\cdots,v_n$,由于可将物品的一部分放入背包,为了获得背包问题的最优解,必须把物品放满背包。可采用的贪心策略有以下3种:

①每次放入尽可能重的物品以期尽快达到承重L。

②每次放入价值尽可能大的物品,以期总价值最大。

③每次装入的物品的单位质量获得最大的单位价值。

例如,有5件物品质量、价值如下(承重L=100):

	1	2	3	4	5
w	30	10	20	50	40
v	65	20	30	60	40
v/w	2.1	2	1.5	1.2	1

第一种策略：放入物品的价值 $=v_4+v_5+\max\{\frac{10}{30}v_1, v_2, \frac{10}{20}v_3\}=60+40+\max\{\frac{10}{30}\times 65, 20, \frac{10}{20}\times 30\}=121\frac{2}{3}$

第二种策略：放入物品的价值 $=v_1+v_4+\max\{v_3, \frac{20}{40}v_5, v_2+\max\{\frac{10}{20}v_3, \frac{10}{40}v_5\}\}=65+60+\max\{30, \frac{20}{40}\times 40, 20+\max\{\frac{10}{20}\times 30, \frac{10}{40}\times 40\}\}=125+\max\{30, \frac{20}{40}\times 40, 20+15\}=160$

第三种策略：放入物品的价值 $=v_1+v_2+v_3+\frac{40}{50}v_4=163$

下面证明第三种策略是可获得连续背包问题的最优解。

证明：如果 $v_1/w_1 \geqslant v_2/w_2 \geqslant \cdots \geqslant v_n/w_n$，设 $x=(x_1, x_2, \cdots, x_n)$ 是该策略产生的解，其中 $x_i \in [0,1]$。如果所有的 x_i 等于 1，显然这个解为最优解。

考虑一般情况，设 j 是使得 $x_j \neq 1$ 的最小下标。则对 $1 \leqslant i \leqslant j, x_i=1$；对于 $j<i \leqslant n, x_j=0$；对 $j, 0 \leqslant x_j<1$。（why?）

如果 x 不是问题的一个最优解，则必定存在一个可行解 $y=(y_1, y_2, \cdots, y_n)$，使 $\sum_{i=1}^{n} v_i y_i > \sum_{i=1}^{n} v_i x_i$。设 k 是使 $y_k \neq x_k$ 的最小下标，可证 $y_k<x_k$。下面分 3 种情况讨论，证明 $y_k<x_k$：

若 $k<j$，则 $x_k=1$。又 $y_k \neq x_k$，从而 $y_k<x_k$。

若 $k=j$，对 $1 \leqslant i<j$，有 $x_i=y_i=1$；而对 $j<i \leqslant n$，有 $x_i=0$。若 $y_k>x_k$，显然有 $\sum_{i=1}^{n} v_i y_i > L$，而 $\sum_{i=1}^{n} v_i y_i > L$ 与 y 是可行解矛盾。若 $y_k=x_k$，与假设 $y_k \neq x_k$ 矛盾，因此，$y_k<x_k$。

若 $k>j$，则 $\sum_{i=1}^{n} v_i y_i > L$，同样，与 y 是可行解矛盾。

由上可得，对 $1 \leqslant i \leqslant k-1, x_i=y_i$，并且 $\sum_{i=k+1}^{n} w_i(y_i - x_i) = w_k(x_k - y_k)$，

$$
\begin{aligned}
\sum_{i=1}^{n} v_i x_i &= \sum_{i=1}^{n} v_i y_i + (x_k - y_k) w_k \left(\frac{v_k}{w_k}\right) - \sum_{i=k+1}^{n} (y_i - x_i) w_i \left(\frac{v_i}{w_i}\right) \\
&\geqslant \sum_{i=1}^{n} v_i y_i + \left[(x_k - y_k) w_k - \sum_{k=i+1}^{n} (y_i - x_i) w_i\right] \frac{v_k}{w_k} \\
&= \sum_{i=1}^{n} v_i y_i
\end{aligned}
$$

与前 $\sum_{i=1}^{n} v_i y_i > \sum_{i=1}^{n} v_i x_i$ 矛盾，从而证明了 x 是最优解。

由该策略得到的算法伪代码如下：

```
ContinuousKnapsack(w[1..n], v[1..n], L)
//Input:n 件物品的质量数组 w 和价值数组 v,背包承重 L
//Output:每件物品放入背包中质量的数组 p[1..n],总价值 C
for i=1 to n do
```

p[i]=0
r[i]=v[i]/w[i]
Sort r in decreasing order, change the order v and w correspondingly
l=0; k =1
while l<L and k≤n do
if w[k]≤L−l
p[k]=w[k]
l=l+w[k]
C=C+v[k]
k=k+1
else
p[k]=L− l
l=l+p[k]
C=C+p[k]/w[k] * v[k]
return p and C

该算法需求所有物品价值质量比,该步骤的时间效率属于 $\Theta(n)$;然后要对价值质量比排序,该步骤的最佳时间效率属于 $\Theta(n \log n)$;while 循环每次都要进行 $l<L$ 和 $k\leq n$ 的比较,最多比较次数为 n,所以时间效率也属于 $\Theta(n)$。由渐进符号的性质 3 可知,贪心算法求解连续背包问题的时间效率属于 $\Theta(n \log n)$。

程序实现:

```
import pandas as pd
import numpy as np


def dynamic_plan():
    need_goods=[['0'] * (row * column)]
    last_line=pd.DataFrame(np.zeros((1,column)))
    last_line.rename(columns={0: 1, 1: 2, 2: 3, 3: 4, 4: 5, 5: 6}, inplace=True)
    count=0
    for key,dict in goods.items():
        weight=dict['weight']
        value=dict['value']
        for i in divide_capacity:
            if weight<i:
                remain_weight=i-weight
                loc=divide_capacity.index(remain_weight)
                new_value=last_line.at[0,divide_capacity[loc]]+value
                if new_value>last_line.at[0,i]:
                    net.at[key,i]=new_value
                    if count>5:
```

```
                need_goods[0][count] =need_goods[0][count-column-(count% column-
loc)]+','+key
                    else:
                        need_goods[0][count] =key
                else:
                    net.at[key,i] =last_line.at[0,i]
                    need_goods[0][count] =need_goods[0][count-column]
            elif weight==i:
                if value > last_line.at[0,i]:
                    net.at[key, i] =value
                    need_goods[0][count] =key
                else:
                    net.at[key, i] =last_line.at[0,i]
                    need_goods[0][count] =need_goods[0][count-column]
            else:
                net.at[key, i] =last_line.at[0,i]
                if count>5:
                    need_goods[0][count] =need_goods[0][count-column]
                else:
                    need_goods[0][count] ='0'
            count +=1
        print(net)
        last_line.loc[0] =net.loc[key]
    print('need goods is:')
    print(need_goods[0][count-1])


if __name__=="__main__":
    row=5  # 网格行数
    column=6  # 网格列数
    capacity=6  # 背包总容量
    net_array=np.zeros((row,column))
    net=pd.DataFrame(net_array)  # 创建 pandas 数据
    items=['water','book','food','jack','camera']
    divide_capacity=[i+1 for i in range(column)]
    net.index=items  # 修改 pandas 表格的行名
    net.rename(columns={0:1,1:2,2:3,3:4,4:5,5:6},inplace=True)

    goods={'water':{'weight':3,'value':10},'book':{'weight':1,'value':3},
          'food':{'weight':2,'value':9},
          'jack':{'weight':2,'value':5},
```

```
        'camera':{'weight':1,'value':6}}  #建立物品字典

    dynamic_plan()  #进行动态规划求解
```

8.7.2 最小生成树问题(Minimum Spanning Tree,MST)

现实生活中经常会碰到这样的问题:要在 n 个城市之间如何修建公路才能保证任意两个城市之间都有公路连接,并且修建公路的总里程数最小以使建设成本最小? 要在某公司的 n 个营业网点间如何铺设通信线路才能保证任意两个网点之间均可通信,并且铺设线路的总长最短以使铺设成本最小? 诸如此类,都要利用图论中最小生成树的概念。

可将城市、营业网点等看成图中的结点,结点间的边表示可能的连接(公路或通信线路),边上的权值是建立此连接的成本。则加权连通图的最小生成树是指包含图中所有结点的一个连通无环子图(即,该图的一棵生成树),并且其边上的权值之和最小。

一种思想是:穷举搜索所有可能的生成树,然后选择其中权值之和最小的。这首先要依次检查 n 个结点的全排列,以确认该排列两相邻结点间是否有边相连(即,该排列是否能构成一棵树),然后比较可行排列对应边的权值之和。无疑,这是一种指数算法。

所幸的是,存在解决该类问题的更高效的算法。

1)Prim 算法

Prim 算法通过一系列扩展子树的过程构造最小生成树。最初的子树是由图中任意一个结点构成。算法通过贪心地选取不在当前树中的最近(即,连接树中结点的具有最小边距的)结点来扩展生成树,直至图中所有结点都包含在树中。算法可非形式化地描述如下:

Prim(G)

  //Input:加权连通图 G(V, E)

  //Output:图 G 的最小生成树的边集 E_T

  $V_T=\{v_0\}$ // v_0是 V 中任意的一个结点

$E_T=\Phi$

for i=1 to |V|-1 do

find a minimum-weightedge $e*=(v*, u*)$ among all the edge (v, u) such that v is in V_T and u is in $V-V_T$

$V_T=V_T\cup\{u*\}$

$E_T=E_T\cup\{e*\}$

  return E_T

基本操作:选择最小边距的边。为便于选择,对树中结点,记录邻接最近结点及边距,不邻接树中结点的边距为∞。

选择过程:每次选择好 u* 后,对所有在 $V-V_T$ 的 u,若有 u* 与 u 的边距小于 u 当前的边距标记,更新记录的邻接最近结点及边距信息。

初始化:v_0是任选的结点,除与其邻接的结点外,其他结点的边距均为∞。

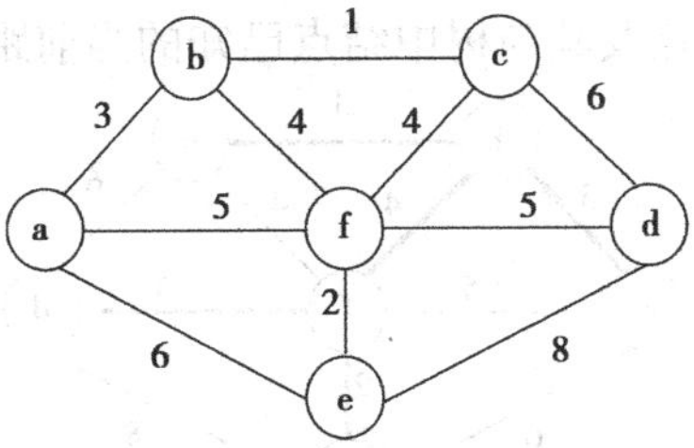

例如,对上图的以 a 为起始点生成最小生成树的过程如下:

树结点 a;剩余结点及其与树中结点已知的当前距离 b(a,3),c(-,∞),d(-,∞),e(a,6),f(a,5)。

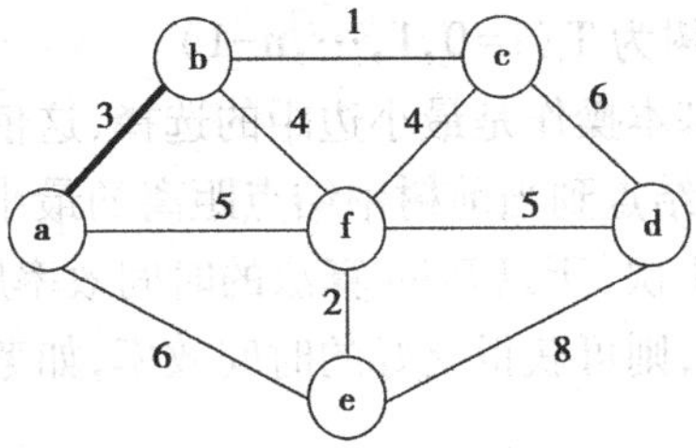

树结点 a,b;剩余结点及其与树中结点已知的当前距离 c(b,1),d(-,∞),e(a,6),f(b,4)。

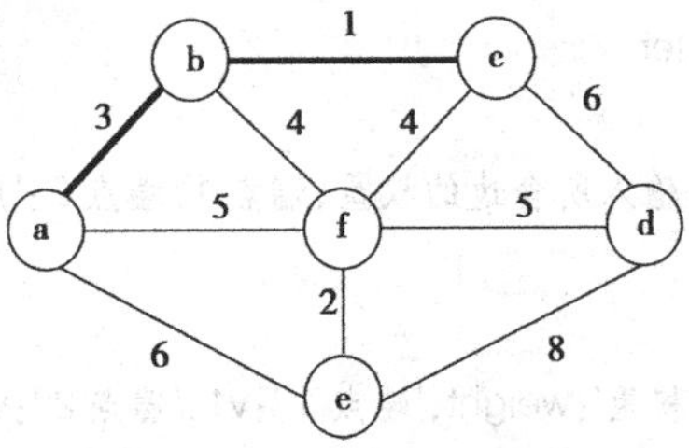

树结点 a,b,c;剩余结点及其与树中结点已知的当前距离 d(c,6),e(a,6),f(b,4)。

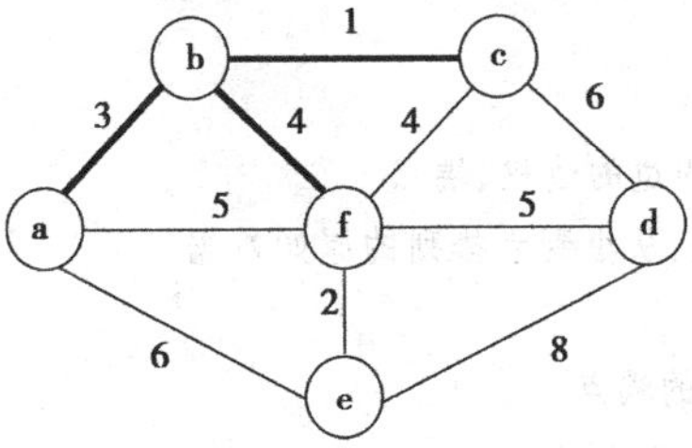

树结点 a,b,c,f;剩余结点及其与树中结点已知的当前距离 d(f,5),e(f,2)。

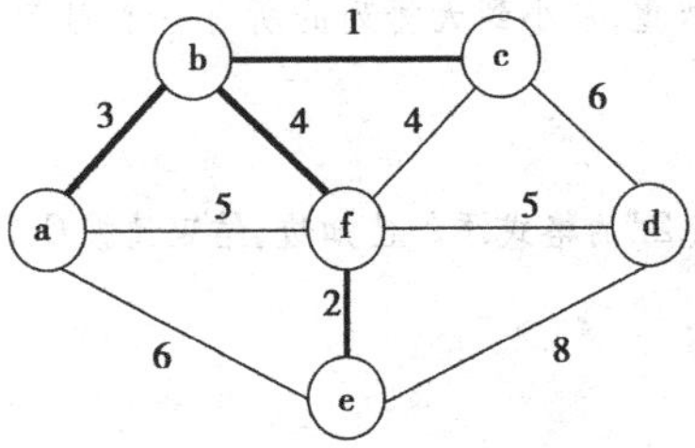

树结点 a,b,c,f,e;剩余结点及其与树中结点已知的当前距离 d(f,5)。

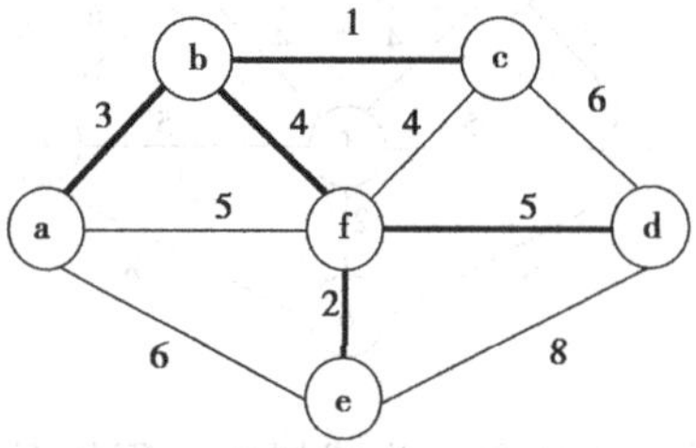

树结点 a,b,c,f,e,d。

算法的正确性:由于算法是一棵树不断生长的过程,因此每步都是最终最小生成树的一棵子树。假设第 i 步的生成子树为 $T_i(i=0,1,\cdots,n-1)$。

算法的效率分析:算法的基本操作是最小边距的选择,这依赖于最小边距的存储形式,如果以一个无序数组来存储每个结点到当前树中结点距离的最小值,则最差需 Θ(|V|)的时间得到最小边距,因循环有|V|-1 次,所以 Prim 算法的时间效率属于 Θ(|V|2)。如果以更好的数据结构实现最小边距的存储,则可获得更好的时间效率,如考虑用堆。

程序实现:

```
from posixpath import split
from operator import itemgetter
def add():
    weight,v1,v2=input('请输入所含边的权重,端点1,端点2:').split(',')
    weight=int(weight)
    if(weight>0):
        unused.append({'权重':weight,'端点1':v1,'端点2':v2})
        v.add(v1)
        v.add(v2)
    return weight

unused=[]  #原始的输入的边的边权、端点
unusedsort=[]  #按照权重,从小到大排列的原始数据
v=set()  #原始点集
newv=set()  #被选中的边的端点
used=[]  #被选中的边的边权、端点
tocompare=[]  #所有一个端点在原始点集,一个端点在已用点集的边的边权、端点
tocomparesort=[]  #按照权重,从小到大排列的所有一个端点在原始点集,一个端点在已用点集
的边的边权、端点

print('请按"权重,端点1,端点2"的格式添加已知边,结束请按0,0,0。')
while(1):
    flag=add()
    if flag! =0:
```

```
        continue
      else:
          break
    for item in unused:
      if item['端点1']==item['端点2']:
          unused.remove(item)
    Vmany=len(v)
    Emany=len(unused)
    unusedsort=sorted(unused,key=itemgetter('权重'))
    print('根据 Prim 算法,初始时任选一个结点,不妨取权重最小(若有边权重最小且相同,则任取其一)
的边的一个端点,那么这条边的两个端点都会被去掉。')
    newv.add(unusedsort[0]['端点1'])
    newv.add(unusedsort[0]['端点2'])
    used.append(unusedsort.pop(0))
    while(len(newv)!=Vmany):
      #tocompare=[item for item in unusedsort if item['端点1'] in newv and item['端点2'] not in
newv elif item['端点2'] in newv and item['端点1'] not in newv]
      for item in unusedsort:
          if item['端点1'] in newv and item['端点2'] not in newv:
              tocompare.append(item)
          elif item['端点2'] in newv and item['端点1'] not in newv:
              tocompare.append(item)
      tocomparesort=sorted(tocompare,key=itemgetter('权重'))
      newv.add(tocomparesort[0]['端点1'])
      newv.add(tocomparesort[0]['端点2'])
      used.append(tocomparesort[0]),
      tocompare=[]
      tocomparesort=[]
    print('最小生成树所含的边是:')
    for i in used:
      print(i)
```

2)Kruskal 算法

Kruskal 算法通过一系列扩展子图的过程构造最小生成树。算法首先将各边按边距非降序排序。然后从空子图开始,依次检查每一条边,如果将当前所检查的边添加入子图中不构成环路,则将该边添加到子图中,否则检查下一条边,直至图中结点构成了 MST。算法的贪心体现在从小到大检查边,从而使得添加到 MST 中边距尽可能小。算法可以非形式化地描述如下:

```
Kruskal(G)
    //Input:加权连通图 G(V, E)
    //Output:图 G 的最小生成树的边集 E_T
    Sort E in nondeasing order of the edge weights
E_T = Φ;ecounter = 0
k = 0
while ecounter < |V|-1 do
    k = k+1
if E_T ∪ {e_ik} is acyclic
E_T = E_T ∪ {e_ik}; ecounter = ecounter+1
    return E_T
```

最小生成树的生成过程如下：

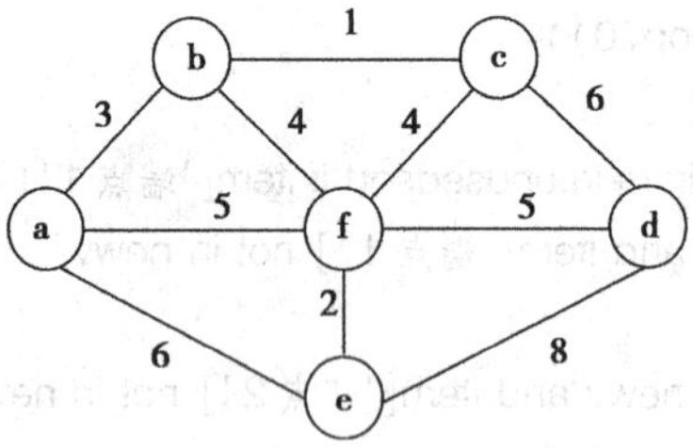

边距排序为：bc(1)，ef(2)，ab(3)，bf(4)，cf(4)，af(5)，df(5)，ae(6)，cd(6)，de(8)。

选择边 bc(1)

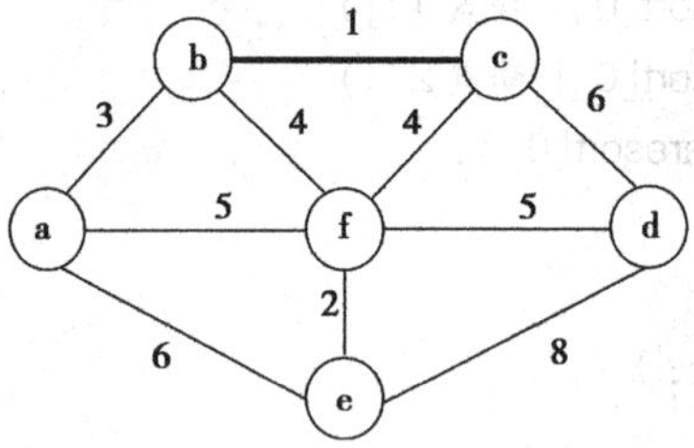

选择边 ef(2)

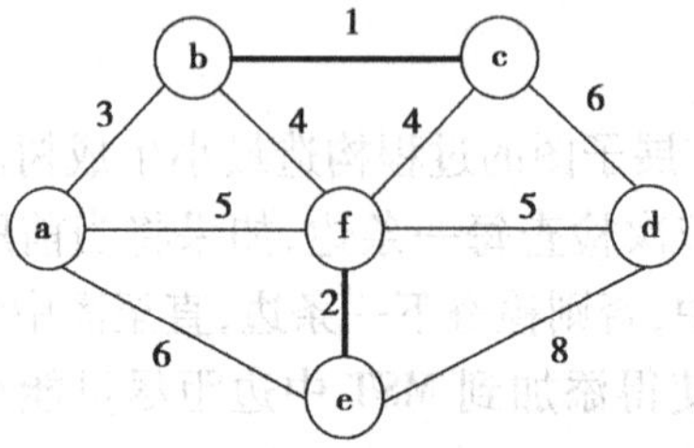

选择边 ab(3)

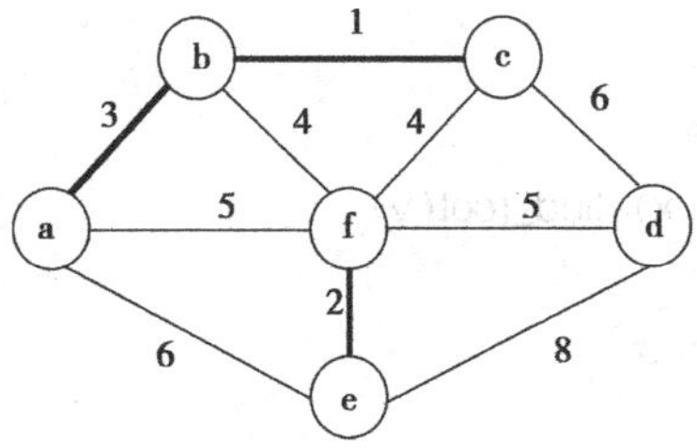

选择边 bf(4)

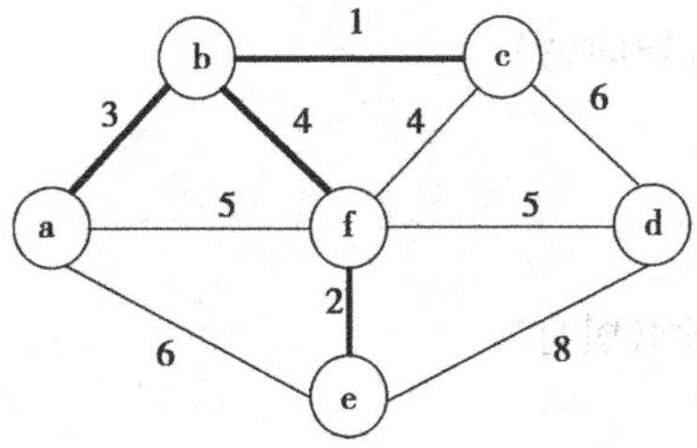

选择边 df(5)

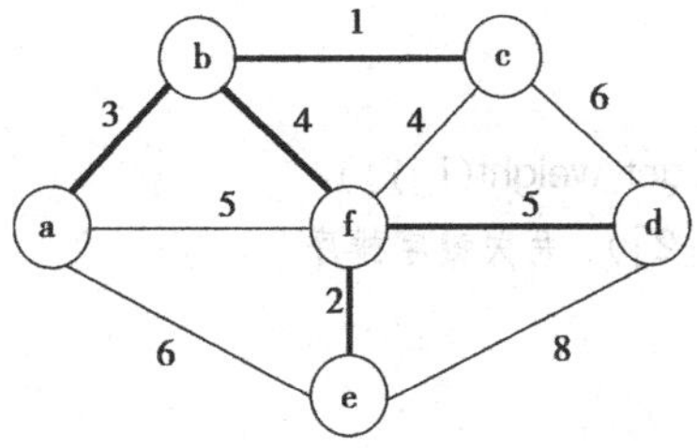

算法的正确性:可类似 Prim 算法证明。

看上去的简洁并不意味着 Kruskal 算法比 Prim 算法简单。Kruskal 算法的最关键的基本操作是判断当前边的集合是否无环,这不是一件容易的事。最初 E_T 为空,所有结点彼此不由 E_T 连通;随着 E_T 中新边的加入,图中某些结点可通过这些边连通,而无环要求这些结点之间有且只有一条路径。换而言之,这些连通的部分构成了都是最终 MST 的子树,从而构成了一个子树森林。因此,同一子树中的结点可用 V 的一个子集表示,新边的加入其实是对原先两个 V 的不同子集求并集,因而判断无环的条件就是检查该边连接的两个结点是否属于同一集合。集合的 Union-Find 算法可保证上述判断在几乎常数时间内完成。

算法的效率分析:由上分析可知,如采用 Union-Find 算法,则 Kruskal 算法的时间效率由排序的时间效率决定,即属于 $\Theta(|E| \log|E|)$。

程序实现:

```
parent=[i for i in range(0,2022)]  #初始化祖先

def find_root(x):  #查找集合[路径压缩]
    if x! =parent[x]:
        parent[x]=find_root(parent[x])
    return parent[x]
```

```
def union(x,y):  #合并集合
    x_root,y_root=find_root(x),find_root(y)
    if x_root! =y_root:
        parent[x_root]=y_root

def get_weight(x,y):  #获取权值
    a='0'*(4-len(str(x)))+str(x)
    b='0'*(4-len(str(y)))+str(y)
    s=0
    for i in range(4):
        if a[i]! =b[i]:
            s+=int(a[i])+int(b[i])
    return s

edge=[]  #创建边集(i,j,weight)
for i in range(1,2022):
    for j in range(1,2022):
        edge.append((i,j,get_weight(i,j)))
edge.sort(key=lambda x:x[2])  #关键字排序

count=0
j=1

for i in edge:
    try:
        if find_root(i[0])! =find_root(i[1]) and j<=2020:  #不处在同一连通分量(集合)且点
数未达到 2021-1
            count+=i[2]  #累加
            union(i[0],i[1])  #合并
            j+=1
    except:  #检查报错点
        print(i[0],i[1])
        break
print(count)  #答案是 4046
```

8.7.3 单源最短路径问题的 Dijkstra 算法

单源最短路径问题是指:在一个加权连通图中,寻找从给定结点到达所有其他结点的最短路径。这类问题及其著名的解决算法是 20 世纪 50 年代由著名的荷兰计算机科学先驱 Edsger W. Dijkstra(1930—2002)所提出的。

Dijkstra 算法的基本思想是以距离递增的顺序求起点到图中所有结点的距离。因此,在

第 i 次迭代开始时,算法已找到了到起点距离最短的 i-1 个结点。这些结点以及从起点到这些结点的边构成了一棵子树 T_i。因此,选择下一个最短的结点应该与 T_i 中某个结点邻接。因此凡是与 T_i 邻接的结点均是 Dijkstra 算法选择下一个结点的候选,而其他结点(非候选也非 T_i 中结点)与起点的距离记为∞。算法对每一个候选结点 u,计算起点到 T_i 中每一结点 v 的最短距离 d_v 与有向边(v,u)的和,通过比较选择其中最小的和及相应边,得到树 T_{i+1}。重复上述过程,直至找到起点到所有结点的最短距离。

为实现上述操作,对每个结点 u 需记录起点到该结点的最短距离 d 和从哪一结点 v 邻接到 u 得到的 d(即树中 u 的双亲结点)。另外,同 Prim 算法,每次选择了某个结点 u 添加到当前树中时,需更新与 u 邻接结点 u * 的 d 值,以备下一次选择时使用。但要注意:Prim 算法仅仅比较与当前树邻接边的权值(边距),Dijkstra 算法比较的是路径长度。算法的正确性可类似 Prim 算法的证明得到。

Dijsktra 算法的伪代码如下:

```
Dijkstra(G, s)
    //Input:加权连通图 G(V, E)和起点 s
    //Output:从起点 s 到结点 v 的最短距离 d[v]及路径的上一结点 p[v]
    Initialize(Q)  //置优先队列 Q 为空
for every vertex v in V do
d[v] =∞; p[v]=null
Insert(Q, v, d[v])  //Q 记录起点到结点 v 的距离 d[v]
d[s]=0; Decrease(Q, s, d[s])
V_T=Φ
for i=0 to |V|- 1 do
    u*=DeleteMin(Q)  //将队列中的最小元素删除
V_T=V_T∪{u*}
for every vertex u in V- V_T that is adjacent to u* do
    if d[u*]+w(u*, u) < d[u]
        d[u]=d[u*]+w(u*, u); p[v]=u*
        Decrease(Q, u, d[u])
    return d and p
```

显然,由前 Prim 算法分析,如果基于邻接矩阵存储,Dijkstra 算法的时间效率属于 $\Theta(n^2)$。

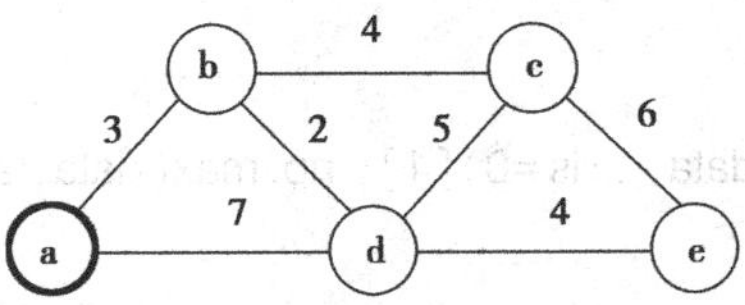

例如,对上图的以 a 为起始点应用 Dijkstra 算法求最短路径如下:

树结点 a;剩余结点及其与树中结点已知的当前距离 b(a,3),c(-,∞),d(a,7),e(-,∞)。

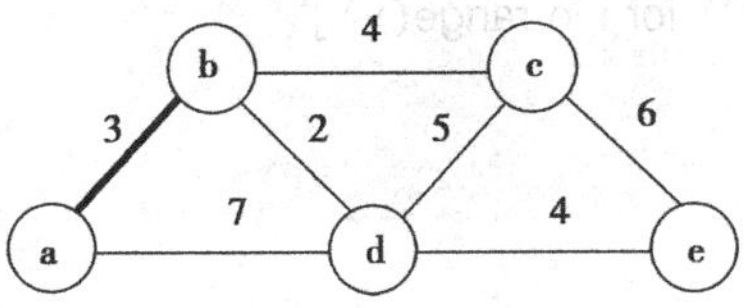

树结点 a,b;剩余结点及其与树中结点已知的当前距离 c(b,3+4),d(b,3+2),e(-,∞)。

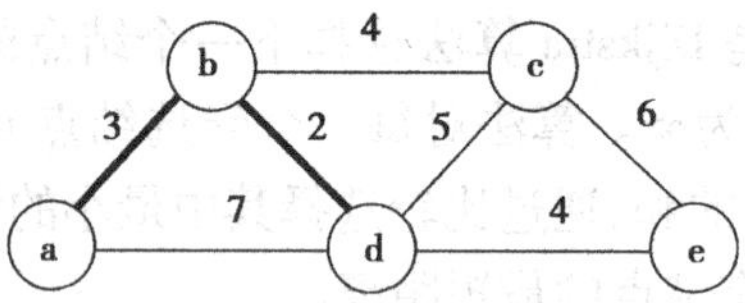

树结点 a,b,d;剩余结点及其与树中结点已知的当前距离 c(b,7),e(d,5+4)。

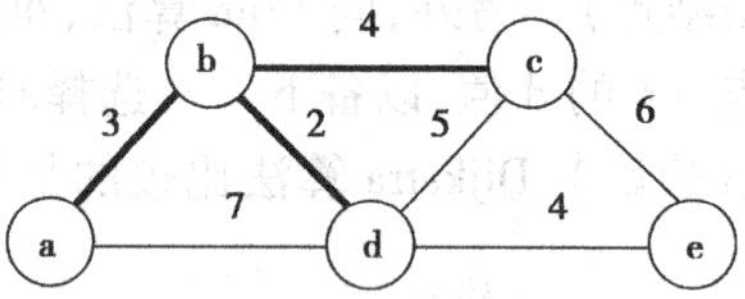

树结点 a,b,c,d;剩余结点及其与树中结点已知的当前距离 e(d,9)。

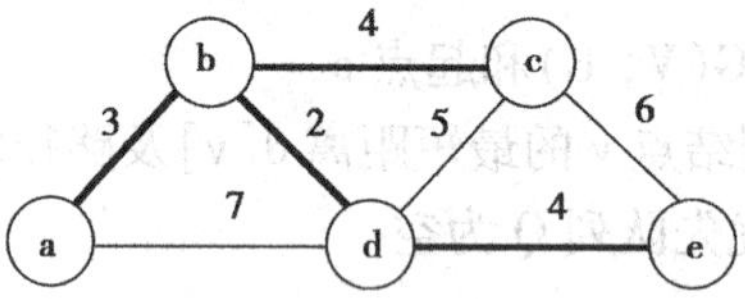

程序实现:

```
import os
import numpy
import pandas as pd
import numpy as np


def dijkstra(filepath):
    # 读取数据
    read_data=pd.read_csv(filepath)

    # 存入数组
    data=np.array(read_data)

    # 遍历节点个数
    v_max=max(np.max(data, axis=0)[1], np.max(data, axis=0)[2])
    v=v_max+1

    # 初始化
    # 原点到各点的最短路长
    path_length=[float('inf') for i in range(v)]
    path_length[0]=0
    # 各点的前置节点
```

```
pr=[ -1 for i in range(v) ]
    # 初始节点
    u=0
    # 已遍历节点
    s=list( )
    s. append( u)
    # 遍历次数 i
    i=0
    # 邻接矩阵
    D=[ [ float(' inf ') ] * v for _ in range( v) ]
    for n in range( len( data) ):
        D[ data[ n] [ 1] ] [ data[ n] [ 2] ] =data[ n] [3]
    # 路径列表
    path=[ [ ] for i in range( v) ]
    path[ 0] . append( u)
    # 路长列表
    lr=numpy. zeros( v, dtype=' float ')
    for n in range( v) :
       lr[ n] =numpy. Inf
    lr[ 0] =0

    while i < ( v-1) :
        for j in range( v) :
            if j not in s:
                if path_length[ j] > ( path_length[ u] +D[ u] [ j] ) :
                    path_length[ j] =path_length[ u] +D[ u] [ j]
                    pr[ j] =u
                    lr[ j] =path_length[ u] +D[ u] [ j]
        i=i+1
        temp=float(' inf ')
        temp_index=float(' inf ')
        for k in range( v) :
            if k not in s:
                if temp > path_length[ k] :
                    temp=path_length[ k]
                    temp_index=k
        u=temp_index
        s. append( u)
        path[ u] . extend( path[ pr[ u] ] )
        path[ u] . append( u)

    if os. path. exists(' result. xlsx ') :
```

```
        os.remove('result.xlsx')

    output=open('result.xlsx', 'w', encoding='gbk')
    output.write('v\t 从原点到点 v 的最短路径\t 路长值\n')
    for n in range(1, v):
        output.write(str(n))
        output.write('\t')
        output.write(str(path[n]))
        output.write('\t')
        output.write(str(lr[n]))
        output.write('\n')
    output.close()

    return path


if __name__ =='__main__':
    dijkstra("data_new.csv")
```

第 9 章

机器学习概述

9.1 机器学习简介

9.1.1 机器学习的定义

“机器学习”顾名思义，计算机自动从数据中发现规律，自己主动学习，并应用于解决新问题。给定数据(X1，Y1)，(X2，Y2)，…，(Xn，Yn)，机器自动学习 X 和 Y 之间的关系，从而对新的 Xi，能预测 Yi。例如，由身高预测性别、预测体重。机器学习是一门人工智能的科学。该领域的主要研究对象是人工智能，特别是如何在经验学习中改善具体算法的性能。

第一个机器学习的定义来自 Arthur Samuel，他定义机器学习为，在进行特定编程的情况下，给予计算机学习能力的领域。Samuel 的定义可回溯到 20 世纪 50 年代，他编写了一个西洋棋程序。通过编程，让西洋棋程序自己跟自己下了上万盘棋。通过观察哪种布局(棋盘位置)会赢，哪种布局会输，久而久之，西洋棋程序明白了什么是好的布局，什么是坏的布局。这个定义有点不正式，也有点古老。

来自卡内基梅隆大学的 Tom Mitchell 提出，一个计算机程序在完成了任务 T 之后，获得经验 E，其表现效果为 P，如果任务 T 的性能表现，也就是用以衡量的 P，随着 E 的增加而增加，可称其为学习。从广义上来说，机器学习是一种能赋予机器学习的能力以此让它完成直接编程无法完成的功能的方法。

从实践的意义上来说，机器学习是一种通过利用数据，训练出模型，然后使用模型预测的一种方法。

虽然机器学习的研究来源于人工智能领域，但机器学习的方法却应用于数据科学领域。因此，将机器学习看成一种数学建模更合适。机器学习的本质就是借助数学模型理解数据。当给模型装上可适应观测数据的可调参数时，“学习” 就开始了；此时的程序被认为具有从数据中“学习” 的能力。一旦模型可拟合旧的观测数据，那么它们就可以预测并解释新的观测 数据。

9.1.2 机器学习的发展

机器学习的起源可追溯到20世纪50年代以来人工智能的符号演算、逻辑推理、自动机模型、启发式搜索、模糊数学、专家系统以及神经网络的反向传播BP算法等。虽然这些技术在当时并没有被冠以机器学习之名，但时至今日它们依然是机器学习的理论基石。从学科发展过程的角度思考机器学习。机器学习的大致演变过程见表9.1。

表9.1 机器学习算法大致演变过程

机器学习阶段	年 份	主要成果	代表人物
人工智能起源	1936	自动机模型理论	阿兰·图灵(Alan Turing)
	1943	MP模型	沃伦·麦卡洛克(Warren McCulloch)、沃特·皮茨(Walter Pitts)
	1951	符号演算	冯·诺依曼(John von Neumann)
	1950	逻辑主义	克劳德·香农(Claude Shannon)
	1956	人工智能	约翰·麦卡锡(John McCarthy)、马文·明斯基(Marvin Minsky)、克劳德·香农(Claude Shannon)
人工智能初期	1958	LISP	约翰·麦卡锡(John McCarthy)
	1962	感知器收敛理论	弗兰克·罗森布拉特(Frank Rosenblatt)
	1972	通用问题求解(GPS)	艾伦·纽厄尔(Allen Newell)、赫伯特·西蒙(Herbert Simon)
	1975	框架知识表示	马文·明斯基(Marvin Minsky)
进化计算	1965	进化策略	英格·雷森博格(Ingo Rechenberg)
	1975	遗传算法	约翰·亨利·霍兰德(John Henry Holland)
	1992	基因计算	约翰·柯扎(John Koza)
专家系统和知识工程	1965	模糊逻辑、模糊集	拉特飞·扎德(Lotfi Zadeh)
	1969	DENDRA、MYCIN	费根鲍姆(Feigenbaum)、布坎南(Buchanan)、莱德伯格(Lederberg)
	1979	ROSPECTOR	杜达(Duda)
神经网络	1982	Hopfield网络	霍普菲尔德(Hopfield)
	1982	自组织网络	图沃·科霍宁(Teuvo Kohonen)
	1986	BP算法	鲁姆哈特(Rumelhart)、麦克利兰(McClelland)
	1989	卷积神经网络	乐康(LeCun)
	1998	LeNet	乐康(LeCun)
	1997	循环神经网络RNN	塞普·霍普里特(Sepp Hochreiter)、尤尔根·施密德胡伯(Jurgen Schmidhuber)

续表

机器学习阶段	年　份	主要成果	代表人物
分类算法	1986	决策树 ID3 算法	罗斯·昆兰(Ross Quinlan)
	1988	Boosting 算法	弗罗因德(Freund)、米迦勒·卡恩斯(Michael Kearns)
	1993	C4.5 算法	罗斯·昆兰(Ross Quinlan)
	1995	AdaBoost 算法	弗罗因德(Freund)、罗伯特·夏普(Robert Schapire)
	1995	支持向量机	科林纳·科尔特斯(Corinna Cortes)、万普尼克(Vapnik)
	2001	随机森林	里奥·布雷曼(Leo Breiman)、阿黛勒·卡特勒(Adele Cutler)
深度学习	2006	深度信念网络	杰弗里·希尔顿(Geoffrey Hinton)
	2012	谷歌大脑	吴恩达(Andrew Ng)
	2014	生成对抗网络 GAN	伊恩·古德费洛(Ian Goodfellow)

机器学习的发展分为知识推理期、知识工程期、浅层学习(Shallow Learning)及深度学习(Deep Learning)4 个阶段。

1)知识推理期

知识推理期起始于 20 世纪 50 年代中期,这时的人工智能主要通过专家系统赋予计算机逻辑推理能力。赫伯特·西蒙和艾伦·纽厄尔实现的自动定理证明系统 Logic Theorist 证明了逻辑学家拉赛尔(Russell)和怀特黑德(Whitehead)编写的《数学原理》中的 52 条定理,并且其中一条定理比原作者所写更加巧妙。

2)知识工程期

20 世纪 70 年代开始,人工智能进入知识工程期,费根鲍姆(E. A. Feigenbaum)作为知识工程之父在 1994 年获得了图灵奖。由于人工无法将所有知识都总结出来教给计算机系统。因此,这一阶段的人工智能面临知识获取的瓶颈。

3)浅层学习

实际上,在 20 世纪 50 年代,就已有机器学习的相关研究,代表性工作主要是罗森布拉特(F. Rosenblatt)基于神经感知科学提出的计算机神经网络,即感知器。在随后的 10 年中浅层学习的神经网络曾经风靡一时,特别是马文·明斯基提出了著名的 XOR 问题和感知器线性不可分的问题。由于计算机的运算能力有限,多层网络训练困难,通常都是只有一层隐含层的浅层模型,虽然各种各样的浅层机器学习模型相继被提出,对理论分析和应用方面都产生了较大的影响,但理论分析的难度和训练方法需要很多经验和技巧,随着最近邻等算法的相继提出,浅层模型在模型理解、准确率、模型训练等方面被超越,机器学习的发展几乎处于停滞状态。

4)深度学习

2006年,希尔顿(Hinton)发表了深度信念网络论文,本戈欧(Bengio)等人发表了"Greedy Layer-Wise Training of Deep Networks"论文,乐康团队发表了"Efficient Learning of Sparse Representations with an Energy-Based Model"论文,这些事件标志着人工智能正式进入了深层网络的实践阶段。同时,云计算和GPU并行计算为深度学习的发展提供了基础保障,特别是近几年,机器学习在各个领域都取得了突飞猛进的发展。

新的机器学习算法面临的主要问题更加复杂,机器学习的应用领域从广度向深度发展,这对模型训练和应用都提出了更高的要求。随着人工智能的发展,冯·诺依曼式的有限状态机的理论基础越来越难以应对目前神经网络中层数的要求,这些都对机器学习提出了挑战。

9.1.3 机器学习的应用领域

机器学习的应用领域特别广泛,可广泛应用于多媒体、图形学和网络通信等计算机应用技术领域,尤其是计算机视觉、自然语言处理。生活方面,主要体现在天气预报、能源勘探、环境监测领域,通过机器学习相关数据,提高预报和检测准确性;商业,分析销售、客户数据,优化库存、降低成本、推荐系统等。

1)数据挖掘

数据挖掘主要是应用于大数据领域,利用机器学习的模型来挖掘数据中的潜在价值,发现数据之间的关系。例如,根据房价的变化预测房价、根据天气信息预测天气等会应用经典的回归类问题。

2)计算机视觉

让机器像人一样看世界,看到图像、视频等媒体。会对图像进行识别、分类。图中的是动物,还是人,还是其他的物体。这些案例也会应用到深度学习。

3)自然语言处理

让机器像人一样理解语言,理解人写的文字等的含义。并作出一定的反应。例如,新闻与文章,机器可识别并为它们分类,或自动生成文本摘要。

4)机器人决策

让机器像人一样拥有决策的能力,如自动驾驶、机器人的控制等都可用到机器学习的算法。

9.2 机器学习的基本理论

9.2.1 基本术语

机器学习是一门专业性很强的技术。它大量地应用了数学、统计学上的知识,因此总会有一些蹩脚的词汇,这些词汇就像"拦路虎"一样阻碍着我们前进,甚至把我们吓跑。因此,认识并理解这些词汇是首要的任务。本节将介绍机器学习中常用的基本概念,为后续的知识学习打下坚实的基础。

所有记录的集合为:数据集。

每一条记录为:一个实例(instance)或样本(sample)。

例如,西瓜的色泽或敲声,单个的特点为特征(feature)或属性(attribute)。

对一条记录,如果在坐标轴上表示,每个西瓜都可用坐标轴中的一个点表示,一个点也是一个向量,如青绿、蜷缩、浊响,即每个西瓜为一个特征向量(feature vector)。

一个样本的特征数为:维数(dimensionality)。当维数非常大时,也就是现在说的"维数灾难"。

计算机程序学习经验数据生成算法模型的过程中,每一条记录称为一个"训练样本",同时在训练好模型后,希望使用新的样本来测试模型的效果,则每一个新的样本称为一个"测试样本"。

所有训练样本的集合为:训练集(training set)——特殊。

所有测试样本的集合为:测试集(test set)——一般。

机器学习的模型适用于新样本的能力称为泛化能力(generalization),即从特殊到一般。

预测值为离散值的问题为:分类(classification)。

预测值为连续值的问题为:回归(regression)。

训练数据有标记信息的学习任务为:监督学习(supervised learning)、分类和回归都是监督学习的范畴。

训练数据没有标记信息的学习任务为:无监督学习(unsupervised learning)。常见的有聚类和关联规则。

9.2.2　机器学习算法

机器学习算法分为3类:有监督学习、无监督学习和增强学习。有监督学习需要标识数据(用于训练,既有正例又有负例);无监督学习不需要标识数据;增强学习介于两者之间(有部分标识数据);下面具体介绍机器学习中有监督学习和无监督学习涉及的10大算法。

1)有监督学习

算法一:决策树

决策树是一种树形结构,为人们提供决策依据,决策树可用来回答yes和no问题。它通过树形结构将各种情况组合都表示出来,每个分支表示一次选择(选择yes还是no),直到所有选择都进行完毕,最终给出正确答案,如图9.1所示。

算法二:朴素贝叶斯分类器

朴素贝叶斯分类器基于贝叶斯理论及其假设(即特征之间是独立的,是不相互影响的),如图9.2所示。

$P(A|B)$是后验概率, $P(B|A)$ 是似然,$P(A)$为先验概率,$P(B)$ 为需要预测的值。

具体应用有垃圾邮件检测、文章分类、情感分类及人脸识别等。

算法三:最小二乘法

如果你对统计学有所了解,那么你必定听说过线性回归。最小均方就是用来求线性回归的。如图9.3所示,平面内会有一系列点,然后求取一条线,使这条线尽可能拟合这些点分布,这就是线性回归。这条线有多种找法,最小二乘法就是其中一种。最小二乘法其原理是:找到一条线使平面内的所有点到这条线的欧式距离和最小。这条线就是所要求取的线。

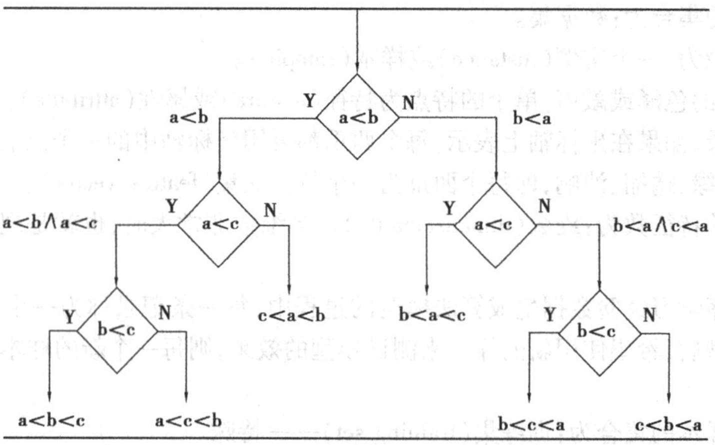

图 9.1　决策树

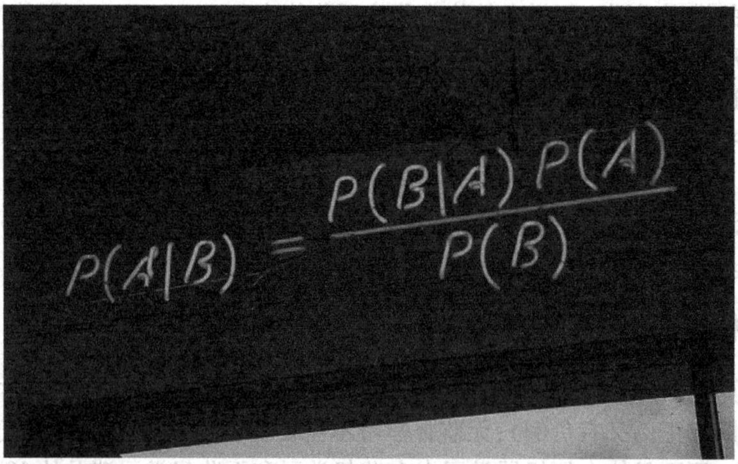

图 9.2　朴素贝叶斯分类器

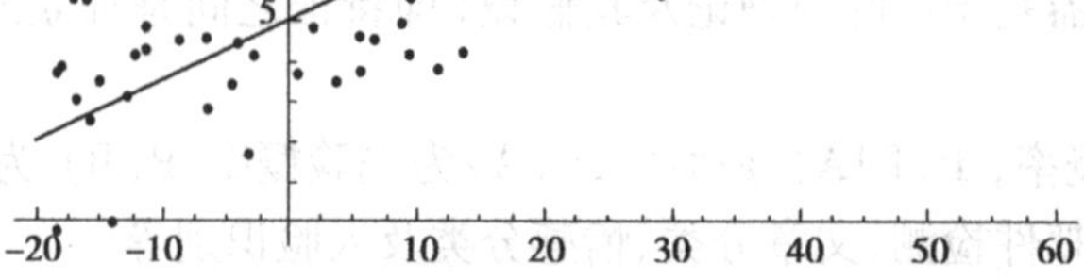

图 9.3　最小二乘法

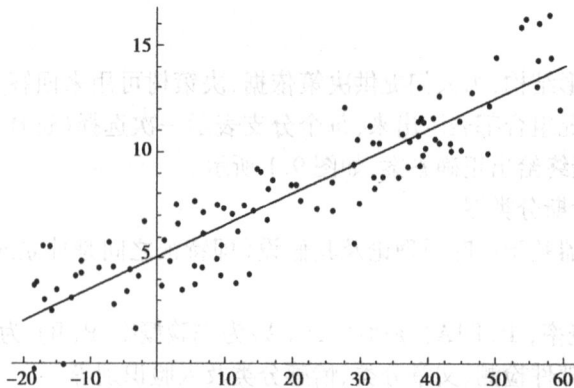

线性指的是用一条线对数据进行拟合,距离代表的是数据误差,最小二乘法可看成误差最小化。

算法四:逻辑回归

逻辑回归模型是一个二分类模型。它选取不同的特征与权重来对样本进行概率分类,用一个 log 函数计算样本属于某一类的概率，即一个样本会有一定的概率属于一个类，会有一定的概率属于另一类，概率大的类即为样本所属类(图 9.4)。

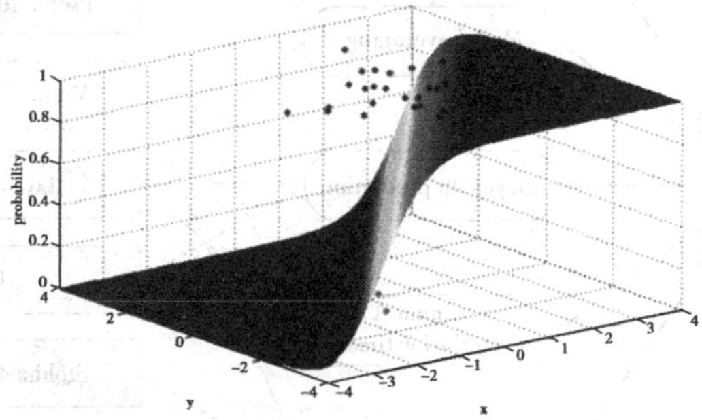

图 9.4　逻辑回归

具体应用有信用评级、营销活动成功概率、产品销售预测以及某天是否将会地震发生。

算法五：支持向量机(SVM)

支持向量机是一个二分类算法。它可在 N 维空间找到一个(N-1)维的超平面，这个超平面可将这些点分为两类。也就是说，平面内如果存在线性可分的两类点，SVM 可找到一条最优的直线将这些点分开(图 9.5)。SVM 应用范围很广。

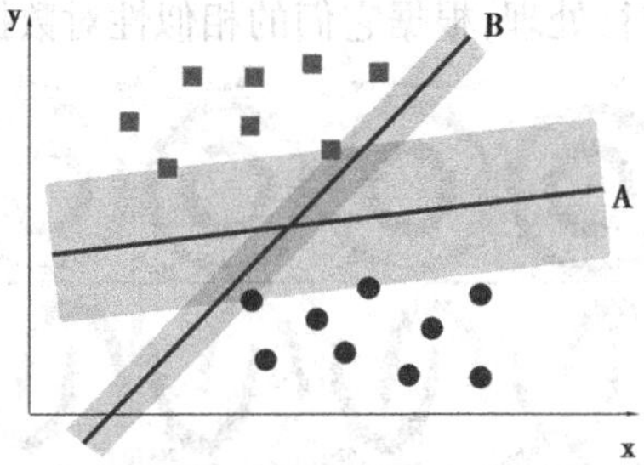

图 9.5　支持向量机(SVM)

算法六：集成学习

集成学习就是将很多分类器集成在一起。每个分类器有不同的权重，将这些分类器的分类结果合并在一起，作为最终的分类结果。最初集成方法为贝叶斯决策，现在多采用 error-correcting output coding，bagging，boosting 等方法进行集成(图 9.6)。

集成分类器优势如下：

①偏差均匀化。如果将唱歌比赛选手的投票数算一下均值，可能会得到原先没有发现的结果。集成学习与这个也类似，它可学到其他任何一种方式都学不到的东西。

②减少方差。总体的结果要比单一模型的结果好，因其从多个角度考虑问题。类似于股票市场，综合考虑多只股票可以要比只考虑一只股票好。这就是为什么多数据比少数据效果好原因，因为其考虑的因素更多。

③不容易过拟合。如果一个模型不过拟合，那么综合考虑多种因素的多模型就更不容易过拟合了。

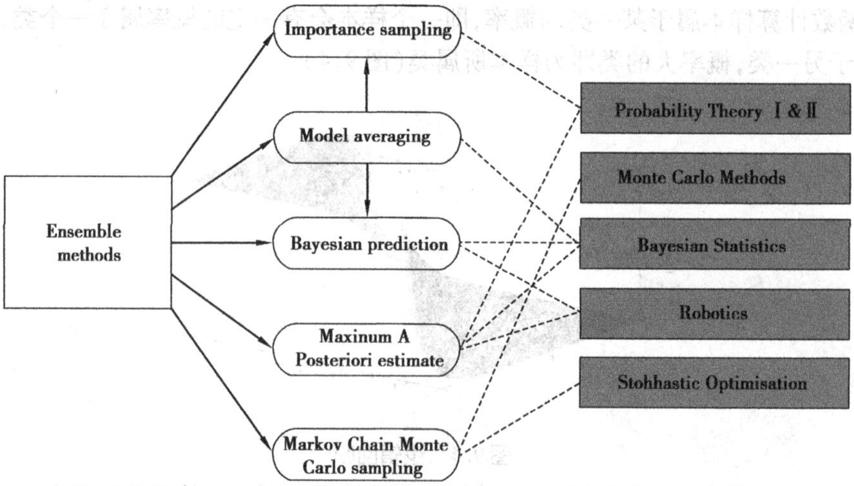

图 9.6　集成学习

2)无监督学习

算法七:聚类算法

聚类算法是将一堆数据进行处理,根据它们的相似性对数据进行聚类,如图 9.7 所示。

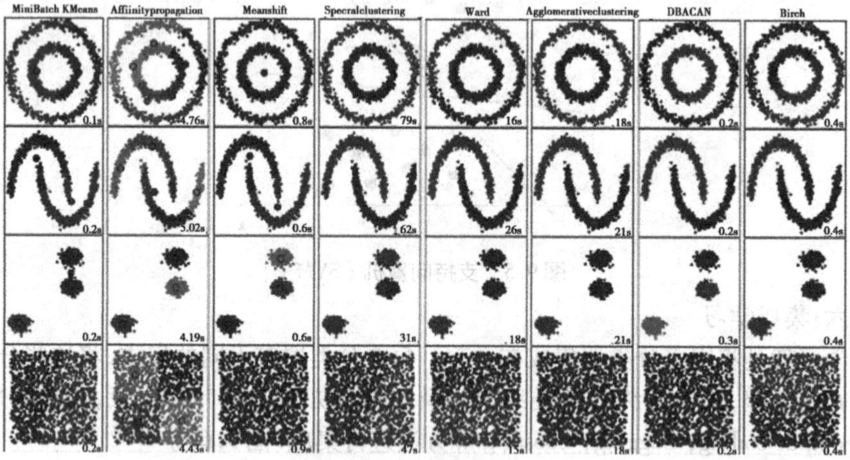

图 9.7　聚类算法

聚类算法有很多种,具体有中心聚类、关联聚类、密度聚类、概率聚类、降维、神经网络/深度学习。

算法八:主成分分析(PCA)

主成分分析是利用正交变换将一系列可能相关数据转换为线性无关数据,从而找到主成分,如图 9.8 所示。

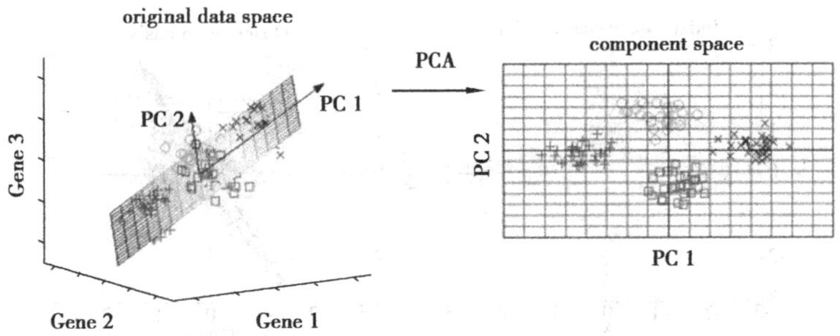

图9.8　主成分分析

PCA 主要用于简单学习与可视化中数据压缩、简化。但是,PCA 有一定的局限性,它需要你拥有特定领域的相关知识。对噪声较多的数据并不适用。

算法九:SVD 矩阵分解

SVD 矩阵是一个复杂的实复负数矩阵,给定一个 m 行、n 列的矩阵 M,那么 M 矩阵可分解为(图 9.9)

$$\boldsymbol{M}=\boldsymbol{U\Sigma V}$$

式中　$\boldsymbol{U},\boldsymbol{V}$——酉矩阵;

$\boldsymbol{\Sigma}$——对角阵。

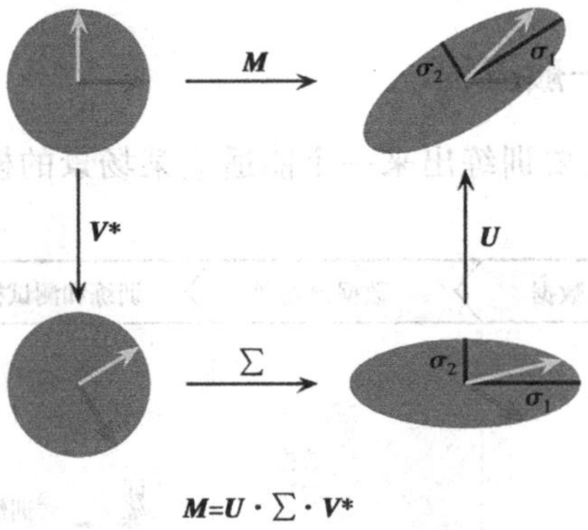

图9.9　SVD 矩阵分解

PCA 实际上就是一个简化版本的 SVD 分解。在计算机视觉领域,第一个脸部识别算法就是基于 PCA 与 SVD 的,用特征对脸部进行特征表示,然后降维,最后进行面部匹配。尽管现在面部识别方法复杂,但基本原理还是类似的。

算法十:独立成分分析(ICA)

ICA 是一门统计技术,用于发现存在于随机变量下的隐性因素。ICA 为给观测数据定义了一个生成模型。在这个模型中,其认为数据变量是由隐性变量,经一个混合系统线性混合而成,这个混合系统未知,并且假设潜在因素属于非高斯分布且相互独立,称为可观测数据的独立成分(图 9.10)。

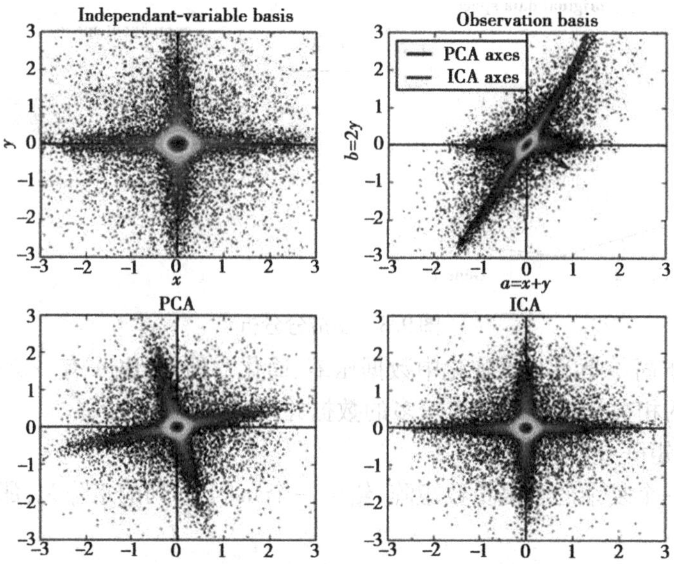

图9.10　独立成分分析（ICA）

ICA与PCA相关,但它在发现潜在因素方面效果良好。它可应用在数字图像、文档数据库、经济指标及心理测量等。

9.2.3　机器学习的一般流程

从实际的应用场景出发,要训练出来一个能适应某场景的模型需要经过以下9个步骤(图9.11):

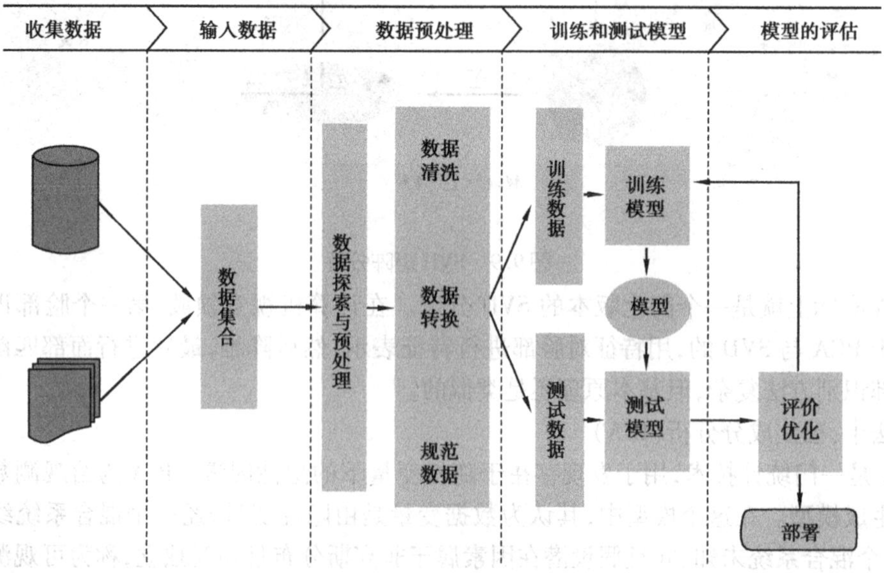

图9.11　机器学习流程图

1)收集数据

收集到的数据的质量和数量将直接决定预测模型是否能建好。需要将收集的数据去重复、标准化、错误修正等,保存成数据库文件或 csv 格式文件,为下一步数据的加载做准备。

2)分析数据

分析数据主要是数据发现,如找出每列的最大、最小值、平均值、方差、中位数、三分位数、四分位数、某些特定值(如零值)所占比例或分布规律等都要有一个大致的了解。了解这些最好的办法就是可视化,开源项目 facets 可很方便地实现。同时,要确定自变量(x1…xn)和因变量 y,找出因变量和自变量的相关性,确定相关系数。

3)特征选择

特征的好坏很大程度上决定了分类器的效果。将上一步骤确定的自变量进行筛选。筛选可手工选择或模型选择。选择合适的特征,然后对变量进行命名,以便更好地标记。命名文件要存下来,在预测阶段会用到。

4)向量化

向量化是对特征提取结果的再加工。其目的是增强特征的表示能力,防止模型过于复杂和学习困难,如对连续的特征值进行离散化,label 值映射成枚举值,用数字进行标识。这一阶段将产生一个很重要的文件:label 和枚举值对应关系,在预测阶段同样会用到。

5)拆分数据集

需要将数据分为两部分。用于训练模型的第一部分将是数据集的大部分。第二部分将用于评估我们训练有素的模型的表现。通常以 8 : 2 或 7 : 3 进行数据划分。不能直接使用训练数据来进行评估,因模型只能记住“问题”。

6)模型训练

在进行模型训练之前,要确定合适的算法,如线性回归、决策树、随机森林、逻辑回归、梯度提升、SVM 等。选择算法的最佳方法是测试各种不同的算法,然后通过交叉验证选择最好的一个。但是,如果只是为问题寻找一个“足够好”的算法或一个起点,也是有一些还不错的一般准则的。例如,如果训练集很小,那么高偏差/低方差分类器(如朴素贝叶斯分类器)要优于低偏差/高方差分类器(如 k 近邻分类器),因后者容易过拟合。然而,随着训练集的增大,低偏差/高方差分类器将开始胜出(它们具有较低的渐近误差),因为高偏差分类器不足以提供准确的模型。

7)模型评估

在训练完成之后,通过拆分出来的训练的数据来对模型进行评估,通过真实数据和预测数据进行对比,来判定模型的好坏。模型评估的常见的 5 个方法:混淆矩阵、提升图 & 洛伦兹图、基尼系数、ks 曲线及 roc 曲线。混淆矩阵不能作为评估模型的唯一标准,混淆矩阵是算模型其他指标的基础。完成评估后,如果想进一步改善训练,可通过调整模型的参数来实现,然后重复训练和评估的过程。

8)文件整理

模型训练完后,要整理出 4 类文件,确保模型能正确运行。这 4 类文件分别为 Model 文件、Lable 编码文件、元数据文件(算法,参数和结果)及变量文件(自变量名称列表、因变量名称列表)。

9)接口封装

通过封装服务接口,实现对模型的调用,以便返回预测结果。

9.3 scikit-learn 基本框架

9.3.1 scikit-learn 数据的加载

scikit-learn 使用任何存储为 numpy 数组或 scipy 稀疏数组的数值数据。其他可转化成数值数组的类型也可接受,如 pandas 中的 DataFrame。

下面推荐一些将标准纵列形式的数据转换为 scikit-learn 可使用的格式的方法。

pandas. io 提供了从常见格式(包括 CSV, Excel, JSON, SQL 等)中读取数据的工具。DateFrame 也可从由元组或字典组成的列表构建而成。Pandas 能顺利地处理异构的数据,并且提供了处理和转换成方便 scikit-learn 使用的数值数据的工具。

scipy. io 专门处理科学计算领域经常使用的二进制格式,如. mat 和. arff 格式的内容。

numpy/routines. io 将纵列形式的数据标准地加载为 numpy 数组。

scikit-learn 的 datasets. load_svmlight_file 处理 svmlight 或 libSVM 稀疏矩阵。

scikit-learn 的 datasets. load_files 处理文本文件组成的目录,每个目录名是每个类别的名称,每个目录内的每个文件对应该类别的一个样本。

对一些杂项数据,如图像、视频和音频,可参考:

skimage. io 或 Imageio 将图像或者视频加载为 numpy 数组。

scipy. misc. imread (requires the Pillow package)将各种图像文件格式加载为像素灰度数据。

scipy. io. wavfile. read 将 WAV 文件读入一个 numpy 数组。

存储为字符串的无序(或名字)特征(在 pandas 的 DataFrame 中很常见)需要转换为整数。当整数类别变量被编码成独热变量(sklearn. preprocessing. OneHotEncoder)或类似数据时,它或许可被最好地利用。

注意:如果要管理自己的数值数据,建议使用优化后的文件格式来减少数据加载时间,如 HDF5。像 H5Py, PyTables, pandas 等的各种库提供了一个 Python 接口,来读写该格式的数据。

9.3.2 scikit-learn 模型训练和预测

1)选择模型

模型选择是机器学习的第一步。可使用 K 折交叉验证或分割训练集/测试集的方法处理数据集,并用来训练模型。这样做是为了能让训练出来的模型对新数据集做出预测。还要判断该问题是分类问题还是回归问题,分类问题预测的是类别、标签。一般来说,是二分类即(0,1),如是否下雨。回归问题预测的是连续的数值,如股票的价格。

2)如何使用分类模型

分类问题是指模型学习输入特征和输出标签之间的映射关系,然后对新的输入预测标签。以识别垃圾邮件举例，输入的是邮件的文本、时间、标题等特征，而输出的则是垃圾邮件和非垃圾邮件两个标签。模型通过训练数据集，学习特征与标签的关系，才能做出预测。

下面给出一个简单的针对二进制分类问题的 LogisticRegression（逻辑回归）模型代码示例。

虽然用的是 LogisticRegression（逻辑回归）分类模型解决问题，但 scikit-learn 中的其他分类模型同样适用。

```
# 导入 LogisticRegression 方法
from sklearn.linear_model import LogisticRegression
# 导入数据生成器
from sklearn.datasets.samples_generator import make_blobs
# 生成 2 维数据，类别是 2 类
X, y=make_blobs(n_samples=100, centers=2, n_features=2, random_state=1)
# 训练模型
model=LogisticRegression()
model.fit(X, y)
```

注：make_blobs 为聚类数据生成器。

这里特别介绍两种分类预测的模型：类别预测和概率预测。

类别预测：给定模型并训练数据实例后，通过 scikit-learn 的 predict() 函数预测新数据实例的类别。

例如，Xnew 数组中有一个或多个数据实例，这个数组可传递给 predict() 函数，用来预测每个实例的类别。

```
Xnew=[[...], [...]]
ynew=model.predict(Xnew)
```

输入代码：

```
# 类别预测案例
from sklearn.linear_model import LogisticRegression
from sklearn.datasets.samples_generator import make_blobs
# 生成数据集，有 100 个实例即 100 行，目标类别有 2 个：(0,1)
X, y=make_blobs(n_samples=100, centers=2, n_features=2, random_state=1)
# 拟合模型
model=LogisticRegression()
model.fit(X, y)

# 生成新的预测数据集，有 3 个实例。这里的新实例可为 1 个或多个
Xnew, _=make_blobs(n_samples=3, centers=2, n_features=2, random_state=1)
# 开始预测
ynew=model.predict(Xnew)
# 展示类别的预测结果
```

```
print('预测类别:')
for i in range(len(Xnew)):
    print("X=%s, Predicted=%s" % (Xnew[i], ynew[i]))
#展示数据集真实类别
print('真实类别:')
for i in range(len(Xnew)):
    print("X=%s, Predicted=%s" % (Xnew[i], _[i]))
```

输出结果:

```
预测类别:
X=[-0.79415228 2.10495117], Predicted=0
X=[-8.25290074 -4.71455545], Predicted=1
X=[-2.18773166 3.33352125], Predicted=0
真实类别:
X=[-0.79415228 2.10495117], Real=0
X=[-8.25290074 -4.71455545], Real=1
X=[-2.18773166 3.33352125], Real=0
```

可知,预测值与真实值一样,说明准确率100%。

有时,数据集的类别可能是字符串,如(是,否)以及(热,冷)等,但模型并不接受字符串输入输出,必须将字符串类别转化为整数的形式,如(1,0)对应(是,否)。scikit-learn 提供 LabelEncoder 函数,用以将字符串转换为整数。

概率预测是预测数据实例属于每个类别的概率,如果有两个类别(0,1),则预测输出值为 0 的概率和 1 概率。

例如,Xnew 数组中有一个或多个数据实例,这个数组可传递给 predict_proba()函数,用来预测每个实例的类别。

```
Xnew=[[...],[...]]
ynew=model.predict_proba(Xnew)
```

概率预测只适用于能够进行概率预测的模型,大多数(不是全部)模型可以做到。

下面的例子通过训练好的模型对 Xnew 数组中的每个实例进行概率预测。

输入代码:

```
#概率预测案例
from sklearn.linear_model import LogisticRegression
from sklearn.datasets.samples_generator import make_blobs
#生成数据集,有100个实例即100行,目标类别有2个:(0,1)
X, y=make_blobs(n_samples=100, centers=2, n_features=2, random_state=1)
#训练模型
model=LogisticRegression()
```

```
model.fit(X, y)

# 生成新的预测集,有3个实例即3行
Xnew, _=make_blobs(n_samples=3, centers=2, n_features=2, random_state=1)
# 开始预测
ynew=model.predict_proba(Xnew)
# 展示预测的类别概率,分别生成为0的概率和为1的概率
print('预测的类别概率:')
for i in range(len(Xnew)):
    print("X=%s, Predicted=%s" % (Xnew[i], ynew[i]))
print('真实类别:')
for i in range(len(Xnew)):
    print("X=%s, Predicted=%s" % (Xnew[i], _[i]))
```

输出结果：

```
预测的类别概率:
X=[-0.79415228 2.10495117], Predicted=[0.94556472 0.05443528]
X=[-8.25290074 -4.71455545], Predicted=[3.60980873e-04 9.99639019e-01]
X=[-2.18773166 3.33352125], Predicted=[0.98437415 0.01562585]
真实类别:
X=[-0.79415228 2.10495117], Real=0
X=[-8.25290074 -4.71455545], Real=1
X=[-2.18773166 3.33352125], Real=0
```

概率预测的输出可理解为：输出每个类别的概率，有多少个类别就有多少个概率值。

回归预测，回归预测与分类预测一样，都是一种监督学习。通过训练给定的示例即训练集，模型学习到输入特征和输出值之间的映射关系，如输出值为0.1，0.4，0.8等。

下面代码是用得最常见的LinearRegression线性回归预测模型，当然你也可用其他所有回归模型来实践它。

输入代码：

```
# 线性回归预测案例
# 导入相关方法
from sklearn.linear_model import LinearRegression
from sklearn.datasets import make_regression
# 生成随机回归训练数据集,有100个实例即100行
X, y=make_regression(n_samples=100, n_features=2, noise=0.1, random_state=1)
# 拟合模型
model=LinearRegression()
model.fit(X, y)

# 生成新的预测集,有3个实例即3行
```

```
Xnew, _=make_regression(n_samples=3, n_features=2, noise=0.1, random_state=1)
# 开始预测
ynew=model.predict(Xnew)
# 展示预测的值
print('预测值:')
for i in range(len(Xnew)):
    print("X=%s, Predicted=%s" % (Xnew[i], ynew[i]))
# 展示真实的值
print('真实值:')
for i in range(len(Xnew)):
    print("X=%s, Real=%s" % (Xnew[i], _[i]))
```

输出结果:

```
预测值:
X=[-1.07296862 -0.52817175], Predicted=-80.24979831685631
X=[-0.61175641 1.62434536], Predicted=120.64928064345101
X=[-2.3015387 0.86540763], Predicted=0.5518357031232064
真实值:
X=[-1.07296862 -0.52817175], Real=-95.68750948023445
X=[-0.61175641 1.62434536], Real=26.204828091429512
X=[-2.3015387 0.86540763], Real=-121.28229571474058
```

9.3.3 scikit-learn 模型的评估

除了使用 estimator 的 score 函数简单粗略地评估模型的质量之外，sklearn.metrics 模块针对不同的问题类型提供了各种评估指标，并且可创建用户自定义的评估指标。

1)metrics 评估指标概述

sklearn.metrics 中的评估指标有两类:以_score 结尾的为某种得分，越大越好;以_error 或_loss 结尾的为某种偏差，越小越好。

常用的分类评估指标包括 accuracy_score，f1_score，precision_score，recall_score 等。

常用的回归评估指标包括 r2_score，explained_variance_score 等。

常用的聚类评估指标包括 adjusted_rand_score，adjusted_mutual_info_score 等。

调用方法:metrics.方法名(真实值，预测值)。

```
from sklearn import metrics
y_pred=[0,0,0,1,1,1,1,1]
y_true=[0,1,0,1,1,0,0,1]
print(metrics.confusion_matrix(y_true,y_pred))
print('准确率:',metrics.accuracy_score(y_true,y_pred))
print('类别精度:',metrics.precision_score(y_true,y_pred,average=None))    # 不求平均
```

```
print('宏平均精度:',metrics.precision_score(y_true,y_pred,average='macro'))
print('微平均召回率:',metrics.recall_score(y_true,y_pred,average='micro'))
print('加权平均 F1 得分:',metrics.f1_score(y_true,y_pred,average='weighted'))
```

2)利用基于经验的基本策略作比较

如有一个分类问题,如果有 100 个样本,其中 90 个正例,10 个反例。那么,即使全都预测为正,就能达到 90% 的正确率。一般的评价指标对这类问题的评价不敏感,这是可通过基准来评价模型的优劣性。

DummyClassifier 实现了几种简单的分类策略:

stratified 通过在训练集类分布方面来生成随机预测。

most_frequent 总是预测训练集中最常见的标签。

prior 类似 most_frequenct,但具有 precit_proba 方法。

uniform 随机产生预测。

constant 总是预测用户提供的常量标签。

DummyRegressor 通过实现 4 个简单的经验法则来进行回归预测。

mean 总是预测训练目标的平均值。

median 总是预测训练目标的中位数。

quantile 总是预测用户提供的训练目标的 qua。

设定一个不平衡的数据集,其标签分布如下:

```
#比较线性 svm 分类器和虚拟估计器的得分
from sklearn.dummy import DummyClassifier
from sklearn.svm import SVC
svc=SVC(kernel='linear', C=1).fit(X_train, y_train)
print('linear svc classifier score:',svc.score(X_test, y_test))
dummy=DummyClassifier(strategy='most_frequent',random_state=0)
dummy.fit(X_train, y_train)
print('dummy calssifier score:',dummy.score(X_test, y_test))
```

此时得到结果:

```
linear svc classifier score: 0.631578947368
dummy calssifier score: 0.578947368421
```

9.3.4　scikit-learn 模型的保存与使用

在机器学习模型构建好后,通常需要保存模型。下面介绍两种常用的方法。

1) pickle

pickle 模块利用二进制对 Python 对象进行了序列化或反序列化。

```
from sklearn.ensemble import RandomForestRegressor
from sklearn.datasets import make_regression
X, y=make_regression(n_samples=200, n_features=10,
                     random_state=0, shuffle=False)
model=RandomForestRegressor(random_state=0)
model.fit(X, y)
print(model.predict([range(0,10)]))

import pickle
pkl_model="model.pkl"
with open(pkl_model, 'wb') as pklM:
    pickle.dump(model, pklM)
with open('model.pkl', 'rb') as pklM:
    pkl_model=pickle.load(pklM)
pkl_model.predict([range(0,10)])
```

2) joblib

对大数据储存,joblib 进行了优化,比 pickle 效率更高。

```
from sklearn.ensemble import RandomForestRegressor
from sklearn.datasets import make_regression
X, y=make_regression(n_samples=200, n_features=10,
                     random_state=0, shuffle=False)
model=RandomForestRegressor(random_state=0)
model.fit(X, y)
print(model.predict([range(0,10)]))

import joblib
joblib.dump(model, 'model.pkl')
model=joblib.load('model.pkl')
model.predict([range(0,10)])
```

第 10 章

回归分析

10.1 回归分析原理

10.1.1 回归分析的定义

回归分析是指利用数据统计原理，对大量统计数据进行数学处理，并确定因变量与某些自变量的相关关系，建立一个相关性较好的回归方程(函数表达式)，并加以外推，用于预测今后的因变量的变化的分析方法。

在大数据分析中，回归分析是一种预测性的建模技术。它研究的是因变量(目标)和自变量(预测器)之间的关系。这种技术通常用于预测分析、时间序列模型以及发现变量之间的因果关系。例如，司机的鲁莽驾驶与道路交通事故数量之间的关系，最好的研究方法就是回归。

10.1.2 回归分析的分类

根据自变量的个数，可分为一元回归分析和多元回归分析。

根据因变量的个数，可分为简单回归分析和多重回归分析。

根据因变量和自变量的函数表达式，可分为线性回归分析和非线性回归分析。

几点补充说明：

①通常情况下，线性回归分析是回归分析法中最基本的方法。当遇到非线性回归分析时，可借助数学手段将其化为线性回归。因此，主要研究线性回归问题，一点线性回归问题得到解决，非线性回归也就迎刃而解了，如取对数使得乘法变成加法等。当然，有些非线性回归也可直接进行，如多项式回归等。

②在社会经济现象中，很难确定因变量和自变量之间的关系，它们大多是随机性的，只有通过大量统计观察才能找出其中的规律。随机分析是利用统计学原理来描述随机变量相关关系的一种方法。

③由回归分析法的定义知道，回归分析可简单地理解为信息分析与预测。信息即统计数

据，分析即对信息进行数学处理，预测就是加以外推，也就是适当扩大已有自变量取值范围，并承认该回归方程在该扩大的定义域内成立，然后就可在该定义域上取值进行“未来预测”。当然，还可对回归方程进行有效控制。

④相关关系可分为确定关系和不确定关系。但是，不论是确定关系或不确定关系，只要有相关关系，都可选择一适当的数学关系式，用以说明一个或几个变量变动时，另一变量或几个变量平均变动的情况。

10.1.3 回归分析主要解决的问题

回归分析主要解决的问题如下：

①确定变量之间是否存在相关关系，若存在，则找出数学表达式。

②根据一个或几个变量的值，预测或控制另一个或几个变量的值，并且要估计这种控制或预测可达到何种精确度。

10.1.4 回归分析的步骤

回归分析的步骤如下：

①根据自变量与因变量的现有数据及关系，初步设定回归方程。

②求出合理的回归系数。

③进行相关性检验，确定相关系数。

④在符合相关性要求后，即可根据已得的回归方程与具体条件相结合，来确定事物的未来状况，并计算预测值的置信区间。

回归分析的有效性和注意事项如下：

①有效性。用回归分析法进行预测首先要对各个自变量作出预测。若各个自变量可由人工控制或易于预测，而且回归方程也较为符合实际，则应用回归预测是有效的，否则就很难应用。

②注意事项。为使回归方程较能符合实际，首先应尽可能定性判断自变量的可能种类和个数，并在观察事物发展规律的基础上定性判断回归方程的可能类型；其次力求掌握较充分的高质量统计数据，再运用统计方法，利用数学工具和相关软件从定量方面计算或改进定性判断。

10.2 多元线性回归

10.2.1 算法原理

在研究现实问题时，因变量的变化往往受几个重要因素的影响，此时就需要用两个或两个以上的影响因素作为自变量来解释因变量的变化，这就是多元回归。当多个自变量与因变量之间是线性关系时，所进行的回归分析就是多元性回归。线性回归的数学模型为

$$f(x_i)=\omega^T x_i+b$$

当数据集 D 中的样本 x_i 由多个属性进行描述，此时称为“多元线性回归”。

10.2.2 实现及参数

市场房价的走向受到多种因素的影响,通过对影响市场房价的多种因素进行分析,有助于对未来房价的走势进行较为准确的评估。

通过对某段时间某地区的已售房价数据进行线性回归分析,探索影响房价高低的主要因素,并对这些影响因素的影响程度进行分析,利用分析得到的数据,对未来房价的趋势和走向进行预测。

本文探究街区(neighborhood)、房屋面积(area)、卧室数(bedrooms)、浴室数(bathrooms)、房屋风格(style)及房价(price)的关系影响大小。具体数据见表10.1。

表10.1 影响房价高低的主要因素数据

house_id	neighborho	area	bedrooms	bathrooms	style	price
1 112	B	1 188	3	2	ranch	598 291
491	B	3 512	5	3	victorian	1 744 259
5 952	B	1 134	3	2	ranch	571 669
3 525	A	1 940	4	2	ranch	493 675
5 108	B	2 208	6	4	victorian	1 101 539
7 507	C	1 785	4	2	lodge	455 235
4 964	B	2 996	5	3	victorian	1 489 871
7 627	C	3 263	5	3	victorian	821 931
6 571	A	1 159	3	2	ranch	299 903
5 220	A	1 248	3	2	victorian	321 975
3 223	A	3 432	6	4	victorian	863 995
1 540	A	3 853	5	3	victorian	968 251
2 795	A	2 275	4	2	ranch	576 755
3 691	B	698	0	0	lodge	356 333
3 460	A	260	1	0	lodge	76 647
7 485	A	1 472	2	1	victorian	377 375
1 782	C	4 380	6	4	victorian	1099099
699	A	1 956	4	2	victorian	497 643
4 245	A	3 318	5	3	victorian	835 571

1)数据预处理

首先查看数据的基础信息,代码如下:

```
import pandas as pd
import numpy as np
import seaborn as sns
import matplotlib.pyplot as plt  # 导入数据
df=pd.read_csv("house_prices.csv")
# 读取数据的基础信息
df.info()
```

运行结果如图 10.1 所示。

```
<class 'pandas.core.frame.DataFrame'>
RangeIndex: 5414 entries, 0 to 5413
Data columns (total 7 columns):
house_id        5414 non-null int64
neighborhood    5414 non-null object
area            5414 non-null int64
bedrooms        5414 non-null int64
bathrooms       5414 non-null int64
style           5414 non-null object
price           5414 non-null int64
dtypes: int64(5), object(2)
memory usage: 296.2+ KB
```

图 10.1　运行结果

df.info():返回表格的一些基本信息,主要介绍数据集各列的数据类型,是否为空值,内存占用情况

RangeIndex:　# 行数,5414 行

Data columns (total 7 columns):　# 列数,7 列

non-null:意思为非空的数据

dtypes: int64(5), object(2) :数据类型

2)冗余数据的判断与处理

代码如下:

```
# 判断数据中是否存在重复观测
df.duplicated().any()
```

如果数据行没有重复,则对应 False,否则对应 True。

此处返回 False,说明数据中不存在重复数据。

如果有重复数据,则使用 drop_duplicates()函数删除重复数据。

3)缺失值识别与处理

```
# 判断各变量中是否存在缺失值
df.isnull().any(axis=0)
# 各变量中缺失值的数量
df.isnull().sum(axis=0)
# 各变量中缺失值的比例
df.isnull().sum(axis=0)/df.shape[0]
```

运行结果如图10.2所示。

```
house_id        0.0
neighborhood    0.0
area            0.0
bedrooms        0.0
bathrooms       0.0
style           0.0
price           0.0
dtype: float64
```

图10.2　运行结果

发现数据中不存在缺失值。

4)数据异常值识别与处理

代码如下:

```
#异常值处理
# ============异常值检验函数:iqr & z分数 两种方法 ============
def outlier_test(data, column,method=None, z=2):
    """以某列为依据,使用 上下截断点法 检测异常值(索引) """
    """
    full_data:完整数据
    column: full_data 中的指定列,格式 'x' 带引号
    return 可选; outlier: 异常值数据框
    upper:上截断点;  lower: 下截断点
    method:检验异常值的方法(可选, 默认的 None 为上下截断点法),
            选 Z 方法时,Z 默认为 2
    """
    # =============上下截断点法检测异常值 ================
    if method ==None:
        print(f'以 {column} 列为依据,使用 上下截断点法(iqr) 检测异常值...')
        print('=' * 70)
        #四分位点;这里调用函数会存在异常
        column_iqr=np.quantile(data[column], 0.75)-np.quantile(data[column], 0.25)
        #1,3 分位数
        (q1, q3)=np.quantile(data[column], 0.25), np.quantile(data[column], 0.75)
        #计算上下截断点
        upper, lower=(q3+1.5 * column_iqr), (q1-1.5 * column_iqr)
        #检测异常值
        outlier=data[(data[column] <=lower) | (data[column] >=upper)]
        print(f'第一分位数: {q1}, 第三分位数:{q3}, 四分位极差:{column_iqr}')
        print(f"上截断点:{upper}, 下截断点:{lower}")
        return outlier, upper, lower
    # ===============Z分数检测异常值===============
```

```
    if method =='z':
        """以某列为依据,传入数据与希望分段的 z 分数点,返回异常值索引与所在数据框 """
        """
        params
        data:完整数据
        column:指定的检测列
        z:Z 分位数, 默认为 2,根据 z 分数-正态曲线表,可知取左右两端的 2%,根据您 z 分数的正负
          设置。也可以任意更改,知道任意顶端百分比的数据集合
        """
        print(f'以 {column} 列为依据,使用 Z 分数法,z 分位数取 {z} 来检测异常值...')
        print('=' * 70)
        # 计算两个 Z 分数的数值点
        mean, std=np.mean(data[column]), np.std(data[column])
        upper, lower=(mean+z * std), (mean-z * std)
        print(f"取 {z} 个 Z 分数:大于 {upper} 或小于 {lower} 的即可被视为异常值。")
        print('=' * 70)
        # 检测异常值
        outlier=data[(data[column] <=lower) | (data[column] >=upper)]
        return outlier, upper, lower
    进行异常检测:
    # 对数据进行异常值检测
    outlier, upper, lower=outlier_test(data=df, column='price', method='z')
    outlier.info();
    outlier.sample(5)
```

运行结果如图 10.3 所示。

```
以 price 列为依据，使用 Z 分数法，z 分位数取 2 来检测异常值...
======================================================================
取 2 个 Z分数：大于 1838721.098011841 或小于 -195595.12497896317 的即可被视为异常
值。
======================================================================
<class 'pandas.core.frame.DataFrame'>
Int64Index: 290 entries, 19 to 5405
Data columns (total 7 columns):
house_id        290 non-null int64
neighborhood    290 non-null object
area            290 non-null int64
bedrooms        290 non-null int64
bathrooms       290 non-null int64
style           290 non-null object
price           290 non-null int64
dtypes: int64(5), object(2)
memory usage: 18.1+ KB
```

图 10.3　运行结果

丢弃异常值:

```
# 这里简单地丢弃即可
df.drop(index=outlier.index, inplace=True)
```

5)统计非数值变量

代码如下：

```
# 类别变量,又称为名义变量,nominal variables
nominal_vars=['neighborhood', 'style']
for each in nominal_vars:
    print(each, ':')
    print(df[each].agg(['value_counts']).T)
    # 直接 .value_counts().T 无法实现下面的效果
    ## 必须得 agg,而且里面的中括号 [] 也不能少
    print('='*35)
    # 发现各类别的数量也都还可以,为下面的方差分析做准备
```

运行结果如图 10.4 所示。

```
neighborhood :
                 B     A     C
value_counts  1891  1668  1565
===================================
style :
              victorian  ranch  lodge
value_counts       2717   1792    615
===================================
```

图 10.4　运行结果

绘出热力图：

```
# 热力图
def heatmap(data, method='pearson', camp='RdYlGn', figsize=(10 ,8)):
    """
    data:整份数据
    method:默认为 pearson 系数
    camp:默认为:RdYlGn-红黄蓝;YlGnBu-黄绿蓝;Blues/Greens 也是不错的选择
    figsize:默认为 10,8
    """
    ## 消除斜对角颜色重复的色块
    # mask=np.zeros_like(df2.corr())
    # mask[np.tril_indices_from(mask)]=True
    plt.figure(figsize=figsize, dpi=80)
    sns.heatmap(data.corr(method=method), \
                xticklabels=data.corr(method=method).columns, \
                yticklabels=data.corr(method=method).columns, cmap=camp, \
                center=0, annot=True)
#要想实现只是留下对角线一半的效果,括号内的参数可以加上 mask=mask

heatmap(data=df, figsize=(6,5))
```

运行结果如图 10.5 所示。

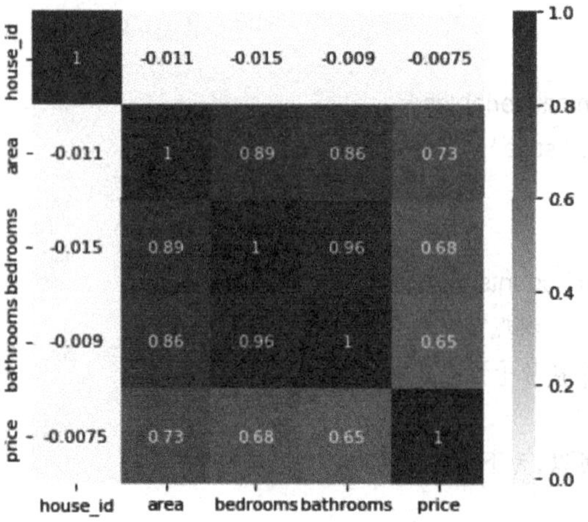

图 10.5　运行结果

通过热力图可知，area，bedrooms，bathrooms 等变量与房屋价格 price 的关系都还比较强，所以值得放入模型，但分类变量 style 与 neighborhood 两者与 price 的关系未知。

6）方差分析

刚才的探索可知，style 与 neighborhood 的类别都是 3 类。如果只是两类，则可进行卡方检验。这里使用方差分析。

```
## 利用回归模型中的方差分析
## 只有 statsmodels 有方差分析库
## 从线性回归结果中提取方差分析结果
import statsmodels. api as sm
from statsmodels. formula. api import ols   # ols 为建立线性回归模型的统计学库
from statsmodels. stats. anova import anova_lm
```

样本量和置信水平 α-level 的注意点（置信水平 α 的选择经验）

样本量 α-level

≤ 100 10%

100< n ≤ 500 5%

500< n ≤ 1000 1%

n> 2000 千分之一

样本量过大，α-level 就没什么意义了。

数据量很大时，p 值就没用了，样本量通常不超过 5000。

为了证明两变量间的关系是稳定的，样本量要控制好。

代码如下：

```
# 从数据集样本中随机选择 600 条,如果希望分层抽样,可参考文章：
df=df.copy().sample(600)
# C 表示告诉 Python 这是分类变量,否则 Python 会当成连续变量使用
## 这里直接使用方差分析对所有分类变量进行检验
## 下面几行代码便是使用统计学库进行方差分析的标准姿势
lm=ols('price ~C(neighborhood)+C(style)', data=df).fit()
anova_lm(lm)

# Residual 行表示模型不能解释的组内的,其他的是能解释的组间的
# df:自由度(n-1)-分类变量中的类别个数减 1
# sum_sq:总平方和(SSM),residual 行的 sum_eq：SSE
# mean_sq：msm, residual 行的 mean_sq：mse
# F:F 统计量,查看卡方分布表即可
# PR(>F)：P 值
```

运行结果如图 10.6 所示。

	df	sum_sq	mean_sq	F	PR(>F)
C(neighborhood)	2.0	2.367466e+13	1.183733e+13	167.366503	2.148910e-58
C(style)	2.0	2.850942e+13	1.425471e+13	201.545568	1.464412e-67
Residual	595.0	4.208256e+13	7.072698e+10	NaN	NaN

图 10.6　运行结果

反复刷新几次,发现都很显著,所以这两个变量也挺值得放入模型中。

7)使用 Statsmodels 建立多元线性回归模型

使用最小二乘法建立线性回归模型。

```
from statsmodels.formula.api import ols
# 最小二乘法建立线性回归模型
lm=ols('price ~ area+bedrooms+bathrooms', data=df).fit()
lm.summary()
```

运行结果如图 10.7 所示。

OLS Regression Results

Dep. Variable:	price	R-squared:	0.542
Model:	OLS	Adj. R-squared:	0.540
Method:	Least Squares	F-statistic:	235.3
Date:	Thu, 21 Oct 2021	Prob (F-statistic):	1.12e-100
Time:	09:55:10	Log-Likelihood:	-8351.1
No. Observations:	600	AIC:	1.671e+04
Df Residuals:	596	BIC:	1.673e+04
Df Model:	3		
Covariance Type:	nonrobust		

	coef	std err	t	P>|t|	[0.025	0.975]
Intercept	8.84e+04	3.77e+04	2.347	0.019	1.44e+04	1.62e+05
area	241.8369	22.606	10.698	0.000	197.441	286.233
bedrooms	5.654e+04	3.33e+04	1.700	0.090	-8792.491	1.22e+05
bathrooms	-4.317e+04	4.22e+04	-1.022	0.307	-1.26e+05	3.98e+04

Omnibus:	79.605	Durbin-Watson:	2.181
Prob(Omnibus):	0.000	Jarque-Bera (JB):	111.478
Skew:	1.055	Prob(JB):	6.21e-25
Kurtosis:	2.896	Cond. No.	1.24e+04

图 10.7　运行结果

10.3　正则化回归分析

在处理较为复杂的数据的回归问题时，普通的线性回归算法预测精度通常会不够，如果模型中的特征之间有相关关系，就会增加模型的复杂程度。当数据集中的特征之间有较强的线性相关性时，即特征之间出现严重的多重共线性时，用普通最小二乘法估计模型参数，往往参数估计的方差太大，此时求解出来的模型就很不稳定。在具体取值上与真值有较大的偏差，有时会出现与实际意义不符的正负号。

在线性回归中，如果参数 θ 过大、特征过多就很容易造成过拟合，如图 10.8 所示。

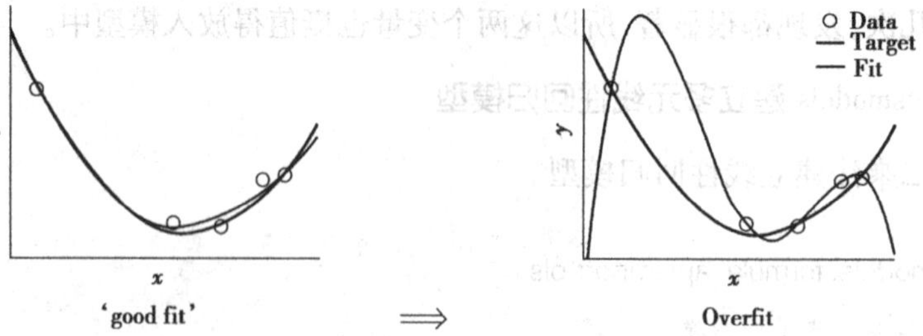

图 10.8　过拟合

岭回归与 Lasso 回归的出现是为了解决线性回归出现的过拟合以及在通过正规方程方法求解 θ 的过程中出现的(X^TX)不可逆这两类问题的，这两种回归均通过在损失函数中引入正则化项来达到目的。

在日常机器学习任务中，如果数据集的特征比样本点还多，$(X^TX)^{-1}$ 时会出错。岭回归最先用来处理特征数多于样本数的情况，现在也用于在估计中加入偏差，从而得到更好的估计。这里通过引入 λ 限制了所有 θ^2 之和，通过引入该惩罚项，能减少不重要的参数，这个技术在统计学上也称缩减(shrinkage)。与岭回归类似,另一个缩减 LASSO 也加入了正则项对回归系数做了限定。

为了防止过拟合(θ 过大),在目标函数 J(\theta)后添加复杂度惩罚因子,即正则项来防止过拟合。正则项可使用 L1-norm(Lasso),L2-norm(Ridge),或结合 L1-norm,L2-norm(Elastic Net)。

简单地理解正则化:

①正则化的目的:防止过拟合。

②正则化的本质:约束(限制)要优化的参数。

第1点,过拟合指的是给定一堆数据,这堆数据带有噪声,利用模型去拟合这堆数据,可能会把噪声数据也给拟合了,这点很致命,一方面会造成模型比较复杂;另一方面,模型的泛化性能太差了,遇到了新的数据让你测试,你所得到的过拟合的模型,正确率是很差的。

第2点,本来解空间是全部区域,但通过正则化添加了一些约束,使解空间变小了,甚至在个别正则化方式下,解变得稀疏了,如图 10.9 所示。

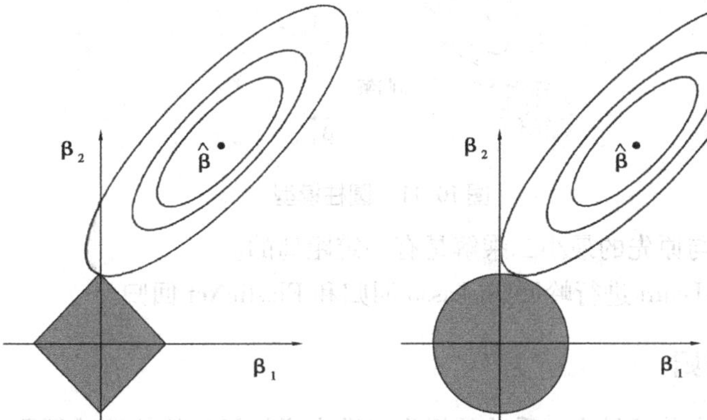

图 10.9 Lasso 和岭回归图

上图中左边为 Lasso 回归,右边为岭回归。椭圆和灰色区域的切点就是目标函数的最优解,可知,如果是圆,则很容易切到圆周的任意一点,但很难切到坐标轴上,因此没有稀疏。但是,如果是菱形或多边形,则很容易切到坐标轴上,因此很容易产生稀疏的结果。这样,就解释了为什么 Lasso 可进行特征选择。岭回归虽然不能进行特征筛选,但对 θ 的模做约束,使它的数值会比较小,很大程度上减轻了 overfitting 的问题。

这里的 β_1,β_2 都是模型的参数,要优化的目标参数,灰色部分区域,其实就是解空间,正如上面所说,这时,解空间"缩小了",你只能在这个缩小了的空间中,寻找使得目标函数最小的 β_1,β_2。再看看椭圆,则再次提醒大家,这个坐标轴和特征(数据)没关系,它完全是参数的坐标系,每一个圆圈上,可取无数个 β_1,β_2,这些 β_1,β_2 有一个共同的特点,用它们计算的目标函数值是相等的。椭圆中的圆心,就是实际最优参数。但是,由于对解空间作了限制,因此,最优解只能在"缩小的"解空间中产生。

以两个变量为例,解释岭回归的几何意义:

①没有约束项时。模型参数 β_1,β_2 已经过标准化。残差平方和 RSS 可表示为 β_1,β_2 的一个二次函数,数学上可用一个抛物面表示,如图 10.10 所示。

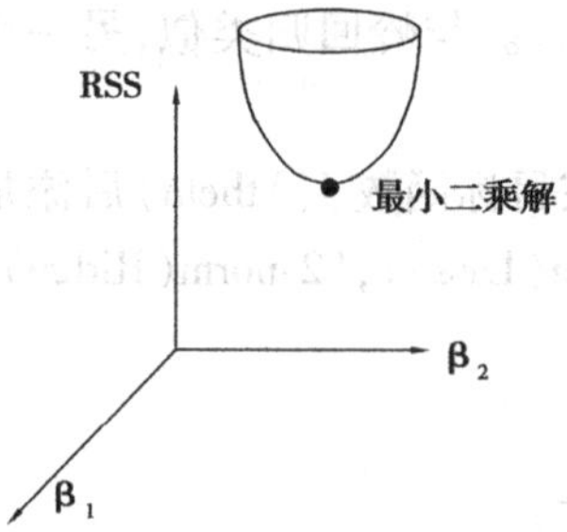

图 10.10　数学模型

②岭回归时。约束项为 $\beta_{21}+\beta_{22}\leq t$，对应着投影为 β_1,β_2 平面上的一个圆，即如图 10.11 所示的圆柱。

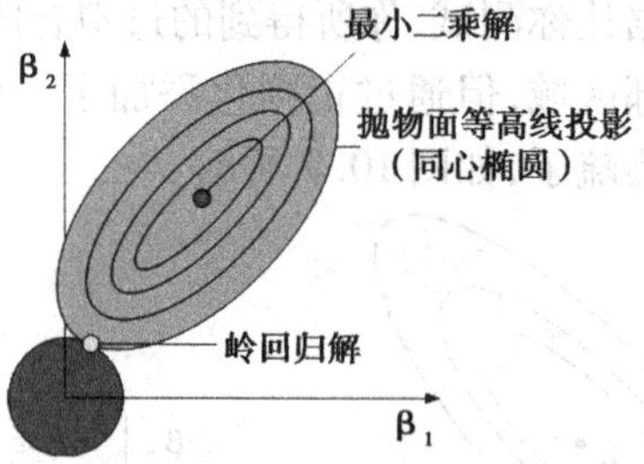

图 10.11　圆柱模型

可知，岭回归解与原先的最小二乘解是有一定距离的。

下面使用 Scikit-Learn 进行岭回归、Lasso 回归和 ElasticNet 回归。

10.3.1　岭回归

岭（Ridge）回归在普通最小二乘法的损失函数中增加了额外的缩减惩罚项，以限制 L2 范数的平方项。

$$L(\bar{\omega})=||X\bar{\omega}-\bar{y}||_2^2+\alpha||\bar{\omega}||_2^2$$

在这种情况下，X 是将所有样本作为列向量的矩阵，w 表示权重向量。系数 α 表示正则化的强弱正则化，如图 10.12 所示。

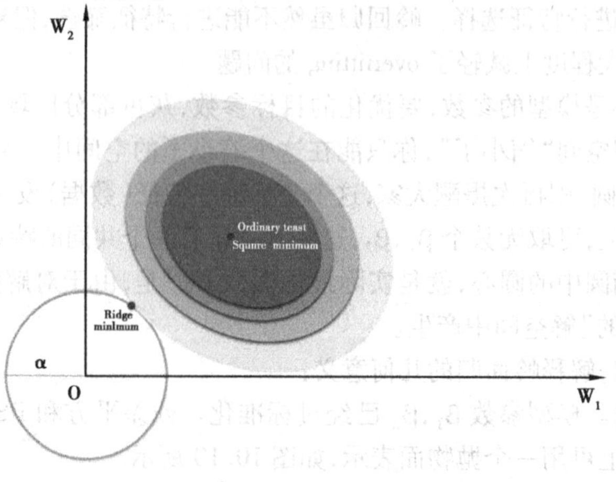

图 10.12　岭回归

代码如下：

```
from sklearn.linear_model import Ridge
from sklearn.datasets import load_boston
from sklearn.model_selection import train_test_split

boston=load_boston()
X=boston.data
y=boston.target

#把数据分为训练数据集和测试数据集(20%数据作为测试数据集)
X_train, X_test, y_train, y_test=train_test_split(X, y, test_size=0.2, random_state=3)

model=Ridge(alpha=0.01, normalize=True)
model.fit(X_train, y_train)

train_score=model.score(X_train, y_train)  #模型对训练样本的准确性
test_score=model.score(X_test, y_test)  #模型对测试集的准确性
print(train_score)
print(test_score)
```

其中，alpha 的值为岭系数，scikit-learn 提供了类 RidgeCV，它可自动执行网格搜索，来寻找最佳值。

```
from sklearn.linear_model import RidgeCV
from sklearn.datasets import load_boston
fromsklearn.model_selection import train_test_split

boston=load_boston()
X=boston.data
y=boston.target

#把数据分为训练数据集和测试数据集(20%数据作为测试数据集)
X_train, X_test, y_train, y_test=train_test_split(X, y, test_size=0.2, random_state=3)

model =RidgeCV(alphas=[1.0, 0.5, 0.1, 0.05, 0.01, 0.005, 0.001, 0.0005, 0.0001],
normalize=True)
model.fit(X_train, y_train)

print(model.alpha_)
```

10.3.2 Lasso 回归

Lasso 回归加入 ω 的 L1 范数作为惩罚项，以确定系数中的数目较多的无用项（零值）（图 10.13）

$$L(\bar{\omega})=\frac{1}{2n}||X\bar{\omega}-\bar{y}||_2^2+\alpha||\bar{\omega}||_2$$

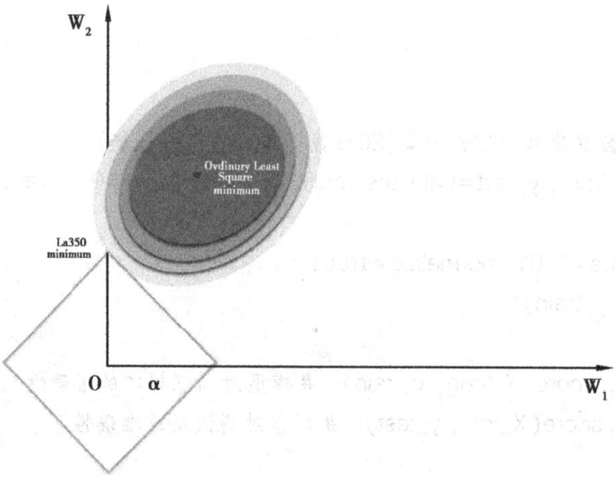

图 10.13 Lasso 回归

具体代码与 Ridge 回归类似，这里不再复述。

10.3.3 ElasticNet 回归

ElasticNet 将 Lasso 和 Ridge 组成一个具有两种惩罚因素的单一模型：一个与 L1 范数成比例，另一个与 L2 范数成比例。使用这种方式方法所得到的模型就像纯粹的 Lasso 回归一样稀疏，但同时具有与岭回归提供的一样的正则化能力。它的损失函数为

$$L(\bar{\omega})=\frac{1}{2n}||X\bar{\omega}-\bar{y}||_2^2+\alpha||\bar{\omega}||_2+\frac{\alpha(1-\beta)}{2}||\bar{\omega}||_2^2$$

从上式可知，ElasticNet 使用时需要提供 α 和 β 两个参数。在 β 中参数的名称为 l1_ratio。代码如下：

```
from sklearn. datasets import load_boston
from sklearn. linear_model import LassoCV, ElasticNetCV
boston =load_boston( )
# Find the optimal alpha value for Lasso regression
lscv =LassoCV( alphas =(1.0, 0.1, 0.01, 0.001, 0.005, 0.0025, 0.001, 0.00025), normalize
=True)
lscv. fit( boston. data, boston. target)
print(' Lasso optimal alpha: %.3f ' % lscv. alpha_)
# Find the optimal alpha and l1_ratio for Elastic Net
encv =ElasticNetCV( alphas =(0.1, 0.01, 0.005, 0.0025, 0.001), l1_ratio =(0.1, 0.25, 0.5,
0.75, 0.8), normalize =True)
```

```
encv.fit(boston.data, boston.target)
print('ElasticNet optimal alpha: %.3f and L1 ratio: %.4f' % (encv.alpha_, encv.l1_ratio_))
```

10.4　案　例

10.4.1　案例一

有 50 家初创公司的数据集。该数据集包含 5 个主要信息:一个财政年度的研发支出、管理支出、营销支出、状态和利润。目标是建立一个模型,可很容易地确定哪家公司的利润最大,哪家公司的利润影响最大。

因为需要计算利润,所以它是因变量,其他 4 个变量是自变量。部署 MLR 模型的主要步骤如下:

1)数据预处理步骤

首先数据预处理,前面已讨论了。此过程包含以下步骤:

(1)导入库

首先将导入有助于构建模型的库。其代码如下:

```
# importing libraries
import numpy as nm
import matplotlib.pyplot as mtp
import pandas as pd
```

(2)导入数据集

现在将导入数据集(50_CompList),它包含了所有的变量。其代码如下:

```
# importing datasets
data_set=pd.read_csv('50_CompList.csv')
```

输出:得到的数据集如图 10.14 所示。

在上面的输出中,可清楚地看到有 5 个变量。其中,4 个变量是连续的,1 个是分类变量。

(3)提取因变量和自变量

```
# Extracting Independent and dependent Variable
x=data_set.iloc[:,:-1].values
y=data_set.iloc[:,4].values
```

运行结果:

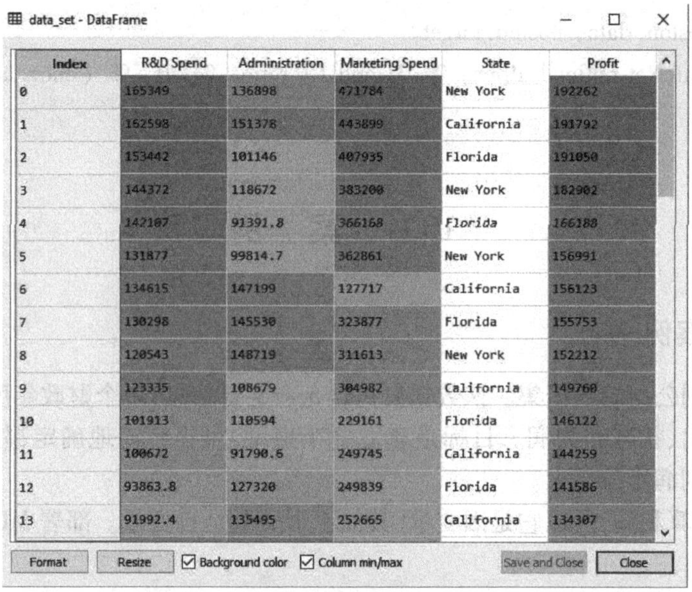

Index	R&D Spend	Administration	Marketing Spend	State	Profit
0	165349	136898	471784	New York	192262
1	162598	151378	443899	California	191792
2	153442	101146	407935	Florida	191050
3	144372	118672	383200	New York	182902
4	142107	91391.8	366168	Florida	166188
5	131877	99814.7	362861	New York	156991
6	134615	147199	127717	California	156123
7	130298	145530	323877	Florida	155753
8	120543	148719	311613	New York	152212
9	123335	108679	304982	California	149760
10	101913	110594	229161	Florida	146122
11	100672	91790.6	249745	California	144259
12	93863.8	127320	249839	Florida	141586
13	91992.4	135495	252665	California	134307

图 10.14　数据集

```
array([[165349.2,136897.8,471784.1,'New York'],[162597.7,151377.59,443898.53,'California'],[153441.51,101145.55,407934.54,'Florida'],[144372.41,118671.85,383199.62,'New York'],[142107.34,91391.77,366168.42,'Florida'],[131876.9,99814.71,362861.36,'New York'],[134615.46,147198.87,127716.82,'California'],[130298.13,145530.06,323876.68,'Florida'],[120542.52,148718.95,311613.29,'New York'],[123334.88,108679.17,304981.62,'California'],[101913.08,110594.11,229160.95,'Florida'],[100671.96,91790.61,249744.55,'California'],[93863.75,127320.38,249839.44,'Florida'],[91992.39,135495.07,252664.93,'California'],[119943.24,156547.42,256512.92,'Florida'],[114523.61,122616.84,261776.23,'New York'],[78013.11,121597.55,264346.06,'California'],[94657.16,145077.58,282574.31,'New York'],[91749.16,114175.79,294919.57,'Florida'],[86419.7,153514.11,0.0,'New York'],[76253.86,113867.3,298664.47,'California'],[78389.47,153773.43,299737.29,'New York'],[73994.56,122782.75,303319.26,'Florida'],[67532.53,105751.03,304768.73,'Florida'],[77044.01,99281.34,140574.81,'New York'],[64664.71,139553.16,137962.62,'California'],[75328.87,144135.98,134050.07,'Florida'],[72107.6,127864.55,353183.81,'New York'],[66051.52,182645.56,118148.2,'Florida'],[65605.48,153032.06,107138.38,'New York'],[61994.48,115641.28,91131.24,'Florida'],[61136.38,152701.92,88218.23,'New York'],[63408.86,129219.61,46085.25,'California'],[55493.95,103057.49,214634.81,'Florida'],[46426.07,157693.92,210797.67,'California'],[46014.02,85047.44,205517.64,'New York'],[28663.76,127056.21,201126.82,'Florida'],[44069.95,51283.14,197029.42,'California'],[20229.59,65947.93,185265.1,'New York'],[38558.51,82982.09,174999.3,'California'],[28754.33,118546.05,172795.67,'California'],[27892.92,84710.77,164470.71,'Florida'],[23640.93,96189.63,148001.11,'California'],[15505.73,127382.3,35534.17,'New York'],[22177.74,154806.14,28334.72,'California'],[1000.23,124153.04,1903.93,'New York'],[1315.46,115816.21,297114.46,'Florida'],[0.0,135426.92,0.0,'California'],[542.05,51743.15,0.0,'New York'],[0.0,116983.8,45173.06,'California']],dtype=object)
```

正如在上面的输出中看到的,最后一列包含了不适合直接应用于模型拟合的分类变量。需要对这个变量进行编码。

(4)编码虚拟变量

因为有一个不能直接应用到模型中的分类变量(state),所以将对它进行编码。要将分类变量编码为数字,将使用 LabelEncoder 类。但这是不够的,因它仍然有一些关系顺序,这可能会创建一个错误的模型。为了解决这个问题,将使用 OneHotEncoder,它将创建虚拟变量。其代码如下:

```
#Catgorical data
from sklearn. preprocessing import LabelEncoder,OneHotEncoder
labelencoder_x=LabelEncoder()
x[:,3]=labelencoder_x. fit_transform(x[:,3])
onehotencoder=OneHotEncoder(categorical_features=[3])
x=onehotencoder. fit_transform(x). toarray()
```

这里仅编码一个独立变量,该变量是 state,其他变量是连续的。

输出结果如图 10.15 所示。

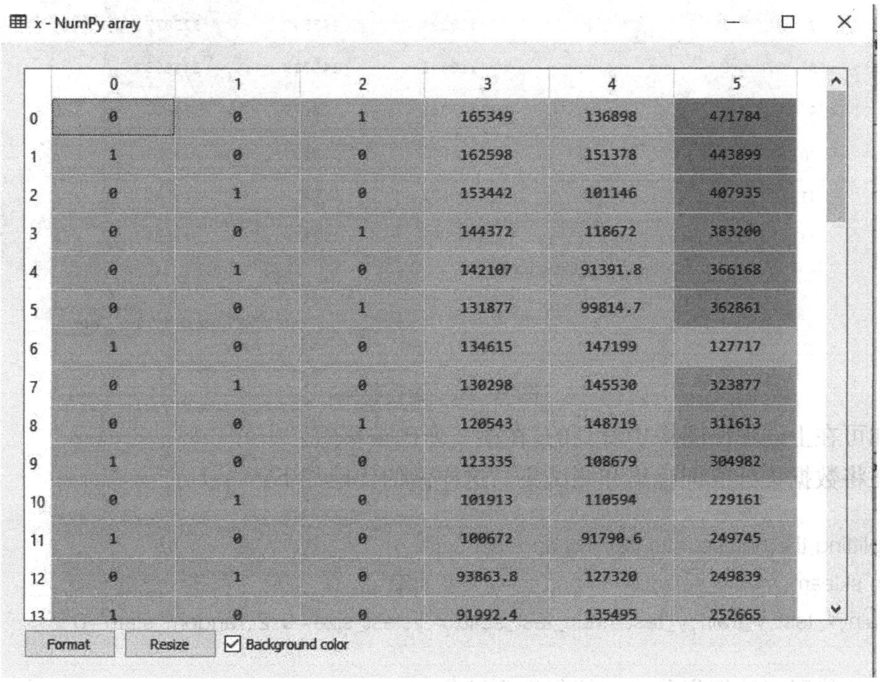

	0	1	2	3	4	5
0	0	0	1	165349	136898	471784
1	1	0	0	162598	151378	443899
2	0	1	0	153442	101146	407935
3	0	0	1	144372	118672	383200
4	0	1	0	142107	91391.8	366168
5	0	0	1	131877	99814.7	362861
6	1	0	0	134615	147199	127717
7	0	1	0	130298	145530	323877
8	0	0	1	120543	148719	311613
9	1	0	0	123335	108679	304982
10	0	1	0	101913	110594	229161
11	1	0	0	100672	91790.6	249745
12	0	1	0	93863.8	127320	249839
13	1	0	0	91992.4	135495	252665

图 10.15 运行结果

由上面的输出中可知,state 列已被转换为哑变量(0 和 1),这里每个哑变量列对应一个状态。可通过与原始数据集进行比较来进行检查。第一列对应加利福尼亚州,第二列对应佛罗里达州,第三列对应纽约州。

注意:不应同时使用所有的虚拟变量,所以必须比虚拟变量的总数少 1,否则会产生一个虚拟变量陷阱。

(5)编写一行代码,避免虚拟变量陷阱

```
#avoiding the dummy variable trap:
x=x[:,1:]
```

如果不删除第一个虚拟变量,那么它可能在模型中引入多重共线性。

运行结果如图 10.16 所示。

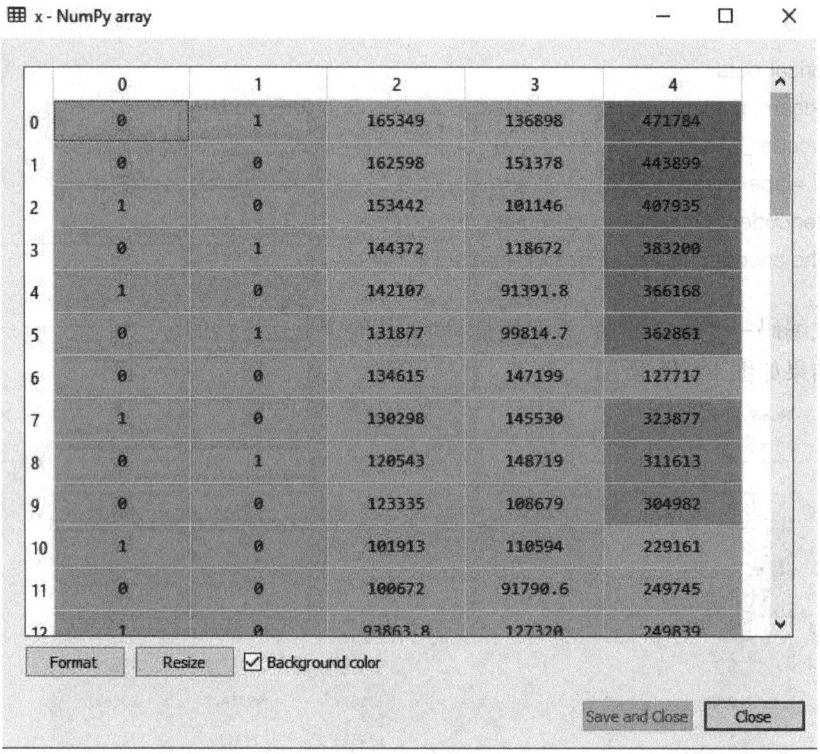

x - NumPy array

	0	1	2	3	4
0	0	1	165349	136898	471784
1	0	0	162598	151378	443899
2	1	0	153442	101146	407935
3	0	1	144372	118672	383200
4	1	0	142107	91391.8	366168
5	0	1	131877	99814.7	362861
6	0	0	134615	147199	127717
7	1	0	130298	145530	323877
8	0	1	120543	148719	311613
9	0	0	123335	108679	304982
10	1	0	101913	110594	229161
11	0	0	100672	91790.6	249745
12	1	0	93863.8	127320	249839

Format　Resize　☑ Background color

Save and Close　Close

图 10.16　运行结果

正如可在上述输出图像中看到的,在第一列已被移除。

现在将数据集分成训练集和测试集。这样做的代码如下:

```
# Splitting the dataset into training and test set.
from sklearn.model_selection import train_test_split
x_train,x_test,y_train,y_test=train_test_split(x,y,test_size=0.2,random_state=0)
```

上面的代码将数据集分成训练集和测试集。

输出:上面的代码将数据集分割为训练集和测试集。可通过点击 Spyder 的 IDE 给出的可变资源管理器选项检查输出。测试集和训练集看起来像图 10.17 和图 10.18 中的图片。

2)拟合 MLR 模型训练集

为了提供训练,已准备好了数据集,这意味着将回归模型放入训练集。其代码如下:

```
#Fitting the MLR model to the training set:
from sklearn. linear_model import LinearRegression
regressor =LinearRegression( )
regressor. fit( x_train,y_train)
```

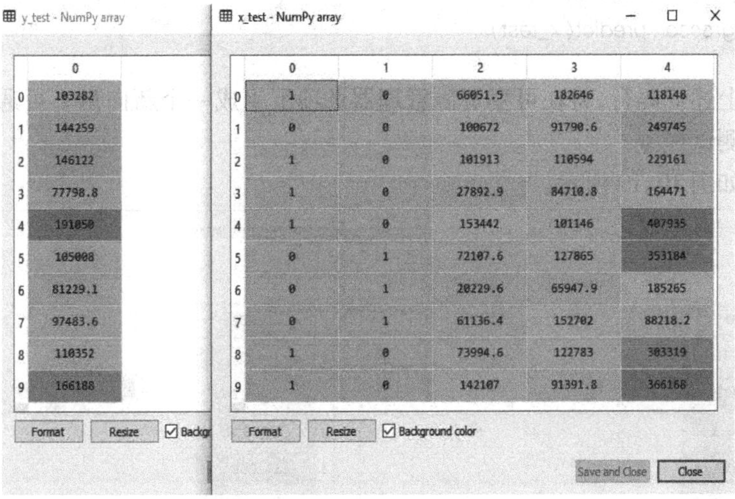

图 10.17 测试集

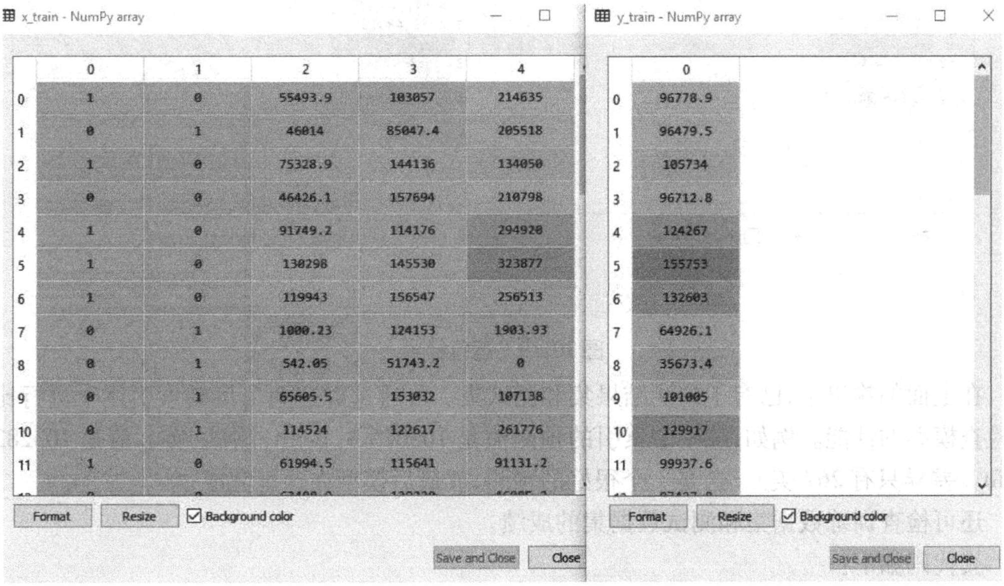

图 10.18 训练集

运行结果:

```
LinearRegression( copy_X=True,fit_intercept=True,n_jobs=None,normalize=False)
```

现在已成功地使用训练数据集训练了模型。在下一步中,将使用测试数据集测试模型的性能。

3)预测测试集的结果

模型的最后一步是检查模型的性能。将通过预测测试集的结果来做到这一点。对预测，将创建一个 y_pred 向量。其代码如下：

```
#Predicting the Test set result;
y_pred=regressor. predict(x_test)
```

通过执行上述代码行,将在可变资源管理器选项下生成一个新向量。可通过比较预测值和测试集值来测试模型：

运行结果如图 10. 19 所示。

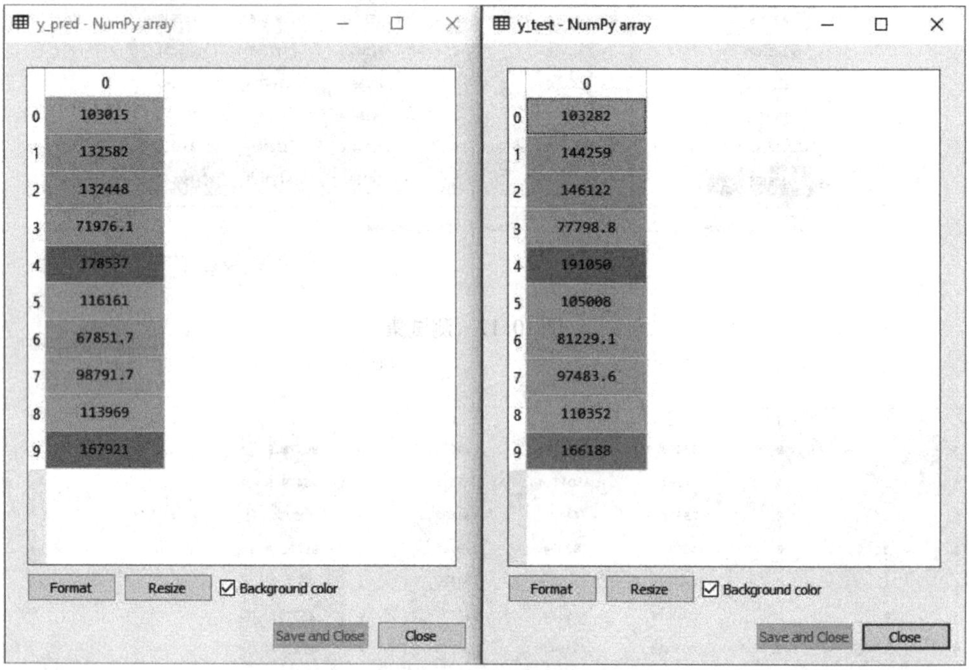

图 10. 19　运行结果

在上面的输出中,已有了预测结果集和测试集。可通过对这两个值的索引逐个进行比较来检查模型的性能。例如,第一个索引的预测值是 103015 $ profit,测试/实际值是 103282 $ profit。差异只有 267 美元,这是一个很好的预测,故最后模型在这里完成。

还可检查训练数据集和测试数据集的成绩。

其代码如下：

```
print('Train Score:',regressor. score(x_train,y_train))
print('Test Score:',regressor. score(x_test,y_test))
```

运行结果:比分是:

```
Train Score:  0.9501847627493607
Test Score:  0.9347068473282446
```

上述分数表明，模型对训练数据集的准确率为 95%，对测试数据集的准确率为 93%。

10.4.2　案例二

使用岭回归算法预测防火墙日志中，每小时总体请求数的变化。

1）说明

防火墙日志会记录所有的外网对内网或内网对外网的访问请求，根据不同日期、时间段以及使用情况，请求数与 ip 数都在不停地变化。通过机器算法的学习，掌握其变化的规律，预测出当天的变化规律。

2）数据信息

已通过前期的数据处理，已完成了请求统计记录与效果展示。

日志请求统计汇总表数据如图 10.20 所示。

id	date	hour	tag	devname	request_for_total	ip_for_total
9,790	2020/1/10	23	device	38752	30,951	3,073
9,789	2020/1/10	23	device	38637	15,034	1,554
9,788	2020/1/10	23	device	39222	11,970	1,488
9,787	2020/1/10	23	device	38579	1,241	1,047
9,786	2020/1/10	23	device	38642	109,859	38,627
9,785	2020/1/10	23	device	38560	5,373	1,269
9,784	2020/1/10	23	total	174,428	47,058	

图 10.20　日志请求统计汇总表数据

日志请求统计汇总表效果图如图 10.21 所示。

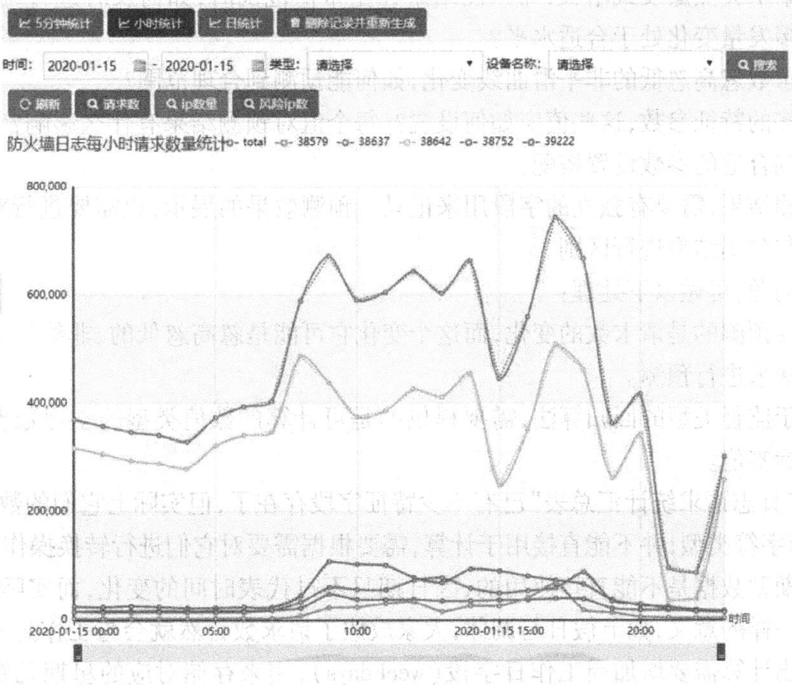

图 10.21　日志请求统计汇总表效果图

3)设计思路

根据这些已有数据,需要做的是,首先将数据和数据中所包含的特征,转换成机器学习可计算的数值数据,然后使用回归算法对这些数据进行运算,找出这些数据的变化规律,最后根据这些规律,预测其未来的变化值。

4)业务问题思考

对已记录的数据,需要思考的问题有:

①对这种数值结果的预测,可使用回归算法来处理,而请求数变化这种类型应使用什么回归算法较合适呢?

②使用的回归算法,需要提供什么数据来进行学习和预测?

③根据“日志请求统计汇总表”的字段设计,能用于分享的特征有日期、小时、汇总统计和防火墙设备名称。而可用于机器学习的标签(答案)有总请求数和总 ip 数,怎么将已有的这些内容转换成机器学习可使用的数据?

④这些已有数据是否够用?需要新增哪些字段来帮助机器学习,提升预测的准确率?

⑤对字符串类型的特征,要怎么转换?设计什么值比较合理?不同的设计方案会有什么样的区别?对预测结果有什么样的影响?

⑥对这些学习的数据集,所有数据混杂在一起学习?还是需要做隔离操作(即对不同的分类与设备,各自独立学习与预测)?它们会对预测有什么样的影响?

⑦工作日与节假日对请求数值变化有什么影响?工作时间与休息时间对请求数值变化有什么影响?需要区分吗?而工作日与工作日大家的操作是否也会有所不同呢?如果只将日期分为工作日与节假日两种类型,那么对所有工作日的预测结果是否都是一样的呢?

⑧实际请求突然爆发式增长,而预测结果在正常值范围时,如何及时进行调节适应?将预测取值随爆发量变化处于合适水平?

⑨对请求数忽高忽低的非平滑曲线变化,如何能预测到合理范围?

⑩对诸多的特征参数,这些值应如何设置?每个值对预测结果有什么影响?怎么进行调配?如何找到合适的参数设置搭配?

⑪对预测结果,需要有独立的字段用来记录。预测效果的展示,也需要进行对应的处理,将实际结果与预测结果进行区别。

对这些问题,可做以下处理:

①由于要预测的是请求数的变化,而这个变化它可能是忽高忽低的、非线性的,所以可选择岭回归算法来进行预测。

②对属于监督类型的回归算法,需要提供的是可计算的数值类型的学习数据,以及这些数据对应的标签值。

③虽然“日志请求统计汇总表”已有不少特征字段存在了,但实际上它们的数据类型包括日期、数值与字符类型,并不能直接用于计算,需要根据需要对它们进行转换操作。

④对日期型数据是不能直接使用的,因日期只不过代表时间的变化,而实际上不同的日期却有着不一样的意义,如节假日与调休,大家放假了请求数自然就会与工作日不一样,为了方便数据导出计算需要增加周工作日字段(weekdays),用来存储对应的星期几数值,区分节假日与工作日。

⑤对周工作日字段(weekdays)这个特征参数,这个值的变化范围为0~6,是否直接使用这个值?直接使用会带来什么影响?这是需要认真思考的问题。因为直接使用0至6的数值,这样的数值模型的变化,实际结果会导致各个数据之间的权重关系的不同,一般来说值越大权重也越大,最终会直接影响预测结果。而在实际项目中,周一至周日,它们在权重上应都是相同的,只是各自标识不同日期时间而已。因此,在转为机器学习数据时,可转化为[0, 0, 0, 0, 0, 0]这样的特征码(节假日变化并不大,可合并为1个标识,当然也可分开设置,这个大家根据自己的设计思路进行修改即可),根据星期几的不同,在对应的位置标识为1,即周一为[1, 0, 0, 0, 0, 0],周二为[0, 1, 0, 0, 0, 0],以此类推,而节假日、调休,则为[0, 0, 0, 0, 0, 1]。

⑥为了压缩单次学习数据的数量,隔离不同设置的请求量变化的相互影响,在生成学习数据时,可将汇总统计和防火墙设备分离出来,各自独立学习与预测。

⑦对预测结果,需要新增预测总请求数(calculate_request_for_total)、预测总ip数(calculate_ip_for_total)两个字段。

对其他的问题思考解答,会在下面的实操部分分开讲解。

当然,除了这些,实际在开发中,还可能会遇到很多其他的各种问题或难点,需要机器学习算法设计人员更深入地了解业务,了解各种机器学习算法,了解各算法在实际项目中怎么灵活应用,熟练掌握特征的各种处理办法与转换方法,熟悉各参数的调配与测试,从中找出最优的解决方案。

5)编码实现

因数据已经有了,故只需要根据日期同步更新对应的周工作日字段(weekdays)即可,直接跳过数据清洗阶段。

①数据加工。数据加工主要是数据从数据库中读取出来,并根据岭回归算法所要求的数据格式进行处理,组合成学习数据集与标签集,来进行学习训练。同时,准备好预测数据,利用训练结果,预测出目标值。具体代码如下:

```
def get_ml_weekdays(weekdays, value):
    """
    初始化周工作日字段特征标识
    :param weekdays:星期几,周一至周五值为0~4,节假日值为7
    :param value:默认标识值
    """
    # 初始化周工作日特征标识数组
    week=[0, 0, 0, 0, 0, 0]
    # 为了避免对象引用问题,使用对象复制出一个副本来设置
    _week=week.copy()
    # 如果是节假日,则设置数组索引为最后一个标识
    if weekdays ==7:
        weekdays=5
    # 设置周工作日特征标识值,该参数可以用来调节预测值的匹配程度
    _week[weekdays] =value
```

```
    return _week
def calculate(now, tag, devname, is_all_day=False):
    """
    预测防火墙每小时请求数与 ip 数
    :param now:预测日期
    :param tag:预测标签类型(total=汇总数据,device=指定各防火墙设备分类)
    :param devname:防火墙设备名称
    :param is_all_day:是否预测全天各时间段的变化结果
    """
    # 设置查询起始时间,即学习数据集的时间范围为 1 个月内的记录
    start_date=datetime_helper. timedelta('d', now, -31). date()
    # 获取当前预测日期为星期几(节假日值为7)
    weekdays=datetime_helper. get_weekdays(now)
    # 循环遍历 1 天 24h
    for i in range(24):
        # 判断是否需要预测整天所有时间段的数据,如果为否,则直接跳过已过的时间,只对未到
来的时间进行预测
        if not is_all_day and i < now. hour:
            continue
        # 限制查询数据范围,只查询当前预测时间前后 1h 内的数据,即对 0 点做预测时,只使用
23 点到凌晨 1 点的数据,以此类推
        # 主要用于对学习数据进行隔离,增加预测数据的变化,不然会扰乱预测判断,导致最终预
测出的结果是一个线性值
        if i ==0:
            hour='23,0,1'
        elif i ==23:
            hour='22, 23, 0'
        else:
            hour='{},{},{}'.format(i-1, i, i+1)
        # 设置 sql 查询语句
        sql="""
                select * from firewall_log_request_report_for_hour
                where date>='{}' and tag='{}' and devname='{}' and hour in ({})
                order by date, hour
            """. format(start_date, tag, devname, hour)
        # 从数据库中获取学习数据集
        flrr=firewall_log_request_report_for_hour_logic. FirewallLogLogic()
        result=flrr. select(sql)
        if not result:
          continue
        # 初始化机器学习特征集和标签集
        ml_data=[]
```

```
        ml_label_request=[ ]
        ml_label_ip=[ ]
        # 遍历数据,设置周工作日特征标识,添加学习特征集
        for model in result:
            # 因为查询出来的学习数据集,包含当前未发生的数据,这些数据的请求数为0,需要直接过滤掉,不然会干扰预测结果
            if model.get('date').date()==now.date() and now.hour-1 <=model.get('hour') and model.get('request_for_total')==0:
                continue
            # 判断当前记录是否是当前需要预测日期,是的话将其周工作日字段值设置为1
            if model.get('date').date()==now.date():
                _week=get_ml_weekdays(model.get('weekdays'), 1)
            # 非当前预测日期的所有历史数据,都设置为0.5,即将其权重调低
            # 用于弱化历史数据对预测日期的影响,只抽取历史日期中数据的变化规律
            # 加强预测日期当天的数值强度,使其能应对请求数突发性爆发式增长或降低时,缩小预测值与实际发生数值的差距
            else:
                _week=get_ml_weekdays(model.get('weekdays'), 0.5)
            # 将当前时间(小时)与周工作日特征参数组合成机器学习数据
            # 例如周二凌晨1点的数据为:[1, 0, 1, 0, 0, 0, 0]
            _arr=[model.get('hour')]
            _arr.extend(_week)
            # 将机器学习数据添加到学习数据集中
            #[[0, 0, 1, 0, 0, 0, 0]
            #  [1, 0, 1, 0, 0, 0, 0]
            #  [2, 0, 1, 0, 0, 0, 0]
            #  ...]
            ml_data.append(_arr)
            # 将总请求数与总ip数添加到标签(答案)集中
            ml_label_request.append(model.get('request_for_total'))
            ml_label_ip.append(model.get('ip_for_total'))
        # 设置预测数据
        # 预测2020年1月15日早上8点的请求数,测试数据格式为:[8, 0, 0, 1, 0, 0, 0]
        calculate_data=[i]
        calculate_data.extend(get_ml_weekdays(weekdays, 1))
```

上面代码有几个关键地方需要留意：

A. 查询数据范围限制代码

```
if i ==0:
    hour='23,0,1'
elif i ==23:
```

```
            hour='22, 23, 0'
        else:
            hour='{},{},{}'.format(i-1, i, i+1)
```

在代码注释中已详细说明了限制的目的，主要用于对学习数据进行隔离，增加预测数据的变化，如果去掉这一段代码，将所有时间段内的数据加载出来提供给算法进行学习，预测结果就会出现如图 10.22 所示的状态，各时间段内的数据会扰乱预测判断，导致最终预测出的结果是一个线性值。

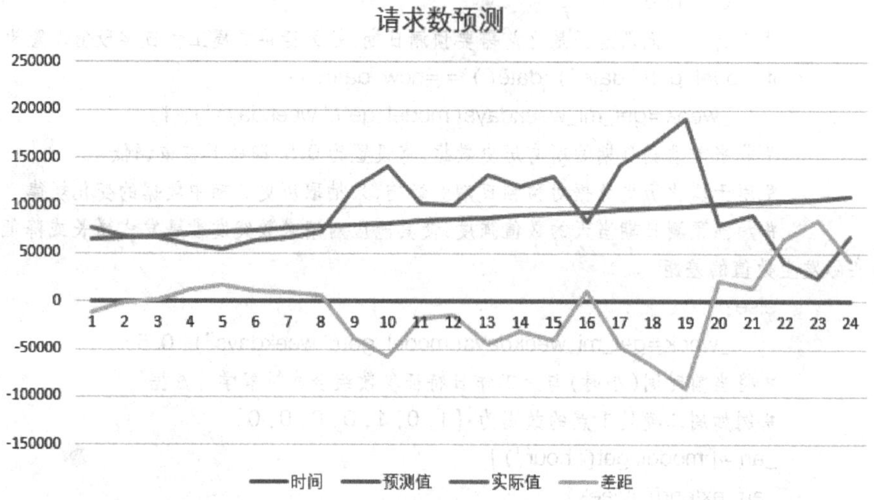

图 10.22　请求数预测结果

B. 数据增加权重配置

```
    #判断当前记录是否是当前需要预测日期，是的话将其周工作日字段值设置为 1
    if model.get('date').date() ==now.date():
        _week=get_ml_weekdays(model.get('weekdays'), 1)
    #非当前预测日期的所有历史数据，都设置为 0.5，即将其权重调低
    #用于弱化历史数据对预测日期的影响，只抽取历史日期中数据的变化规律
    #加强预测日期当天的数值强度，使其能应对请求数突发性爆发式增长或降低时，缩小预测值与实际发生数值的差距
    else:
        _week=get_ml_weekdays(model.get('weekdays'), 0.5)
```

未加权重配置时，算法训练会在全部数据集中寻找规律，并根据历史数据来预测当前的数据变化，然后实际项目中会存在很多意外的事情发生，可能在某个时间段因为某些特定的原因，请求数暴增或暴跌，这时预测值与实际值之间就会存在很大的差距，有时这个差距会扩大到几倍，甚至十几倍都有可能，而实时查看图表时，实际值与预测值之间会有极大的落差，如图 10.23 所示。

而通过给当天的数据配置更高的权重，会让这些数据从算法运算中脱颖而出，让实际发生的数值与预测值在量上处于同一级别，而历史的大量数据则用来给算法训练出其历史变化

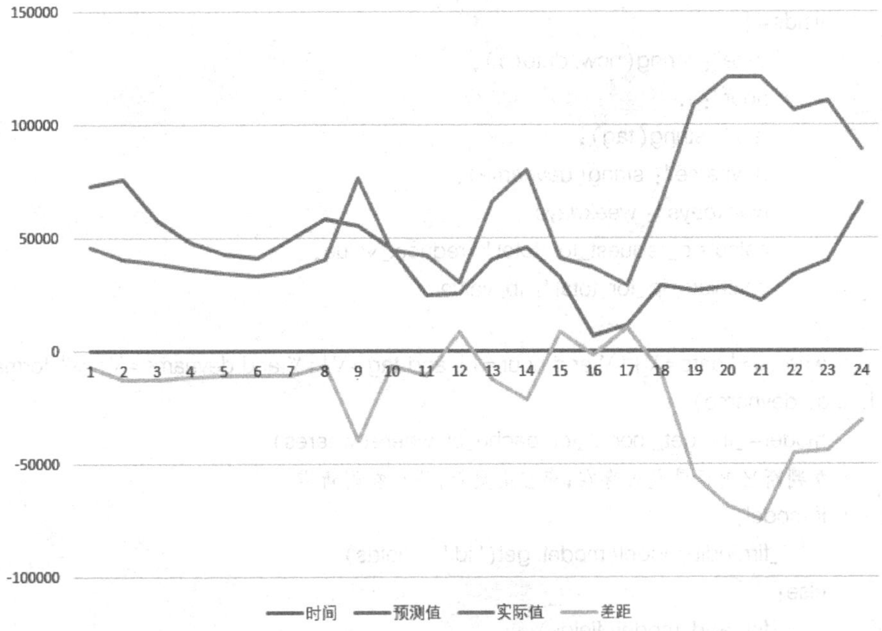

图10.23　预测结果

规律，从而让预测结果更加趋向真实值，从而提高预测准确率。

②使用岭回归算法，对目标进行预测。前面已将训练数据集、训练标签集和预测数据加工处理好了，接下来就是调用回归算法函数，对训练数据集进行学习，然后预测目标结果，最后将结果更新到数据库中。

```
    #调用回归算法操作类的预测函数，预测总请求数
        request_value = regression_helper.calculate(ml_data, ml_label_request, calculate_data)
        #判断返回值是否正常(不为 nan)，并做非负值判断
        if not numpy.isnan(request_value) and request_value.A[0][0] > 0:
            #记录预测结果
            request_value = request_value.A[0][0]
        else:
            request_value = 0
        #调用回归算法操作类的预测函数，预测总 ip 数
        ip_value = regression_helper.calculate(ml_data, ml_label_ip, calculate_data)
        #判断返回值是否正常(不为 nan)，并做非负值判断
        if not numpy.isnan(ip_value) and ip_value.A[0][0] > 0:
            #记录预测结果
            ip_value = ip_value.A[0][0]
        else:
            ip_value = 0
        #同步更新数据库，记录当前预测结果
        _flrr = firewall_log_request_report_for_hour_logic.FirewallLogLogic()
```

```
            fields={
                'date': string(now.date()),
                'hour': i,
                'tag': string(tag),
                'devname': string(devname),
                'weekdays': weekdays,
                'calculate_request_for_total': request_value,
                'calculate_ip_for_total': ip_value
            }
            wheres='date=\'{}\' and hour={} and tag=\'{}\' and devname=\'{}\''.format(now.
date(), i, tag, devname)
            model=_flrr.get_model_for_cache_of_where(wheres)
            #判断当前记录是否存在,存在则更新,不存在则新增
            if model:
                _flrr.edit_model(model.get('id'), fields)
            else:
                _flrr.add_model(fields)
```

机器学习岭回归算法操作类代码:

```
    def calculate(ml_data, ml_label, calculate_data):
        """
        岭回归算法预测函数
        :param ml_data:训练数据特征集(样本的特征数据)
        :param ml_label:训练数据特征标签集,即每个样本对应的类别标签,目标变量,实际值
        :param calculate_data:预测数据
        :return:预测结果值
        """
        ws=ridge_regres(ml_data, ml_label)
        if (isinstance(ws, float) or isinstance(ws, numpy.float64)) and (numpy.isnan(ws) or
numpy.isnan(ws[0][0])):
            return numpy.nan
        #将预测数据转为矩阵
        calculateMat=numpy.mat(calculate_data)
        #将训练数据集转为矩阵
        xMat=numpy.mat(ml_data)
        #计算 xMat 平均值
        xMeans=numpy.mean(xMat, 0)
        #计算 X 的方差
        xVar=numpy.var(xMat, 0)
        #预测特征减去 xMat 的均值并除以方差
```

```
    calculateMat=(calculateMat-xMeans) / xVar
    # 计算预测值
    calculate_result=calculateMat * numpy.mat(ws).T+numpy.mean(ml_label)
    return calculate_result

def ridge_regres(ml_data, ml_label):
    """
    岭回归求解函数,计算回归系数
    :param ml_data:训练数据特征集(样本的特征数据)
    :param ml_label:训练数据特征标签集,即每个样本对应的类别标签,目标变量,实际值
    :return:经过岭回归公式计算得到的回归系数矩阵
    """
    try:
        # 将训练数据集转为矩阵
        xMat=numpy.mat(ml_data)
        # 将标签集转为行向量
        yMat=numpy.mat(ml_label).T
        # 计算 Y 的均值
        yMean=numpy.mean(yMat, 0)
        # Y 的所有特征减去均值
        yMat=yMat-yMean
        # 计算 xMat 平均值
        xMeans=numpy.mean(xMat, 0)
        # 计算 X 的方差
        xVar=numpy.var(xMat, 0)
        # 所有特征都减去各自的均值并除以方差
        xMat=(xMat-xMeans) / xVar
        # 计算 x 的平方值
        xTx=xMat.T * xMat
        # 岭回归就是在矩阵 xTx 上加一个 λI 从而使得矩阵非奇异,进而能对 xTx+λI 求逆
        denom=xTx+numpy.eye(numpy.shape(xMat)[1]) * numpy.exp(-9)
        # 检查行列式是否为零,即矩阵是否可逆,行列式为0的话就不可逆,不为0的话就是可逆
        if numpy.linalg.det(denom) ==0.0:
            print("This matrix is singular, cannot do inverse")
            return
        # 求解取得回归系数
        ws=denom.I * (xMat.T * yMat)
        return ws.T
    except Exception as e:
        # 当训练数据集中,某一列的值全部相同时,这一列求解会得出0值,而对这个值进行运算
就会出现异常
        return numpy.nan
```

6)预测结果展示

如图 10.24 和 10.25 所示,从两图预测结果曲线图的对比上看,总体预测结果与实际结果相差并不大,应对突发性的数量变化,预测会有偏差,这需要后续对算法再做进一步的优化调整。经过处理,当前算法也会根据上一小时的结果及时做出调整,调整下一小时的预测数值。

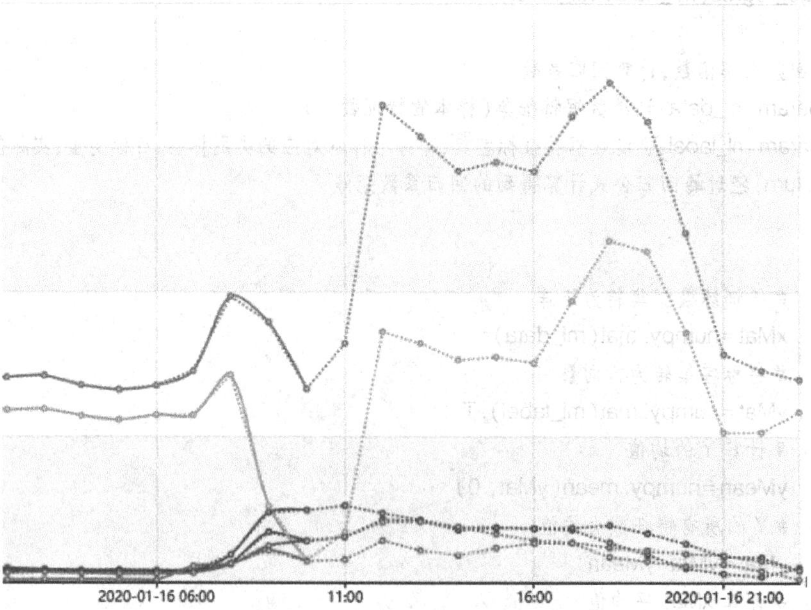

图 10.24　预测结果(一)

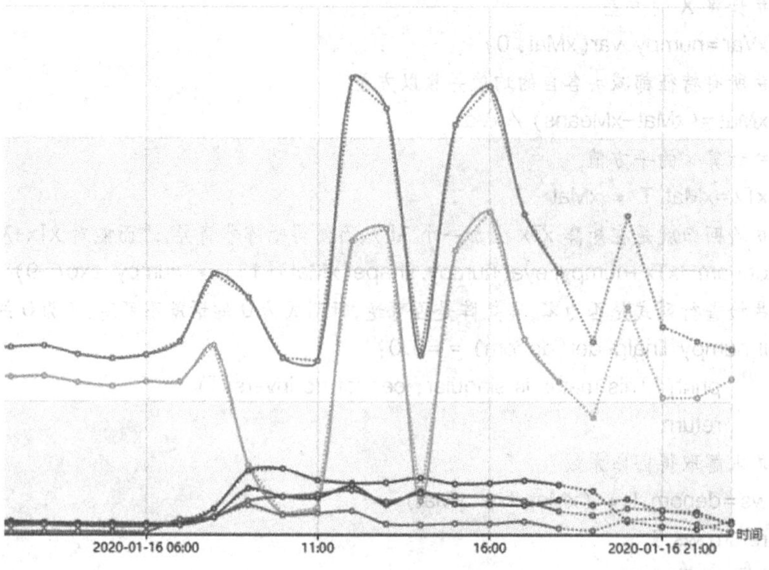

图 10.25　预测结果(二)

第 11 章

分类算法

11.1 k 近邻算法

11.1.1 算法原理

K 近邻(k-Nearest Neighborhood,KNN)分类算法是一种基本分类与回归方法,也是最简单的机器学习算法之一。该方法的思路是:在特征空间中,如果一个样本附近的 k 个最近(即特征空间中最邻近)样本的大多数属于某一个类别,则该样本也属于这个类别。一般来说,只选择样本数据集中前 k 个最相似的数据,这就是 k-近邻算法中 k 的出处,通常 k 是不大于 20 的整数。选择 k 个最相似数据中出现次数最多的分类,作为新数据的分类。

k 近邻算法的核心思想是:未知样本对应的 target 值由"距离"其最近的"k"个样本按照既定的"决策机制"进行决定。正所谓:近朱者赤,近墨者黑。

以上核心思想描述中,3 个由双引号圈起的概念恰好就构成 k 近邻算法的 3 个基本要素:

1)距离度量或相似度

其中,最常用的自然是欧几里得度量(euclidean metric)(也称欧氏距离),本文仅考虑欧氏距离。考虑 N 维向量空间 RN 中的两个向量 **x** 和 **y**,它们的欧氏距离定义为

$$d(x,y)=||(x-y)||^2$$

$$d(x,y)=\sum_{n=1}^{N}(x^n-y^n)^2$$

除了欧氏距离外,机器学习中常用的距离(相似性)度量还有曼哈顿距离(Manhattan distance)、切比雪夫距离(Chebyshev distance)、闵可夫斯基距离(Minkowski distance)、汉明距离(Hamming distance)、余弦相似度(Cosine Similarity)等。需要根据实际问题的类型选择合适的距离度量,当然合适的距离度量选择是机器学习中的一个普遍问题,而不仅限于 k 近邻。

2)参数 k

参数 k 反映了模型的复杂度。小的 k 值表示更复杂的模型;大的 k 值对应更简单的模

型。k 值的选择反映了对近似误差与估计误差之间的权衡,通常通过交叉验证搜索最优值。

3)决策机制

决策机制即 k 个近邻基于什么样的机制来决定当前样本的值。通常最常用的就是多数表决(majority voting)。通俗地说,就是少数服从多数。多数表决机制,对应于经验风险最小化(与之对应的有结构风险最小化)。

k 近邻模型对应于基于训练数据集对特征空间的一个划分。近邻法中,当训练集、距离度量、值及分类决策规则确定后,其结果唯一确定。k 近邻算法既可用于回归问题(target 值就是样本对应的预测值),也可用于分类问题(target 值就是样本的分类)。不过,一般情况下用于分类问题更加常见。

11.1.2 实现及参数

1)算法图示

首先从训练集中找到和新数据最接近的 k 条记录,然后根据多数类来决定新数据类别算法涉及以下 3 个主要因素:

①训练数据集。

②距离或相似度的计算衡量。

③k 的大小。

2)算法描述(图 11.1)

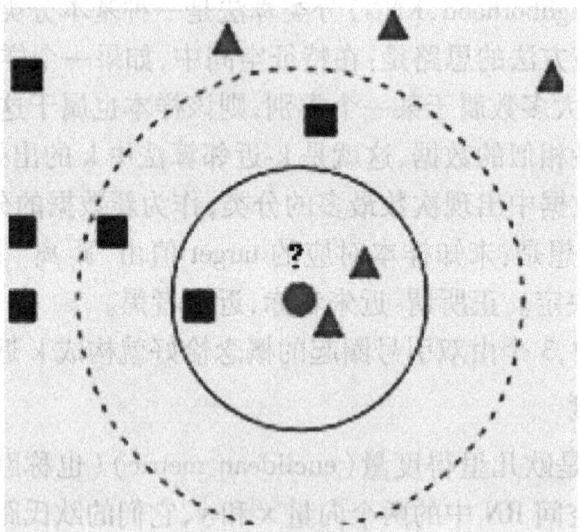

图 11.1 算法描述

①已知两类"先验"数据,分别是蓝方块和红三角,它们分布在一个二维空间中。

②有一个未知类别的数据(绿点),需要判断它是属于"蓝方块"还是"红三角"类。

③考察离绿点最近的 3 个(或 k 个)数据点的类别,占多数的类别即为绿点判定类别。

3)算法要点

(1)计算步骤

①算距离。给定测试对象,计算它与训练集中的每个对象的距离。

②找邻居。圈定距离最近的 k 个训练对象,作为测试对象的近邻。

③做分类。根据这 k 个近邻归属的主要类别,来对测试对象分类。

(2)相似度的衡量

距离越近应意味着这两个点属于一个分类的可能性越大,但距离不能代表一切,有些数据的相似度衡量并不适合用距离。

相似度衡量方法包括欧式距离、夹角余弦等。

(简单应用中,一般使用欧式距离,但对于文本分类来说,使用余弦来计算相似度就比欧式距离更合适)

(3)类别的判定

①简单投票法。少数服从多数,近邻中哪个类别的点最多就分为该类。

②加权投票法。根据距离的远近,对近邻的投票进行加权,距离越近则权重越大(权重为距离平方的倒数)。

4)实现

计算地理位置的相似度,有下面的先验数据,使用 k 近邻算法对未知类别数据分类,见表 11.1。

表 11.1　数据 1

属性 1	属性 2	属性 3
1.0	0.9	A
1.0	1.0	A
0.1	0.2	B
0.0	0.1	B

未知类别数据见表 11.2。

表 11.2　数据 1

属性 1	属性 2	类别
1.2	0.9	?
0.1	0.3	?

首先新建一个 KNN. py 脚本文件,文件里面包含两个函数:一个用来生成小数据集,另一个实现 KNN 分类算法。其代码如下:

```
# KNN: k Nearest Neighbors
# 输入:newInput: (1xN)的待分类向量
#         dataSet:  (NxM)的训练数据集
#         labels:   训练数据集的类别标签向量
#         k:        近邻数
# 输出:可能性最大的分类标签
##############################
from numpy import
```

```
import operator
#创建一个数据集,包含2个类别共4个样本
def createDataSet():
        #生成一个矩阵,每行表示一个样本
        group=array([[1.0,0.9],[1.0,1.0],[0.1,0.2],[0.0,0.1]])
        #4个样本分别所属的类别
        labels=['A','A','B','B']
        return group, labels
#KNN分类算法函数定义
def KNNClassify(newInput, dataSet, labels, k):
        numSamples=dataSet.shape[0]  #shape[0]表示行数

        ## step1:计算距离
        #tile(A, reps):构造一个矩阵,通过A重复reps次得到
        #the following copy numSamples rows for dataSet
        diff=tile(newInput, (numSamples, 1)) -dataSet  #按元素求差值
        squareDiff=diff ** 2  #将差值平方
        squareDist=sum(squaredDiff, axis=1)  #按行累加

        ## step2:对距离排序
        #argsort()返回排序后的索引值
        sortedDistIndices=argsort(distance)
        classCount={}  #define a dictionary (can be append element)
        for i in xrange(k):
            ## step 3:选择k个最近邻
            voteLabel=labels[sortedDistIndices[i]]

            ## step 4:计算k个最近邻中各类别出现的次数
            #when the key voteLabel is not in dictionary classCount,get()
            #will return 0
            classCount[voteLabel]=classCount.get(voteLabel, 0)+1

## step 5:返回出现次数最多的类别标签
maxCount=0
for key, value in classCount.items():
        if value > maxCount:
            maxCount=value
            maxIndex=key

        return maxIndex
```

然后调用算法进行测试:

```
import KNN
```

```
from numpy import *
# 生成数据集和类别标签
dataSet,labels=KNN. createDataSet()
# 定义一个未知类别的数据
testX=array([1.2, 1.0])
k=3
# 调用分类函数对未知数据分类
outputLabel=KNN. KNNClassify(testX, dataSet, labels, 3)
print "Your input is:", testX, " and classified to class:", outputLabel

testX=array([0.1, 0.3])
outputLabel =KNN. KNNClassify(testX,dataSet, labels, 3)
print "Your input is:", testX, "and classified to class:", outputLabel
```

运行结果：

```
Your input is: [1.2 1.0] and classified to class: A
Your input is: [0.1 0.3] and classified to class: B
```

11.1.3 k 近邻回归

1)描述

k 近邻分类适用于数据标签为离散变量的情况,而 k 近邻回归适用于数据标签为连续变量的情况。

k 近邻回归预测样本的标签由它最近邻标签的均值计算而来。

2)用法和参数

(1)KneighborsRegressor 类

基于每个查询点的 k 个最近邻实现。其中,k 是用户指定的整数值。

(2)RadiusNeighborsRegressor 类

基于每个查询点的固定半径 r 内的临近点数量实现。其中,r 是用户指定的浮点数值。

3)实例

先从单一近邻进行分析,使用 wave 数据集。有 3 个测试数据点,在 x 轴上用绿色五角星表示。预测结果用蓝色五角星表示。使用 scikit-learn 中的 KNeighborsRegressor 来实施 k 近邻回归。其代码如下：

```
from sklearn. neighbors import KNeighborsRegressor
from sklearn. model_selection import train_test_split
X,y=mglearn. datasets. make_wave(n_samples=40)
# 将数据集划分为训练集和测试集
```

```
X_train,X_test,y_train,y_test=train_test_split(X,y,random_state=0)
#模型实例化
reg=KNeighborsRegressor(n_neighbors=3)
#训练模型
reg.fit(X_train,y_train)
#对测试集作出预测
print('测试集预测结果为:{}'.format(reg.predict(X_test)))
```

运行结果:

```
测试集预测结果为:[-0.05396539  0.35686046  1.13671923 -1.89415682 -1.13881398 -1.
63113382 0.35686046  0.91241374 -0.44680446 -1.13881398]
```

使用 score 方法来评价模型,此时返回的是 R2 分数,位于 0 ~ 1。R2 等于 1 对应完美预测,R2 等于 0 对应常数模型,即总是预测训练集目标值(y_train)的平均值。

```
print('测试集 R^2 值:{:.2f}'.format(reg.score(X_test,y_test)))
```

运行结果:

```
测试集 R^2 值:0.83
下面考察多个邻居的情况。其代码如下:
fig,axes=plt.subplots(1,3,figsize=(15,4))
#在-3 和 3 之间创建 1000 个均匀分布的点
line=np.linspace(-3,3,1000).reshape(-1,1) #reshape(-1,1)表示变为 1 列,-1 表示"未指定"
for n_neighbors,ax in zip([1,3,9],axes):
    #使用 1,3,9 个邻居分别进行训练和预测
    reg=KNeighborsRegressor(n_neighbors=n_neighbors)
    reg.fit(X_train,y_train)
    ax.plot(line,reg.predict(line))
    ax.plot(X_train,y_train,'g>',markersize=8)
    ax.plot(X_test,y_test,'r<',markersize=8)
    ax.set_title(
        '{} neighbor(s)\n train score:{:.2f}, test score:{:.2f}'.format(
        n_neighbors,reg.score(X_train,y_train),
        reg.score(X_test,y_test)))
    ax.set_xlabel('Feature')
    ax.set_ylabel('Target')
axes[0].legend(['Model prediction','Training data/target',
               'Test data/target'],loc='best')
```

运行结果如图 11.2 所示。

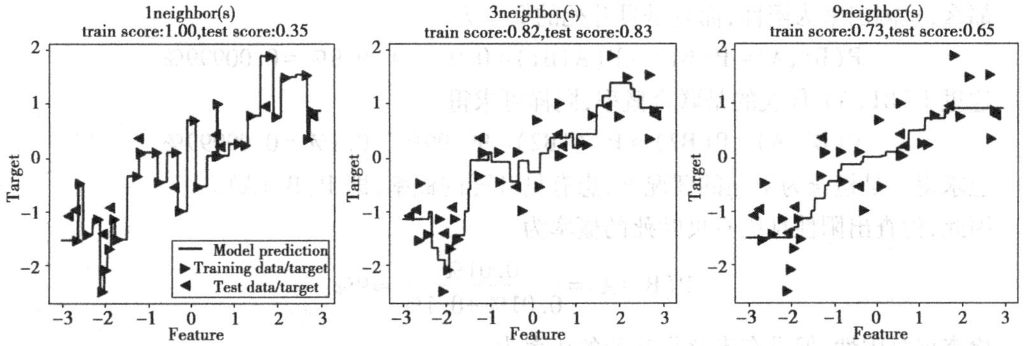

图 11.2 运行结果

由图 11.2 可知,与 k 近邻分类的分类边界类似,邻居越多,训练出的曲线越平滑。

11.2 朴素贝叶斯算法

11.2.1 相关概念

1)先验概率

通过经验来判断事情发生的概率。例如,"贝叶死"的发病率是万分之一,就是先验概率;又如,南方的梅雨季是 6—7 月,就是通过往年的气候总结出来的经验,这个时候下雨的概率就比其他时间高出很多。

2)后验概率

后验概率就是发生结果之后,推测原因的概率。例如,某人查出来了患有"贝叶死",那么患病的原因可能是 A,B 或 C。患有"贝叶死"是因为原因 A 的概率就是后验概率。它是属于条件概率的一种。

3)条件概率

事件 A 在另外一个事件 B 已发生条件下的发生概率,表示为 $P(A|B)$,读作"在 B 发生的条件下 A 发生的概率"。例如,原因 A 的条件下,患有"贝叶死"的概率,就是条件概率。

4)似然函数(likelihood function)

把概率模型的训练过程理解为求参数估计的过程。例如,如果一个硬币在 10 次抛落中正面均朝上。那么肯定在想,这个硬币是均匀的可能性是多少?这里硬币均匀就是个参数,似然函数就是用来衡量这个模型的参数。似然在这里就是可能性的意思,它是关于统计参数的函数。

介绍完这几个概念,再来看下贝叶斯原理,实际上贝叶斯原理就是求解后验概率。假设:A 表示事件"测出为阳性",用 B1 表示"患有贝叶死",B2 表示"没有患贝叶死"。根据上面那道题,可得到下面的信息。

患有贝叶死的情况下,测出为阳性的概率为 $P(A|B1)=99.9\%$,没有患贝叶死,但测出为阳性的概率为 $P(A|B2)=0.1\%$。另外,患有贝叶死的概率为 $P(B1)=0.01\%$,没有患贝叶死的概率 $P(B2)=99.99\%$。

那么，检测出来为阳性，而且是贝叶死的概率为

$$P(B1,A)=P(B1)*P(A|B1)=0.01\%*99.9\%=0.00999\%$$

这里 P(B1,A) 代表的是联合概率，同样可求得

$$P(B2,A)=P(B2)*P(A|B2)=99.99\%*0.1\%=0.09999\%$$

想求得的是检查为阳性的情况下，患有贝叶死的概率，即 P(B1|A)。

因此，检查出阳性且患有贝叶死的概率为

$$P(B1|A)=\frac{0.01\%}{0.01\%+0.1\%}\approx 9\%$$

检查出是阳性，但没有患有贝叶死的概率为

$$P(B2|A)=\frac{0.1\%}{0.01\%+0.1\%}\approx 90.9\%$$

这里能看出来 0.01%+0.1% 均出现在了 P(B1|A) 和 P(B2|A) 的计算中作为分母。把它称为论据因子，也相当于一个权值因子。

其中，P(B1),P(B2) 就是先验概率，现在知道了观测值，就是被检测出来是阳性，来求患贝叶死的概率，也就是求后验概率。求后验概率就是贝叶斯原理要求的，基于刚才求得的 P(B1|A),P(B2|A)，可总结出贝叶斯公式为

$$P(Bi|A)=\frac{P(Bi)P(A|Bi)}{P(B1)P(A|B1)+P(B2)P(A|B2)}$$

由此，可得出通用的贝叶斯公式

$$P(Bi|A)=\frac{P(Bi)P(A|Bi)}{\sum_{i=1}^{n}P(Bi)P(A|Bi)}$$

5)朴素贝叶斯

接下来，重点看看朴素贝叶斯。它是一种简单但极为强大的预测建模算法 。之所以称为朴素贝叶斯，是因为它假设每个输入变量是独立的。这是一个强硬的假设，实际情况并不一定，但这项技术对绝大部分的复杂问题仍然非常有效。

朴素贝叶斯模型由两种类型的概率组成：

每个类别的概率 P(Cj)；

每个属性的条件概率 P(Ai|Cj)。

举例说明什么是类别概率和条件概率。假设有 7 个棋子，其中 3 个是白色的，4 个是黑色的。那么，棋子是白色的概率就是 3/7，黑色的概率就是 4/7，这个就是类别概率。假设把这 7 个棋子放到了两个盒子里，其中盒子 A 里面有 2 个白棋，2 个黑棋；盒子 B 里面有 1 个白棋，2 个黑棋。那么在盒子 A 中抓到白棋的概率就是 1/2，抓到黑棋的概率也是 1/2，这个就是条件概率，也就是在某个条件(如在盒子 A 中)下的概率。

在朴素贝叶斯中，要统计的是属性的条件概率，也就是假设取出来的是白色的棋子。那么，它属于盒子 A 的概率是 2/3。

为了训练朴素贝叶斯模型，需要先给出训练数据，以及这些数据对应的分类。那么，上面这两个概率，也就是类别概率和条件概率，都可从给出的训练数据中计算出来。一旦计算出来，概率模型就可使用贝叶斯原理对新数据进行预测。

11.2.2　朴素贝叶斯分类工作原理

朴素贝叶斯分类是常用的贝叶斯分类方法。人们在日常生活中看到一个陌生人,要做的第一件事情就是判断其性别,判断性别的过程就是一个分类的过程。根据以往的经验,通常会从身高、体重、鞋码、头发长短、服饰、声音等角度进行判断。这里的“经验”,就是一个训练好的关于性别判断的模型,其训练数据是日常中遇到的各式各样的人,以及这些人实际的性别数据。

1)离散数据案例

人们遇到的数据可分为两种:一种是离散数据;另一种是连续数据。那什么是离散数据呢?离散就是不连续的意思,有明确的边界,如整数 1,2,3 就是离散数据,而 1 到 3 之间的任何数,就是连续数据,它可取在这个区间里的任何数值。

现以下面的数据为例(图 11.3),这些是根据之前的经验所获得的数据。然后给一个新的数据:身高“高”、体重“中”、鞋码“中”,请问这个人是男还是女?

编号	身高	体重	鞋码	性别
1	高	重	大	男
2	高	重	大	男
3	中	中	大	男
4	中	中	中	男
5	矮	轻	小	女
6	矮	轻	小	女
7	矮	中	中	女
8	中	中	中	女

图 11.3　数据

针对这个问题,确定一共有 3 个属性,假设用 A 代表属性,用 A1, A2, A3 分别为身高=高,体重=中,鞋码=中。一共有两个类别,假设用 C 代表类别,那么 C1,C2 分别是男、女,在未知的情况下用 Cj 表示。

那么,想求在 A1,A2,A3 属性下,Cj 的概率,用条件概率表示就是 P(Cj|A1A2A3)。根据上面讲的贝叶斯的公式,可得

$$P(Cj|A1A2A3)=\frac{P(A1A2A3|Cj)P(Cj)}{P(A1A2A3)}$$

因为一共有两个类别,所以只需要求得 P(C1|A1A2A3) 和 P(C2|A1A2A3) 的概率即可,然后比较哪个分类的可能性大,就是哪个分类结果。在这个公式里,因为 P(A1A2A3) 都是固定的,若想寻找使 P(Cj|A1A2A3) 的最大值,就等价于求 P(A1A2A3|Cj)P(Cj) 最大值。假定 Ai 之间是相互独立的,则

$$P(A1A2A3|Cj)=P(A1|Cj)P(A2|Cj)P(A3|Cj)$$

然后需要从 Ai 和 Cj 中计算出 P(Ai|Cj) 的概率,代入上面的公式得出 P(A1A2A3|Cj),最后找到使得 P(A1A2A3|Cj) 最大的类别 Cj。

分别求这些条件下的概率

$$P(A1|C1)=\frac{1}{2},\ P(A2|C1)=\frac{1}{2},\ P(A3|C1)=\frac{1}{4}$$

$$P(A1|C2)=0,\ P(A2|C2)=\frac{1}{2},\ P(A3|C2)=\frac{1}{2}$$

所以

$$P(A1A2A3|C1)=\frac{1}{16},\ P(A1A2A3|C2)=0$$

因为 $P(A1A2A3|C1)P(C1)>P(A1A2A3|C2)P(C2)$,所以应该是 C1 类别,即男性。

2)连续数据案例

在实际生活中,得到的是连续的数值,如图 11.4 所示的这组数据。

编号	身高（CM）	体重（斤）	鞋码（欧码）	性别
1	183	164	45	男
2	182	170	44	男
3	178	160	43	男
4	175	140	40	男
5	160	88	35	女
6	165	100	37	女
7	163	110	38	女
8	168	120	39	女

图 11.4　数据

那么,如果给你一个新的数据,身高 180、体重 120、鞋码 41,请问该人是男是女呢？公式还是上面的公式。这里的困难在于,由于身高、体重、鞋码都是连续变量,不能采用离散变量的方法计算概率,而且样本太少,所以也无法分成区间计算。怎么办呢?

这时,可假设男性和女性的身高、体重、鞋码都是正态分布,通过样本计算出均值和方差,也就是得到正态分布的密度函数。有了密度函数,就可把值代入,算出某一点的密度函数的值。例如,男性的身高是均值 179.5、标准差为 3.697 的正态分布。所以男性的身高为 180 的概率为 0.106 9。怎么计算得出的呢？你可使用 EXCEL 的 NORMDIST(x,mean,standard_dev,cumulative) 函数,一共有 4 个参数:

x:正态分布中,需要计算的数值。

Mean:正态分布的平均值。

Standard_dev:正态分布的标准差。

Cumulative:取值为逻辑值,即 False 或 True。它决定了函数的形式。当为 TRUE 时,函数结果为累积分布;为 False 时,函数结果为概率密度。

这里使用的是 NORMDIST(180,179.5,3.697,0)= 0.106 9。

同理,可计算得出男性体重为 120 的概率为 0.000 382 324,男性鞋码为 41 号的概率为 0.120 304 111。

所以可计算得

$$P(A1A2A3|C1)=P(A1|C1)P(A2|C1)P(A3|C1)=4.916\,9e-6$$

同理,也可计算出该人为女的可能性为

$$P(A1A2A3|C2)=P(A1|C2)P(A2|C2)P(A3|C2)=2.7244e-9$$

很明显,这组数据分类为男的概率大于分类为女的概率。

11.2.3 实现及参数

如果要对文档进行分类,有以下两个重要的阶段:

①基于分词的数据准备,包括分词、单词权重计算、去掉停用词。

②应用朴素贝叶斯分类进行分类,首先通过训练集得到朴素贝叶斯分类器,然后将分类器应用于测试集,并与实际结果做对比,最终得到测试集的分类准确率。

1)模块 1:对文档进行分词

在准备阶段里,最重要的就是分词。那么如果给文档进行分词呢?英文文档和中文文档所使用的分词工具不同。

在英文文档中,最常用的是 NTLK 包。NTLK 包中包含了英文的停用词 stop words、分词和标注方法。

```
import nltk
word_list =nltk. word_tokenize(text)  # 分词
nltk. pos_tag(word_list)   # 标注单词的词性
在中文文档中,最常用的是 jieba 包。jieba 包中包含了中文的停用词 stop words 和分词方法。
import jieba
word_list=jieba. cut (text)   # 中文分词
```

2)模块 2:加载停用词表

需要自己读取停用词表文件,从网上可找到中文常用的停用词保存在 stop_words. txt,然后利用 Python 的文件读取函数读取文件,保存在 stop_words 数组中。

```
stop_words=[ line. strip( ). decode(' utf-8 ') for line in io. open(' stop_words. txt '). readlines( ) ]
```

3)模块 3:计算单词的权重

这里用到 sklearn 里的 TfidfVectorizer 类。

直接创建 TfidfVectorizer 类,然后使用 fit_transform 方法进行拟合,得到 TF-IDF 特征空间 features,可理解为选出来的分词就是特征。计算这些特征在文档上的特征向量,得到特征空间 features。

```
tf=TfidfVectorizer( stop_words=stop_words, max_df=0.5)
features=tf. fit_transform( train_contents)
```

这里 max_df 参数用来描述单词在文档中的最高出现率。假设 max_df=0.5,代表一个单词在 50% 的文档中都出现过了。那么,它只携带了非常少的信息,因此就不作为分词统计。

一般很少设置 min_df,因为 min_df 通常都会很小。

4)模块 4:生成朴素贝叶斯分类器

将特征训练集的特征空间 train_features,以及训练集对应的分类 train_labels 传递给贝叶斯分类器 clf,它会自动生成一个符合特征空间和对应分类的分类器。

这里采用的是多项式贝叶斯分类器。其中,alpha 为平滑参数。为什么要使用平滑呢?因为如果一个单词在训练样本中没有出现,这个单词的概率就会被计算为 0。但训练集样本只是整体的抽样情况,不能因为一个事件没有观察到,就认为整个事件的概率为 0。为了解决这个问题,需要做平滑处理。

当 alpha=1 时,使用的是 Laplace 平滑。Laplace 平滑就是采用加 1 的方式,来统计没有出现过的单词的概率。这样,当训练样本很大时,加 1 得到的概率变化可忽略不计,也同时避免了零概率的问题。

当 0<alpha<1 时,使用的是 Lidstone 平滑。对于 Lidstone 平滑来说,alpha 越小,迭代次数越多,精度越高。可设置 alpha 为 0.001。

```
# 多项式贝叶斯分类器
from sklearn.naive_bayes import MultinomialNB
clf=MultinomialNB(alpha=0.001).fit(train_features, train_labels)
```

5)模块 5:使用生成的分类器做预测

首先需要得到测试集的特征矩阵。

方法是用训练集的分词创建一个 TfidfVectorizer 类,使用同样的 stop_words 和 max_df,然后用这个 TfidfVectorizer 类对测试集的内容进行 fit_transform 拟合,得到测试集的特征矩阵 test_features。

```
test_tf=TfidfVectorizer(stop_words=stop_words, max_df=0.5, vocabulary=train_vocabulary)
test_features=test_tf.fit_transform(test_contents)
```

然后用训练好的分类器对新数据做预测。

方法是使用 predict 函数,传入测试集的特征矩阵 test_features,得到分类结果 predicted_labels。predict 函数做的工作就是求解所有后验概率并找出最大的那个。

1 predicted_labels=clf.predict(test_features)

6)模块 6:计算准确率

计算准确率实际上是对分类模型的评估。可调用 sklearn 中的 metrics 包,在 metrics 中提供了 accuracy_score 函数,方便对实际结果和预测的结果做对比,给出模型的准确率。

使用方法如下:

```
from sklearn import metrics
print metrics.accuracy_score(test_labels,predicted_labels)
```

11.3 决策树

11.3.1 算法原理

决策树(Decision Tree)是在已知各种情况发生概率的基础上,通过构成决策树来求取净现值的期望值大于等于零的概率,评价项目风险,判断其可行性的决策分析方法。它是直观运用概率分析的一种图解法。由于这种决策分支画成图形很像一棵树的枝干,故称决策树。在机器学习中,决策树是一类常见的机器学习方法,也是一个预测模型。它代表的是对象属性与对象值之间的一种映射关系。Entropy = 系统的凌乱程度,使用算法 ID3, C4.5 和 C5.0 生成树算法使用熵。这一度量是基于信息学理论中熵的概念。

决策树是一种树形结构,其中树的最高层即为根节点,每个内部节点表示一个属性上的测试,每个分支代表一个测试输出(结果),而决策树的每一个叶节点代表一种类别。决策树是基于树结构来进行决策的,这恰是人类在面临决策问题时一种很自然的处理机制。

决策树分类算法的流程如下:

①初始化根结点,此时所有的观测样本均属于根结点。

②根据下文中介绍的划分选择,选择当前最优的划分属性。根据属性取值的不同对观测样本进行分割。

③对分割后得到的节点重复使用步骤 2,直到分割得到的观测样本属于同一类属性用完或达到预先设定的条件,如树的深度。以叶子节点中大多数样本的类别作为该叶子节点的类别。

由上述可知,特征选择的好坏直接影响到决策树模型的好坏。如何选择最优划分属性。一般而言,随着划分的不断进行,我们希望决策树的分支节点所包含的样本尽可能属于同一类别,即节点的纯度越高。于是,特征选择问题就转化为了纯度的定义问题。

11.3.2　最优特征选择函数

特征选择的过程中,给定数据集 D 和特征 A,经验熵 H(D) 表示对数据集 D 进行分类的不确定性,而经验条件熵 H(D|A) 则表示在特征 A 给定的条件下对数据集进行分类的不确定性。那么,它们的差 g(D|A),即信息增益,表示由于特征 A 而使得对数据集 D 的分类的不确定性减少的程度,则

$$H(D) = -\sum_{k=1}^{k}\frac{|Ck|}{|D|}\log_2\frac{|Ck|}{|D|}$$

$$H(D \mid A) = -\sum_{i=1}^{n}\frac{|Di|}{|D|}H(Di)$$

$$g(D,A) = H(D) - H(D|A)$$

ID3 算法会根据此类公式计算出信息熵最大的特征 Am,将数据集 Am 按照的范围划分为子数据集,若子数据集 Am 按照这个特征划分后已经可以正确分类自己子数据集的所有数据,则将子数据集作为一个叶结点,对类进行标记;如若不能正确分类,则继续按照上述分类方法对其余的特征进行信息熵的计算,再按照信息熵最大的特征对子数据集进行划分,最后观察子数据集是否已经正确分类,正确分类则作为叶结点类标记完成分类,不能正确分类的子数据集则继续进行信息熵计算并递归划分。

特征的划分通过信息增益的比较来进行有一个主要的缺点,会倾向选择取值比较多的特征。为了克服这一缺点,特征的划分中也会通过信息增益比 $g_R(D|A)$[4]的比较来进行特征的划分,与此划分方法相对应的则是 C4.5 算法,即

$$g_R(D,A) = \frac{g(D,A)}{-\sum_{i=1}^{n}\frac{|Di|}{|D|}\log_2\frac{|Di|}{|D|}}$$

11.3.3 实现及参数

如图 11.5 所示为西瓜样本构建决策树模型。

色泽	根蒂	敲声	纹理	脐部	触感	好瓜
青绿	蜷缩	浊响	清晰	凹陷	硬滑	是
乌黑	蜷缩	沉闷	清晰	凹陷	硬滑	是
乌黑	蜷缩	浊响	清晰	凹陷	硬滑	是
青绿	蜷缩	沉闷	清晰	凹陷	硬滑	是
浅白	蜷缩	浊响	清晰	凹陷	硬滑	是
青绿	稍蜷	浊响	清晰	稍凹	软粘	是
乌黑	稍蜷	浊响	稍糊	稍凹	软粘	是
乌黑	稍蜷	浊响	清晰	稍凹	硬滑	是
乌黑	稍蜷	沉闷	稍糊	稍凹	硬滑	否
青绿	硬挺	清脆	清晰	平坦	软粘	否
浅白	硬挺	清脆	模糊	平坦	硬滑	否
浅白	蜷缩	浊响	模糊	平坦	软粘	否
青绿	稍蜷	浊响	稍糊	凹陷	硬滑	否
浅白	稍蜷	沉闷	稍糊	凹陷	硬滑	否
乌黑	稍蜷	浊响	清晰	稍凹	软粘	否
浅白	蜷缩	浊响	模糊	平坦	硬滑	否
青绿	蜷缩	沉闷	稍糊	稍凹	硬滑	否

图 11.5　西瓜样本

```
# 导入包
import pandas as pd
from sklearn import tree
import graphviz
# 读取文件,可以看到读出来的数据
df=pd.read_csv('watermelon.txt')
df.head(10)
# 将特征值全部转化为数字
df['色泽']=df['色泽'].map({'浅白':1,'青绿':2,'乌黑':3})
df['根蒂']=df['根蒂'].map({'稍蜷':1,'蜷缩':2,'硬挺':3})
df['敲声']=df['敲声'].map({'清脆':1,'浊响':2,'沉闷':3})
df['纹理']=df['纹理'].map({'清晰':1,'稍糊':2,'模糊':3})
df['脐部']=df['脐部'].map({'平坦':1,'稍凹':2,'凹陷':3})
df['触感']=np.where(df['触感']=="硬滑",1,2)
df['好瓜']=np.where(df['好瓜']=="是",1,0)
x_train=df[['色泽','根蒂','敲声','纹理','脐部','触感']]
y_train=df['好瓜']
print(df)
id3=tree.DecisionTreeClassifier(criterion='entropy')
id3=id3.fit(x_train,y_train)
print(id3)
```

训练并进行可视化，DecisionTreeClassifier 的参数为 entropy 时是 id3 算法，默认是 CART 算法。

```
id3 =tree. DecisionTreeClassifier( criterion=' entropy ')
id3 =id3. fit( x_train,y_train)
labels=['色泽','根蒂','敲声','纹理','脐部','触感']
dot_data =tree. export_graphviz( id3
,feature_names =labels
,class_names =["好瓜","坏瓜"]
,filled =True
,rounded =True
)
graph =graphviz. Source( dot_data)
graph
```

运行结果如图 11.6 所示。

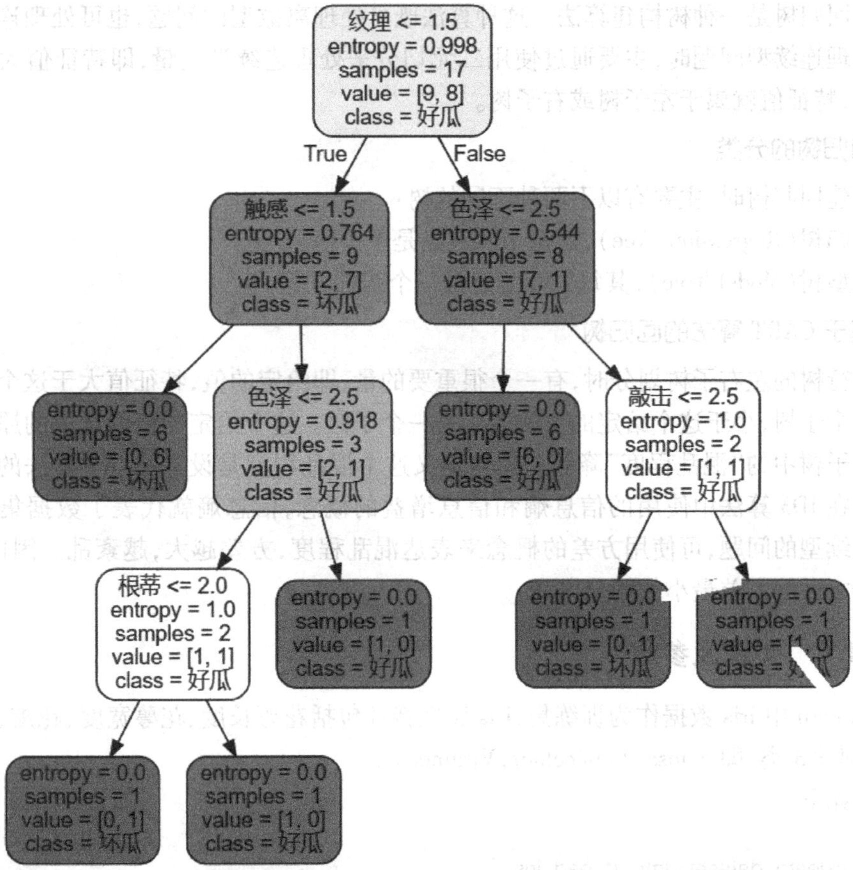

图 11.6　运行结果

11.4　分类与回归树

11.4.1　算法原理

1)分类回归树

分类回归树(Classification and Regression Tree,CART)是一种典型的决策树算法。CART算法不仅可应用于分类问题,而且可用于回归问题。

2)树回归的概念

对一般的线性回归,其拟合的模型是基于全部的数据集。这种全局的数据建模对于一些复杂的数据来说,建模的难度也会很大。其后,有了局部加权线性回归,其只利用数据点周围的局部数据进行建模,这样就简化了建模的难度,提高了模型的准确性。树回归也是一种局部建模的方法,其通过构建决策点将数据切分,在切分后的局部数据集上做回归操作。

分类回归树是一种树构建算法。这种算法既可处理离散型的问题,也可处理连续型的问题。在处理连续型问题时,主要通过使用二元切分来处理连续型变量,即特征值大于某个给定的值时,特征值就属于左子树或右子树。

3)回归树的分类

在构建回归树时,主要有以下两种不同的树:

①回归树(Regression Tree),其每个叶节点是单个值。

②模型树(Model Tree),其每个叶节点是一个线性方程。

4)基于CART算法的回归树

在进行树的左右子树划分时,有一个很重要的量,即给定的值,特征值大于这个给定的值的属于一个子树,小于这个给定的值的属于另一个子树。这个给定的值的选取的原则是使得划分后的子树中的"混乱程度"降低。如何定义这个混乱程度是设计CART算法的一个关键的地方。在ID3算法中使用的信息熵和信息增益的概念,信息熵就代表了数据集的紊乱程度。对连续型的问题,可使用方差的概念来表达混乱程度,方差越大,越紊乱。因此,要找到使得切分之后的方差最小的划分方式。

11.4.2　实现及参数

以sklearn中iris数据作为训练集,iris属性特征包括花萼长度、花萼宽度、花瓣长度、花瓣宽度,类别共3类,即Setosa,Versicolour,Virginca。

代码如下:

```
from sklearn. datasets import load_iris
from sklearn import tree

#load data
iris=load_iris( )
```

```
X=iris. data
y=iris. target
clf=tree. DecisionTreeClassifier( )
clf=clf. fit(X,y)

#export the decision tree
import graphviz
#export_graphviz support a variety of aesthetic options
dot_data=tree. export_graphviz( clf,out_file=None,feature_names=
        iris. feature_names,class_names=iris. target_names,filled=
        True,rounded=True,special_characters=True)

graph=graphviz. Source( dot_data)
graph. view( )
```

运行结果如图 11.7 所示。

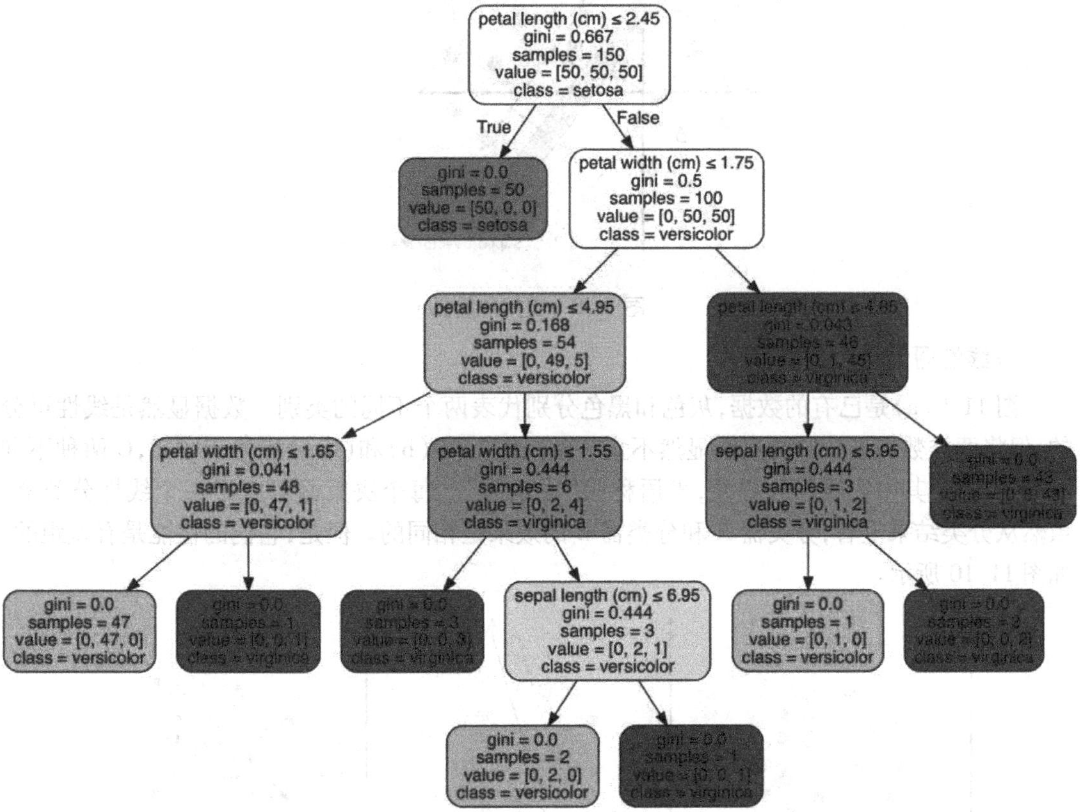

图 11.7　离散型数据

11.5 支持向量机

11.5.1 算法原理

1)什么是支持向量机

支持向量机(SVM)是20世纪90年代中期发展起来的基于统计学习理论的一种机器学习方法。通过寻求结构化风险最小来提高学习机泛化能力,实现经验风险和置信范围的最小化,从而达到在统计样本量较少的情况下,也能获得良好统计规律的目的。

通俗来讲,它是一种二类分类模型。其基本模型定义为特征空间上的间隔最大的线性分类器,即支持向量机的学习策略便是间隔最大化,最终可转化为一个凸二次规划问题的求解,如图11.8所示。

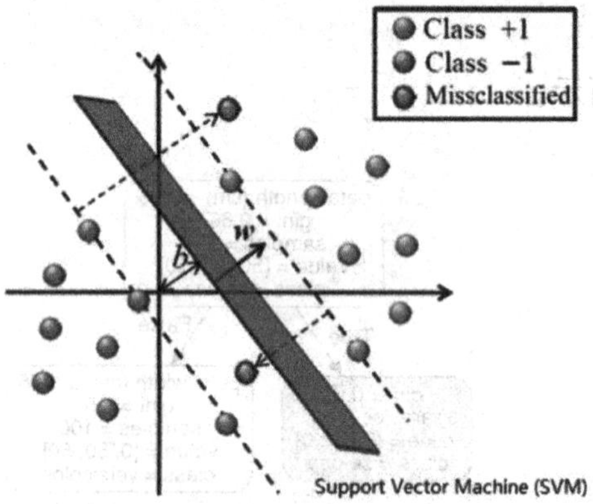

图11.8 支持向量机

2)线性可分支持向量机

图11.9(a)是已有的数据,灰色和黑色分别代表两个不同的类别。数据显然是线性可分的,但将两类数据点分开的直线显然不止一条。图11.9(b)和(c)分别给出了B,C两种不同的分类方案,其中实线为分界线,术语称为"决策面"。每个决策面对应了一个线性分类器。虽然从分类结果上看,分类器A和分类器B的效果是相同的。但是,它们的性能是有差距的,如图11.10所示。

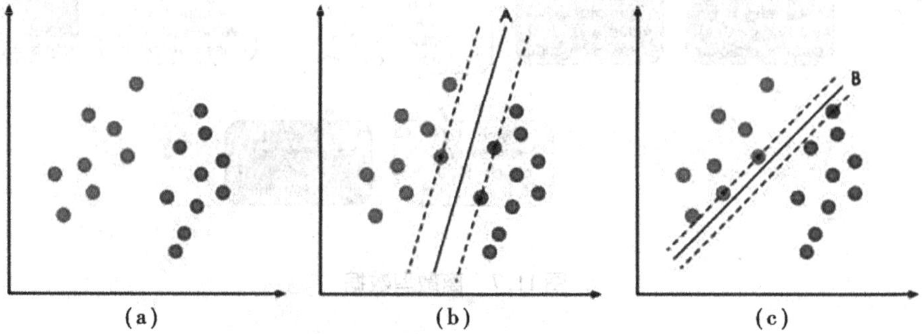

图11.9 分类结果1

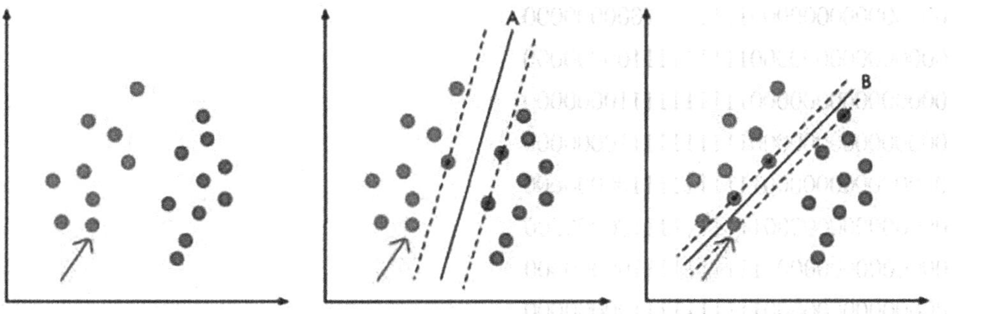

图 11.10 分类结果 2

在“决策面”不变的情况下，图 11.10 中又添加了一个灰点。可知，分类器 B 依然能很好地分类结果，而分类器 C 则出现了分类错误。显然，分类器 B 的“决策面”放置的位置优于分类器 C 的“决策面”放置的位置，支持向量机算法也是这么认为的，它的依据就是分类器 B 的分类间隔比分类器 C 的分类间隔大。

11.5.2 核函数

①使用核函数，可将数据从某个特征空间到另一个特征空间的映射（通常情况下，这种映射会将低维特征空间映射到高维空间）。如果觉得特征空间很难理解。可把核函数想象成一个包装器（wrapper）或接口（interface），它能将数据从某个很难处理的形式转换成为另一个较容易处理的形式。

②经过空间转换后，低维需要解决的非线性问题，就变成了高维需要解决的线性问题。

③SVM 优化特别好的地方，在于所有的运算都可写成内积（inner product 是指两个向量相乘，得到单个标量或数值）；内积替换成核函数的方式称为核技巧（kernel trick）或核“变电”（kernel substation）。

核函数并不仅仅应用于支持向量机，很多其他的机器学习算法也都用到核函数。最流行的核函数：径向基函数（radial basis function）。

径向基函数的高斯版本，其具体的公式为

$$k(x,y)=\exp\left(\frac{-||x-y||^2}{2\sigma^2}\right)$$

其中，σ 是用户定义的用于确定到达率（ reach ）或函数值跌落到 0 的速度参数。

11.5.3 实现及参数

实现示例：手写数字识别的优化。

假定你的老板要求你写的那个手写识别程序非常好，但它占用内存太大。顾客无法通过无线的方式下载应用。

因此，可考虑使用支持向量机，保留支持向量就行（knn 需要保留所有的向量），就可获得非常好的效果。

流程如下：

1）收集数据：提供的文本文件

00000000000000001111000000000000

00000000000000011111111000000000
00000000000000011111111100000000
00000000000000011111111110000000
00000000000000011111111110000000
00000000000000111111111100000000
00000000000000111111111100000000
00000000000001111111111100000000
00000000000000111111111100000000
00000000000000111111111100000000
00000000000000111111111000000000
00000000000001111111111000000000
00000000000011111111111000000000
00000000000111111111110000000000
00000000001111111111111000000000
00000001111111111111110000000000
00000011111111111111110000000000
00000111111111111111110000000000
00000111111111111111110000000000
00000001111111111111110000000000
00000001111110111111110000000000
00000000111100011111110000000000
00000000000000011111110000000000
00000000000000011111100000000000
00000000000000011111110000000000
00000000000000011111100000000000
00000000000000011111110000000000
00000000000000011111111000000000
00000000000000011111111000000000
00000000000000011111111000000000
00000000000000000111111110000000
00000000000000000111111100000000

2)准备数据

基于二值图像构造向量,将 32 * 32 的文本转化为 1 * 1024 的矩阵。

```
def img2vector(filename):
    returnVect=zeros((1, 1024))
    fr=open(filename)
    for i in range(32):
        lineStr=fr.readline()
```

```
            for j in range(32):
                returnVect[0, 32 * i+j]=int(lineStr[j])
        return returnVect
    def loadImages(dirName):
        from os import listdir
        hwLabels=[]
        print(dirName)
        trainingFileList=listdir(dirName)    # load the training set
        m=len(trainingFileList)
        trainingMat=zeros((m, 1024))
        for i in range(m):
            fileNameStr=trainingFileList[i]
            fileStr=fileNameStr.split('.')[0]    # take off .txt
            classNumStr=int(fileStr.split('_')[0])
            if classNumStr ==9:
                hwLabels.append(-1)
            else:
                hwLabels.append(1)
            trainingMat[i, :]=img2vector('%s/%s' % (dirName, fileNameStr))
        return trainingMat, hwLabels
```

3)分析数据

对图像向量进行目测。

训练算法:采用两种不同的核函数,并对径向基核函数采用不同的设置来运行 SMO 算法。

```
    def kernelTrans(X, A, kTup):
        """
    核转换函数
        Args:
            X       dataMatIn 数据集
            A       dataMatIn 数据集的第 i 行的数据
            kTup 核函数的信息
        Returns:
        """
            m, n=shape(X)
            K=mat(zeros((m, 1)))
            if kTup[0] =='lin':
                # linear kernel:   m*n * n*1=m*1
                K=X * A.T
            elif kTup[0] =='rbf':
                for j in range(m):
```

```
                deltaRow=X[j, :]-A
                K[j]=deltaRow * deltaRow.T
            #径向基函数的高斯版本
            K=exp(K/(-1 * kTup[1] ** 2))
        else:
            raise NameError('That Kernel is not recognized')
        return K
def smoP(dataMatIn, classLabels, C, toler, maxIter, kTup=('lin', 0)):
    """
完整 SMO 算法外循环,与 smoSimple 有些类似,但这里的循环退出条件更多一些
    Args:
        dataMatIn    数据集
        classLabels  类别标签
        C    松弛变量(常量值),允许有些数据点可以处于分隔面的错误一侧。控制最大化间隔和
             保证大部分的函数间隔小于1.0这两个目标的权重。可以通过调节该参数达到不同
             的结果。
        toler   容错率
        maxIter退出前最大的循环次数
        kTup  包含核函数信息的元组
    Returns:
        b      模型的常量值
        alphas 拉格朗日乘子
    """
    #创建一个 optStruct 对象
    oS=optStruct(mat(dataMatIn), mat(classLabels).transpose(), C, toler, kTup)
    iter=0
    entireSet=True
    alphaPairsChanged=0
    #循环遍历:循环 maxIter 次 并且 (alphaPairsChanged 存在可以改变 or 所有行遍历一遍)
    while (iter < maxIter) and ((alphaPairsChanged > 0) or (entireSet)):
        alphaPairsChanged=0
        #当 entireSet=true or 非边界 alpha 对没有了;就开始寻找 alpha 对,然后决定是否要进行
else。
        if entireSet:
            #在数据集上遍历所有可能的 alpha
            for i in range(oS.m):
                #是否存在 alpha 对,存在就+1
                alphaPairsChanged +=innerL(i, oS)
                    # print ("fullSet, iter: %d i:%d, pairs changed %d" % (iter, i,
alphaPairsChanged))
            iter +=1
        #对已存在 alpha 对,选出非边界的 alpha 值,进行优化。
```

```
        else:
            # 遍历所有的非边界 alpha 值,也就是不在边界 0 或 C 上的值。
            nonBoundIs=nonzero((oS.alphas.A > 0) * (oS.alphas.A < C))[0]
            for i in nonBoundIs:
                alphaPairsChanged +=innerL(i, oS)
                  # print(" non-bound, iter: %d i:%d, pairs changed %d" % (iter, i,
alphaPairsChanged))
            iter +=1
        # 如果找到 alpha 对,就优化非边界 alpha 值,否则,就重新进行寻找,如果寻找一遍遍历所
有的行还是没找到,就退出循环。
        if entireSet:
            entireSet=False  # toggle entire set loop
        elif (alphaPairsChanged ==0):
            entireSet=True
        print("iteration number: %d" % iter)
    return oS.b, oS.alphas
```

4)测试算法

编写一个函数来测试不同的核函数并计算错误率。

```
def testDigits(kTup=('rbf', 10)):
        # 1. 导入训练数据
        dataArr, labelArr=loadImages('data/6.SVM/trainingDigits')
        b, alphas=smoP(dataArr, labelArr, 200, 0.0001, 10000, kTup)
        datMat=mat(dataArr)
        labelMat=mat(labelArr).transpose()
        svInd =nonzero(alphas.A > 0)[0]
        sVs=datMat[svInd]
        labelSV=labelMat[svInd]
        # print("there are %d Support Vectors" % shape(sVs)[0])
        m, n=shape(datMat)
        errorCount=0
        for i in range(m):
            kernelEval=kernelTrans(sVs, datMat[i, :], kTup)
            # 1 * m * m * 1=1 * 1 单个预测结果
            predict=kernelEval.T * multiply(labelSV, alphas[svInd])+b
            if sign(predict) ! =sign(labelArr[i]): errorCount +=1
        print("the training error rate is: %f" % (float(errorCount) / m))

        # 2. 导入测试数据
        dataArr, labelArr=loadImages('data/6.SVM/testDigits')
        errorCount=0
```

```
        datMat=mat(dataArr)
        labelMat=mat(labelArr).transpose()
        m, n=shape(datMat)
        for i in range(m):
            kernelEval=kernelTrans(sVs, datMat[i, :], kTup)
            #1*m * m*1=1*1 单个预测结果
            predict=kernelEval.T * multiply(labelSV, alphas[svInd])+b
            if sign(predict) !=sign(labelArr[i]): errorCount +=1
        print("the test error rate is: %f" % (float(errorCount) / m))
```

11.6 案　例

①通过递归构建的二叉树,cart 算法。

a. 回归树的代码。

```
import numpy as np
class CartRegressionTree:
    class Node:
        '''树节点类'''
        def __init__(self):
            self.value=None
            #内部叶节点属性
            self.feature_index=None
            self.feature_value=None
            self.left=None
            self.right=None
        def __str__(self):
            if self.left:
                s='内部节点<%s>:\n' % self.feature_index
                ss='[ >%s]-> %s' % (self.feature_value, self.left)
                s +='\t'+ss.replace('\n', '\n\t')+'\n'
                ss='[<=%s]-> %s' % (self.feature_value, self.right)
                s +='\t'+ss.replace('\n', '\n\t')
            else:
                s='叶节点(%s)' % self.value
            return s
    def __init__(self, mse_threshold=0.01, mse_dec_threshold=0., min_samples_split=2):
        '''构造器函数'''
        #mse 的阈值
        self.mse_threshold=mse_threshold
        #mse 降低的阈值
```

```
        self.mse_dec_threshold=mse_dec_threshold
        # 数据集还可继续分割的最小样本数量
        self.min_samples_split=min_samples_split
    def _mse(self, y):
        '''计算 MSE '''
        # 估计值为 y 的均值，因此均方误差即方差
        return np.var(y)
    def _mse_split(self, y, feature, value):
        '''计算根据特征切分后的 MSE '''
        # 根据特征的值将数据集拆分成两个子集
        indices=feature > value
        y1=y[indices]
        y2=y[~indices]
        # 分别计算两个子集的均方误差
        mse1=self._mse(y1)
        mse2=self._mse(y2)
        # 计算划分后的总均方误差
        return (y1.size * mse1+y2.size * mse2) / y.size
    def _get_split_points(self, feature):
        '''获得一个连续值特征的所有分割点'''
        # 获得一个特征所有出现过的值，并排序
        values=np.unique(feature)
        # 分割点为 values 中相邻两个点的中点
        split_points=[(v1+v2) / 2 for v1, v2 in zip(values[:-1], values[1:])]
        return split_points
    def _select_feature(self, X, y):
        '''选择划分特征'''
        # 最佳分割特征的 index
        best_feature_index=None
        # 最佳分割点
        best_split_value=None
        min_mse=np.inf
        _, n=X.shape
        for feature_index in range(n):
            # 迭代每一个特征
            feature=X[:, feature_index]
            # 获得一个特征的所有分割点
            split_points=self._get_split_points(feature)
            for value in split_points:
                # 迭代每一个分割点 value，计算使用 value 分割后的数据集 mse
                mse=self._mse_split(y, feature, value)
                # 找到更小的 mse，则更新分割特征和
```

```
                if mse < min_mse:
                    min_mse=mse
                    best_feature_index=feature_index
                    best_split_value=value
        # 判断分割后 mse 的降低是否超过阈值，如果没有超过，则找不到适合分割特征
        if self._mse(y)-min_mse < self.mse_dec_threshold:
            best_feature_index=None
            best_split_value=None
        return best_feature_index, best_split_value, min_mse
    def _node_value(self, y):
        '''计算节点的值'''
        # 节点值等于样本均值
        return np.mean(y)
  def _create_tree(self, X, y):
        '''生成树递归算法'''
        # 创建节点
        node=self.Node()
        # 计算节点的值，等于 y 的均值
        node.value=self._node_value(y)
        # 若当前数据集样本数量小于最小分割数量 min_samples_split，则返回叶节点
        if y.size < self.min_samples_split:
            return node
        # 若当前数据集的 mse 小于阈值 mse_threshold，则返回叶节点
        if self._mse(y) < self.mse_threshold:
            return node
        # 选择最佳分割特征
        feature_index, feature_value, min_mse=self._select_feature(X, y)
        if feature_index is not None:
            # 如果存在适合分割特征，当前节点为内部节点
            node.feature_index=feature_index
            node.feature_value=feature_value
            # 根据已选特征及分割点将数据集划分成两个子集
            feature=X[:, feature_index]
            indices=feature > feature_value
            X1, y1=X[indices], y[indices]
            X2, y2=X[~indices], y[~indices]
            # 使用数据子集创建左右子树
            node.left=self._create_tree(X1, y1)
            node.right=self._create_tree(X2, y2)
        return node
    def _predict_one(self, x_test):
        '''对单个样本进行预测'''
```

```
        # 爬树一直爬到某叶节点为止，返回叶节点的值
        node=self.tree_
        while node.left:
            if x_test[node.feature_index] > node.feature_value:
                node=node.left
            else:
                node=node.right
        return node.value
    def train(self, X_train, y_train):
        '''训练决策树'''
        self.tree_=self._create_tree(X_train, y_train)
    def predict(self, X_test):
        '''对测试集进行预测'''
        # 对每一个测试样本，调用_predict_one，将收集到的结果数组返回
        return np.apply_along_axis(self._predict_one, axis=1, arr=X_test)
```

b. 数据集的获取。

c. 加载数据集。

```
import numpy as np
dataset=np.genfromtxt('F:/python_test/data/housing.data',dtype=np.float)
print(dataset)
```

运行结果如图 11.11 所示。

```
[[6.3200e-03 1.8000e+01 2.3100e+00 ... 3.9690e+02 4.9800e+00 2.4000e+01]
 [2.7310e-02 0.0000e+00 7.0700e+00 ... 3.9690e+02 9.1400e+00 2.1600e+01]
 [2.7290e-02 0.0000e+00 7.0700e+00 ... 3.9283e+02 4.0300e+00 3.4700e+01]
 ...
 [6.0760e-02 0.0000e+00 1.1930e+01 ... 3.9690e+02 5.6400e+00 2.3900e+01]
 [1.0959e-01 0.0000e+00 1.1930e+01 ... 3.9345e+02 6.4800e+00 2.2000e+01]
 [4.7410e-02 0.0000e+00 1.1930e+01 ... 3.9690e+02 7.8800e+00 1.1900e+01]]
```

图 11.11　运行结果

d. 数据集的划分、模型的训练与预测。

```
X=dataset[:,:-1]
y=dataset[:,-1]
crt=CartRegressionTree()
from sklearn.model_selection import train_test_split
X_train,X_test,y_train,y_test=train_test_split(X,y,test_size=0.3)
crt.train(X_train,y_train)
from sklearn.metrics import accuracy_score
y_predict=crt.predict(X_test)
crt.predict(X_test)
```

e. 量化模型预测的误差，实际上使用 mae 比较好，可看出价格预测的偏差大小大约是 3 036 美元。

```
from sklearn.metrics import mean_squared_error,mean_absolute_error
mse=mean_squared_error(y_test,y_predict)
mae=mean_absolute_error(y_test,y_predict)
print('均方差:',mse)
print('平均绝对误差:',mae)
```

运行结果如图 11.12 所示。

```
均方差：  29.028664108187137
平均绝对误差：  3.0362938596491227
```

图 11.12　运行结果

②使用人的身高和体重去预测性别的例子，如图 11.13 所示。由于响应变量只能从两个标签（男或者女）中二选一。因此，这种问题被称为二元分类。

身高（cm）	体重（kg）	标签
158	64	男
170	66	男
183	84	男
191	80	男
155	49	女
163	59	女
180	67	女
158	54	女
178	77	女

图 11.13　身高、体重信息

这里使用了两个特征，实际上 KNN 并不仅限于两个特征，但特征值太多不利于可视化。

a. 使用 matplotlib 类库绘制散点图进行可视化。

```
import numpy as np
import matplotlib.pyplot as plt
X_train=np.array([
    [158,64],
    [170,86],
    [183,84],
    [191,80],
    [155,49],
    [163,59],
    [180,67],
    [158,54],
    [170,67]
```

```
])
y_train=['male', 'male', 'male', 'male', 'female', 'female', 'female','female', 'female']
plt.figure()
plt.title('Human Heights and Weights by Sex')
plt.xlabel('Height in cm')
plt.ylabel('Weight in kg')
for i, x in enumerate(X_train):
    plt.scatter(x[0], x[1], c='k', marker='x' if y_train[i] =='male' else 'D')
plt.grid(True)
plt.show()
```

运行结果如图 11.14 所示。

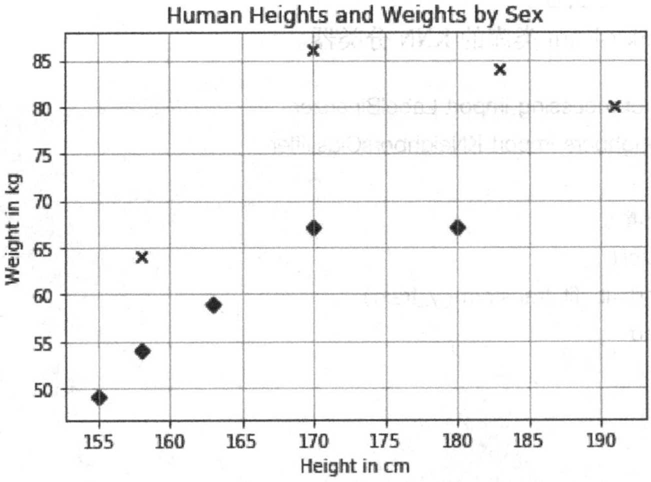

图 11.14　运行结果

b. 用 KNN 来预测其性别,需要定义距离衡量的方法。这里使用的是欧几里得距离,即在一个欧几里得空间中两点之间的直线距离。其计算公式为

$$d(p,q)=d(q,p)=\sqrt{(q_1-p_1)^2+(q_2-p_2)^2}$$

下面计算出测试实例和所有训练实例的距离,并设置参数 k 为 3,选出 3 个距离最近的训练实例,并根据这 3 个邻居预测测试实例的性别。

```
x=np.array([155, 70])   # 测试数据
distances=np.sqrt(np.sum((X_train-x) ** 2, axis=1))
distances

array([ 6.70820393, 21.9317122 , 31.30495168, 37.36308338, 21. , 13.60147051, 25.
17935662, 16.2788206 , 15.29705854])

nearest_neighbor_indices=distances.argsort()[:3]
nearest_neighbor_genders=np.take(y_train, nearest_neighbor_indices)
```

```
nearest_neighbor_genders

array(['male', 'female', 'female'], dtype='<U6')

from collections import Counter
b=Counter(np.take(y_train, distances.argsort()[:3]))
b.most_common(1)[0][0]
```

运行结果:

```
'female'
```

最后的预测结果为女性。

c.下面使用 scikit-learn 类库的 KNN 分类器。

```
from sklearn.preprocessing import LabelBinarizer
from sklearn.neighbors import KNeighborsClassifier

# 将标签转换为整数
lb=LabelBinarizer()
y_train_binarized=lb.fit_transform(y_train)
y_train_binarized

array([[1],
       [1],
       [1],
       [1],
       [0],
       [0],
       [0],
       [0],
       [0]])

K=3
clf=KNeighborsClassifier(n_neighbors=K)
clf.fit(X_train,y_train_binarized.reshape(-1))
prediction_binarized=clf.predict(np.array([155, 70]).reshape(1, -1))[0]
predicted_label=lb.inverse_transform(prediction_binarized)
predicted_label
```

运行结果:

```
array(['female'], dtype='<U6')
其结果与前面预测相同。
```

d. 下面使用分类器对一个测试数据集进行预测，同时对其效果进行评估，如图 11.15 所示。

身高（cm）	体重（kg）	标签
168	65	男
180	96	男
160	52	女
169	67	女

图 11.15　身高、体重信息

```
X_test = np.array([
    [168, 65],
    [180, 96],
    [160, 52],
    [169, 67]
])
y_test = ['male', 'male', 'female', 'female']
y_test_binarized = lb.transform(y_test)
print('Binarized labels: %s' % y_test_binarized.T[0])
predictions_binarized = clf.predict(X_test)
print('Binarized predictions: %s' % predictions_binarized)
print('predicted labels: %s' % lb.inverse_transform(predictions_binarized))
```

运行结果：

```
Binarized labels: [1 1 0 0]
Binarized predictions: [0 1 0 0]
predicted labels: ['female' 'male' 'female' 'female']
```

可看到其中的一个男性测试实例被错误地划分为女性，二元分类任务中有两种错误类型：误报和漏报。根据错误类型有几种常见的衡量方法，包括准确率、精准率和召回率。

准确率是测试实例中正确分类比例。

```
# 计算准确率
from sklearn.metrics import accuracy_score
print('Accuracy: %s' % accuracy_score(y_test_binarized, predictions_binarized))
```

运行结果：

```
Accuracy: 0.75
```

精准率是正向类测试实例被预测为正向类的比率。

```
#计算精准率,只有一个结果预测为男性,应该是100%
from sklearn.metrics import precision_score
print('Precision: %s' % precision_score(y_test_binarized, predictions_binarized))
```

运行结果：

```
Recall: 0.5

from sklearn.metrics import f1_score
print('F1 score: %s' % f1_score(y_test_binarized, predictions_binarized))精准率和召回率的平
均值被称为F1得分或者F1度量。
```

运行结果：

```
F1 score: 0.6666666666666666
```

scikit-learn 类还提供了一个非常有用的函数 classification_report 用于生成精准率、召回率和 F1 得分。

```
from sklearn.metrics import classification_report
print(classification_report(y_test_binarized, predictions_binarized, target_names=['male'], labels=
[1]))
```

运行结果：

```
              precision    recall  f1-score   support

        male       1.00      0.50      0.67         2

   micro avg       1.00      0.50      0.67         2
   macro avg       1.00      0.50      0.67         2
weighted avg       1.00      0.50      0.67         2
```

第 12 章

聚类算法

12.1 K 均值算法

K 均值聚类(k-means)是基于样本集合划分的聚类算法。K 均值聚类将样本集合划分为 k 个子集,构成 k 个类,将 n 个样本分到 k 个类中,每个样本到其所属类的中心距离最小,每个样本仅属于一个类,这就是 k 均值聚类。同时,根据一个样本仅属于一个类,也表示了 k 均值聚类是一种硬聚类算法。

12.2 K 均值聚类算法的过程

输入:n 个样本的集合。

输出:样本集合的聚类。

过程如下:

①初始化。随机选择 k 的样本作为初始聚类的中心。

②对样本进行聚类。针对初始化时选择的聚类中心,计算所有样本到每个中心的距离,默认欧式距离,将每个样本聚集到与其最近的中心的类中,构成聚类结果。

③计算聚类后的类中心,计算每个类的质心,即每个类中样本的均值,作为新的类中心。

④然后重新执行步骤②、步骤③,直到聚类结果不再发生改变。

K 均值聚类算法的时间复杂度是 O(nmk),n 表示样本个数,m 表示样本维数,k 表示类别个数。

12.3 K 均值聚类算法实例分析

5 个样本的集合,使用 K 均值聚类算法,将 5 个样本聚于两类,5 个样本分别是(0,2),(0,0),(1,0),(5,0),(5,2),如图 12.1 所示。

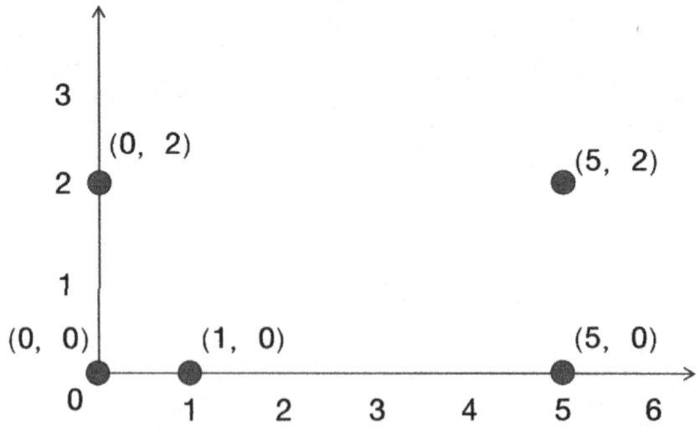

图 12.1　5 个样本

12.3.1　初始化

初始化。随机选择两个样本作为初始聚类的中心，如图 12.2 所示。

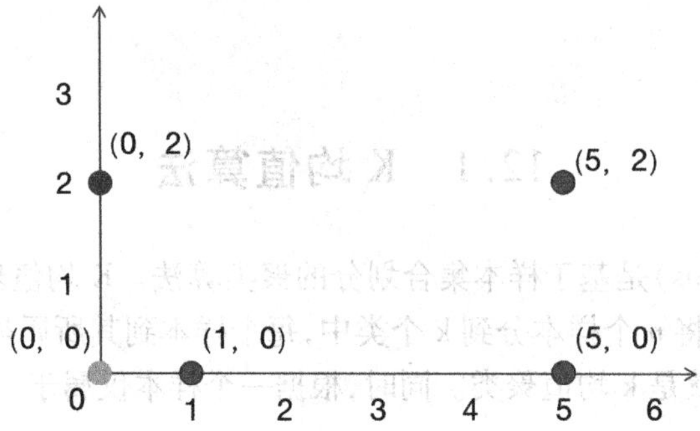

图 12.2　初始化

12.3.2　聚类

对样本进行聚类。计算每个样本距离每个中心的距离，将每个样本聚集到与其最近的中心的类中，构成两类，如图 12.3 所示。

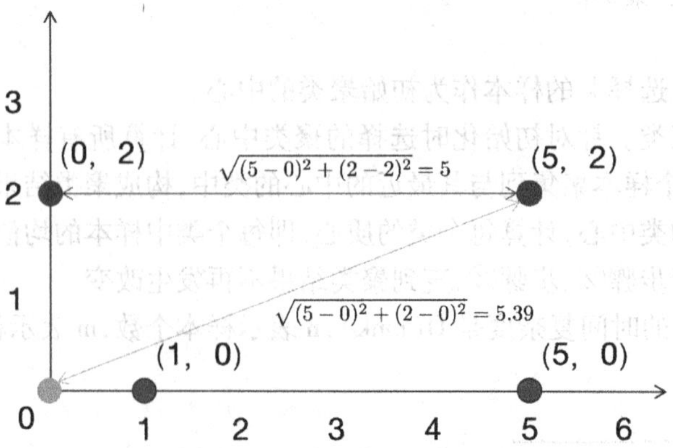

图 12.3　对样本进行聚类

相同的方法对剩余两个点进行聚类，结果如图 12.4 所示。

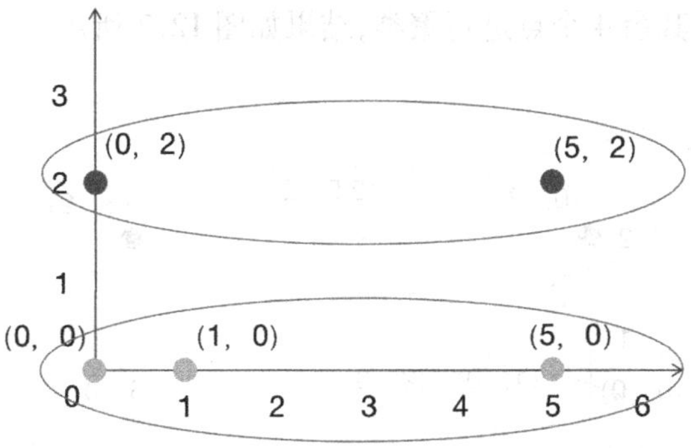

图 12.4　对两个点进行聚类

12.3.3　寻找新的类中心

计算新的类中心。对新的类计算样本的均值，作为新的类中心，如图 12.5 所示。

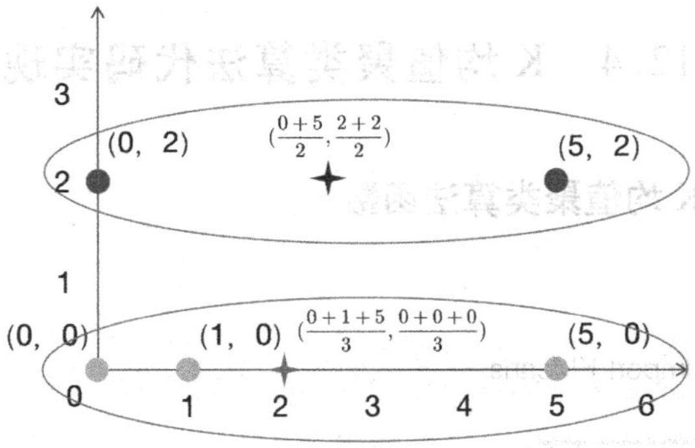

图 12.5　计算新的类中心

12.3.4　再次聚类

对样本进行聚类。计算每个样本距离每个中心的距离，将每个样本聚集到与其最近的中心的类中，构成新的类，如图 12.6 所示。

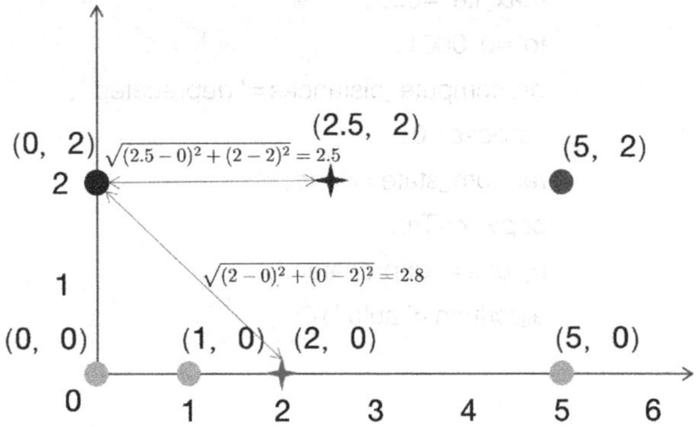

图 12.6　对样体进行聚类

使用相同的方法对其余 4 个点进行聚类,结果如图 12.7 所示。

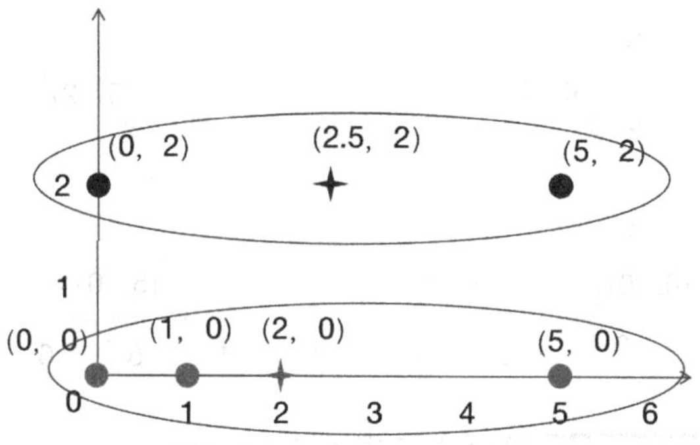

图 12.7 对 4 个点进行聚类

12.3.5 再次聚类

第二次聚类结果与第一次聚类结果相同,则聚类停止,故得到最终的结果。

12.4 K 均值聚类算法代码实现

12.4.1 sklearnK 均值聚类算法函数

导入聚类库:

```
from sklearn. cluster import KMeans
```

聚类语法:

```
class sklearn. cluster. KMeans( n_clusters =8,
                                *,
                                init =' k-means++',
                                n_init =10,
                                max_iter =300,
                                tol =0.0001,
                                precompute_distances =' deprecated ',
                                verbose =0,
                                random_state =None,
                                copy_x =True,
                                n_jobs =' deprecated ',
                                algorithm =' auto ')
```

参数解释:

n_clusters:簇的个数。

init:初始簇中心的获取方法。

n_init:获取初始簇中心的更迭次数,为了弥补初始质心的影响,算法默认会初始 10 次质心，实现算法，然后返回最好的结果。

max_iter：最大迭代次数（因 kmeans 算法的实现需要迭代）。

tol：容忍度，即 kmeans 运行准则收敛的条件。

precompute_distances：是否需要提前计算距离，这个参数会在空间和时间之间做权衡，如果是 True 会把整个距离矩阵都放到内存中，auto 会默认在数据样本大于 featurs * samples 的数量大于 12e6 时 False，False 时核心实现的方法是利用 Cpython 来实现的。

verbose：冗长模式。

random_state：随机生成簇中心的状态条件。

copy_x：对是否修改数据的一个标记，如果 True，即复制了就不会修改数据。bool 在 scikit-learn 很多接口中都会有这个参数的，就是是否对输入数据继续 copy 操作，以便不修改用户的输入数据。这个要理解 Python 的内存机制才会比较清楚。

n_jobs：并行设置。

algorithm：kmeans 的实现算法，有'auto'，'full'，'elkan'，其中'full'表示用 EM 方式实现。

属性：

cluster_centers_：聚类中心点。

labels_：每个样本所属的聚类标签。

inertia_：样本到其最近的聚类中心的平方距离的总和。

n_iter_：运行的迭代次数。

方法：

fit(X[,y])：训练样本。

fit_predict(X[,y])：计算聚类中心并预测每个样本的聚类索引。

fit_transform(X[,y])：计算聚类并将 X 转换为聚类距离空间。

predict(X)：预测 X 中每个样本所属的最近簇。

12.4.2 对鸢尾花数据进行聚类

```
#导入所需要的库，绘图库，numpy 库，sklearn 机器学习库内的数据集，聚类，划分数据集方法
import matplotlib.pyplot as plt
import numpy as np
from sklearn.cluster import KMeans
from sklearn.model_selection import train_test_split
from sklearn.datasets import load_iris

iris=load_iris()  #导入鸢尾花数据集
X=iris.data[:, 2:4]  #表示我们只取特征空间中的后两个维度
y=iris.target  #将鸢尾花的标签赋值给 y
X_train, X_test, y_train, y_test=train_test_split(X, y, test_size=0.3, random_state=42)  #划分鸢尾花数据集，其中训练集占 70%，测试集占 30%
#绘制数据分布图
plt.scatter(X[:, 0], X[:, 1], c="red", marker='o', label='iris')
```

```
plt.xlabel('petal length')
plt.ylabel('petal width')
plt.legend(loc=2)
plt.show()
estimator=KMeans(n_clusters=3)   # 构造聚类器,将样本聚于3类
estimator.fit(X_train)       # 开始聚类
label_pred=estimator.labels_  # 获取聚类标签
print(estimator.cluster_centers_)   # 获取聚类中心点
# 绘制 k-means 结果,将训练集聚类后的结果绘图展示,3种颜色表示3类,红色表示第一类,绿色表示第二类,蓝色表示第三类
x0=X_train[label_pred ==0]
x1=X_train[label_pred ==1]
x2=X_train[label_pred ==2]
plt.scatter(x0[:, 0], x0[:, 1], c="red", marker='o', label='label0')
plt.scatter(x1[:, 0], x1[:, 1], c="green", marker='*', label='label1')
plt.scatter(x2[:, 0], x2[:, 1], c="blue", marker='+', label='label2')
plt.xlabel('petal length')  # 坐标轴属性
plt.ylabel('petal width')
plt.legend(loc=2)
plt.show()
print(estimator.predict(X_test))  # 使用训练出的KMeans模型预测测试集中的数据属于哪一类
# 绘制 k-means 预测结果,将测试集集聚类后的结果绘图展示,3种颜色表示3类,橘色表示第一类,天蓝色表示第二类,蓝绿色表示第三类
predict_0=X_test[estimator.predict(X_test) ==0]
predict_1=X_test[estimator.predict(X_test) ==1]
predict_2=X_test[estimator.predict(X_test) ==2]
plt.scatter(predict_0[:, 0], predict_0[:, 1], c="tomato", marker='o', label='predict0')
plt.scatter(predict_1[:, 0], predict_1[:, 1], c="skyblue", marker='*', label='predict1')
plt.scatter(predict_2[:, 0], predict_2[:, 1], c="greenyellow", marker='+', label='predict2')
plt.xlabel('petal length')
plt.ylabel('petal width')
plt.legend(loc=2)
plt.show()
```

聚类可视化结果如图 12.8 所示。

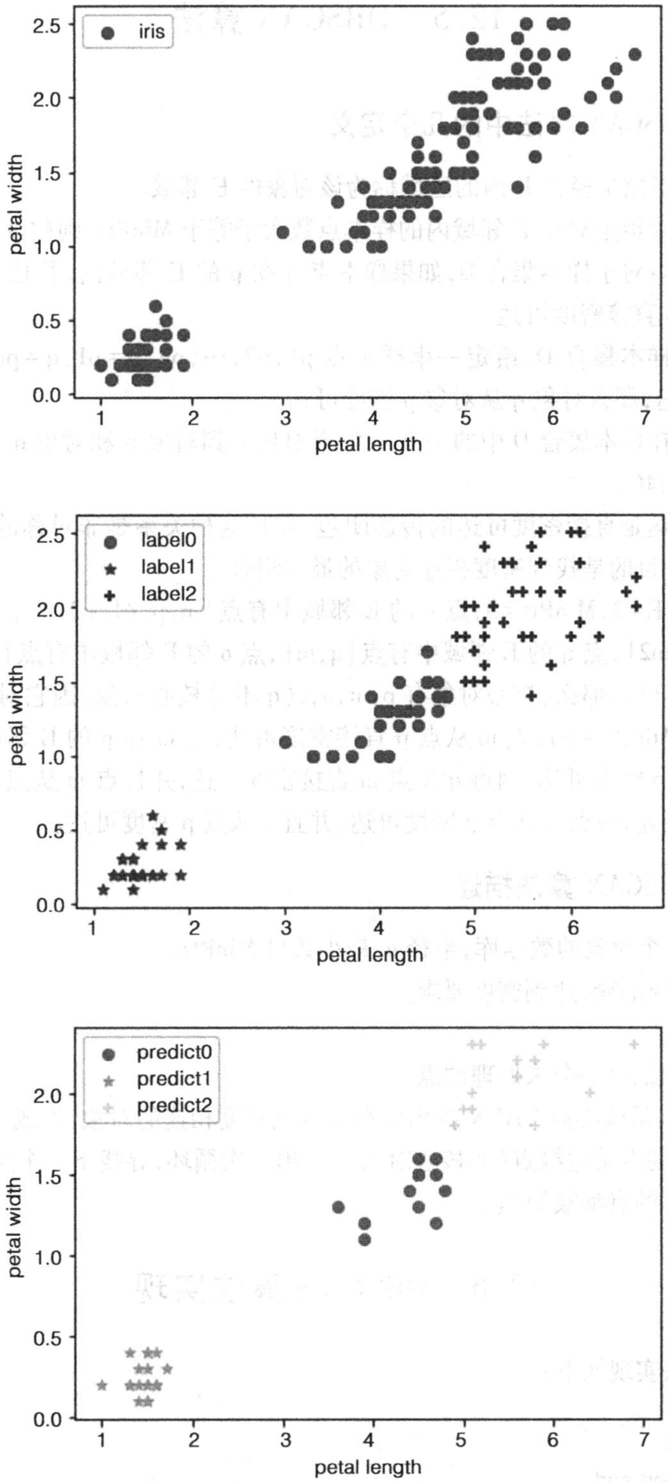

图 12.8　聚类可视化结果

12.5 DBSCAN 算法

12.5.1 DBSCAN 算法中的几个定义

E 邻域:给定对象半径为 E 内的区域称为该对象的 E 邻域。

核心对象:如果给定对象 E 邻域内的样本点数大于等于 MinPts,则称该对象为核心对象。

直接密度可达:对于样本集合 D,如果样本点 q 在 p 的 E 邻域内,并且 p 为核心对象,那么对象 q 从对象 p 直接密度可达。

密度可达:对样本集合 D,给定一串样本点 p1,p2,…,pn,p=p1,q=pn,假如对象 pi 从 pi-1 直接密度可达,那么对象 q 从对象 p 密度可达。

密度相连:存在样本集合 D 中的一点 o,如果对象 o 到对象 p 和对象 q 都是密度可达的,那么 p 和 q 密度相联。

可知,密度可达是直接密度可达的传递闭包,并且这种关系是非对称的。密度相连是对称关系。DBSCAN 目的是找到密度相连对象的最大集合。

Eg:假设半径 E=3,MinPts=3,点 p 的 E 邻域中有点{m,p,p1,p2,o}, 点 m 的 E 邻域中有点{m,q,p,m1,m2},点 q 的 E 邻域中有点{q,m},点 o 的 E 邻域中有点{o,p,s},点 s 的 E 邻域中有点{o,s,s1}。那么,核心对象有 p,m,o,s(q 不是核心对象,因它对应的 E 邻域中点数量等于 2,小于 MinPts=3);点 m 从点 p 直接密度可达,因 m 在 p 的 E 邻域内,并且 p 为核心对象;点 q 从点 p 密度可达,因点 q 从点 m 直接密度可达,并且点 m 从点 p 直接密度可达;点 q 到点 s 密度相连,因点 q 从点 p 密度可达,并且 s 从点 p 密度可达。

12.5.2 DBSCAN 算法描述

输入: 包含 n 个对象的数据库,半径 e,最小数目 MinPts。

输出:所有生成的簇,达到密度要求。

①Repeat。

②从数据库中抽出一个未处理的点。

③IF 抽出的点是核心点 THEN 找出所有与该点密度相连的对象,形成一个簇。

④ELSE 抽出的点是边缘点(非核心对象),跳出本次循环,寻找下一个点。

⑤UNTIL 所有的点都被处理。

12.6 DBSCAN 算法实现

DBSCAN 算法实现如下:

```
import random
from math import sqrt
import matplotlib.pyplot as plt
import numpy as np
```

```
class Point:
    """ DEFINITION """

    def __init__(self):
        self.visited=False
        self.coords=(random.random() * 10, random.random() * 10)
        self.cluster=None

    def __int__(self, coords):
        self.visited=False
        self.coords=coords
        self.cluster=None

    def cal_distance(self, other):
        d=sqrt((other.coords[0]-self.coords[0]) ** 2+(other.coords[1]-self.coords[1])
** 2)
        return d

    def set_cluster(self, id):
        self.visited=True
        self.cluster=id

    def to_string(self):
        return "cluster:{}\tvisited:{}\tcoords:{}".format(self.cluster, self.visited, self.
coords)

class DBSCAN:
    """ DEFINITION """

    def __init__(self, n, eps, minPoints):
        self.points=[Point() for i in range(n)]
        self.eps=eps
        self.minPoints=minPoints
        self.cluster=0   # save the last cluster id

    def is_core(self, point: Point):
        """ determine whether a point is the core of the cluster """
        dots=0

        points=self.points.copy()
        points.remove(point)
```

```
        for ele in points:
            d=ele.cal_distance(point)
            dots +=d < self.eps

        return dots >=self.minPoints

    def pick_unvisited_point(self):
        """ randomly pick an unvisited point """
        unvisited=list(filter(lambda x: not x.visited, self.points.copy()))
        return random.choice(unvisited)

    def is_all_visited(self):
        """ check whether all points were visited """
        for ele in self.points:
            if not ele.visited:
                return False
        return True

    def find_all_adjacent_points(self, point: Point):
        points =self.points.copy()
        points.remove(point)
        adjacent_points=[]

        for ele in points:
            if point.cal_distance(ele) < self.eps:
                adjacent_points.append(ele)

        return adjacent_points

    def DFS(self, core: Point):
        """  """
        # break condition:
        # if core.visited or self.is_all_visited():
        #     return

        adjacent_points=self.find_all_adjacent_points(core)

        for ele in adjacent_points:
            if ele.visited:
                continue
            ele.set_cluster(self.cluster)
            if self.is_core(ele):
```

```
                self.DFS(ele)

    def print_result(self):
        for ele in self.points:
            print(ele.to_string())

    def draw(self):
        fig=plt.figure()
        ax=fig.add_subplot(111)
        plt.xlim(0, 10)
        plt.ylim(0, 10)

        for i in range(0, self.cluster):
            points=list(filter(lambda e: e.cluster ==i, self.points))
            coords=list(map(lambda e: e.coords, points))
            x=[coord[0] for coord in coords]
            y=[coord[1] for coord in coords]
            plt.scatter(x, y)
            for j in range(len(x)):
                circ=plt.Circle((x[j], y[j]), self.eps, fill=False)   # center, radius
                ax.add_patch(circ)

        # draw noise
        points=list(filter(lambda e: e.cluster ==-1, self.points))
        coords=list(map(lambda e: e.coords, points))
        x=[coord[0] for coord in coords]
        y=[coord[1] for coord in coords]
        plt.scatter(x, y, c='r', marker='x')

        plt.show()

def main():
    model=DBSCAN(10, 2, 1)

    while not model.is_all_visited():

        point=model.pick_unvisited_point()
        if model.is_core(point):
            model.DFS(point)
            model.cluster +=1
        else:
            point.set_cluster(-1)    # -1 means the point belongs to noise.

    model.print_result()
```

```
    model.draw()

if __name__=='__main__':
    main()
```

运行结果如图 12.9 所示。

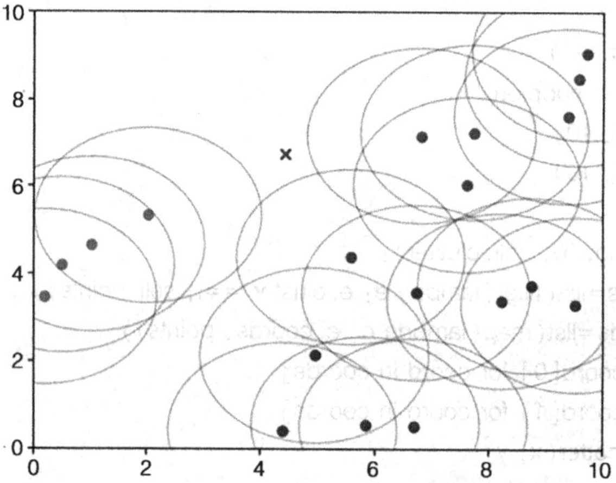

图 12.9　运行结果

参考文献

[1] 周志华. 机器学习[M]. 北京:清华大学出版社,2016.

[2] 陈喆. 机器学习原理与实践:微课版[M]. 北京:清华大学出版社,2022.

[3] 张旭东. 机器学习导论[M]. 北京:清华大学出版社,2022.

[4] 赵卫东,董亮. 机器学习[M]. 2 版. 北京:人民邮电出版社,2022.

[5] 周文安. 机器学习[M]. 北京:北京邮电大学出版社,2021.

[6] 姚舜才,孙传猛. 机器学习基础教程[M]. 西安:西安电子科技大学出版社,2020.

[7] 布树辉,李霓,马文科. 机器学习算法与实现:Python 编程与应用实例[M]. 北京:电子工业出版社,2022.

[8] 乔景慧. 机器学习理论与应用[M]. 北京:机械工业出版社,2022.

[9] 汪荣贵,杨娟,薛丽霞. 机器学习及其应用[M]. 北京:机械工业出版社,2019.

[10] 郭羽含,陈虹,肖成龙. Python 机器学习[M]. 北京:机械工业出版社,2021.

[11] 吕云翔,王渌汀,袁琪. 机器学习原理及应用[M]. 北京:机械工业出版社,2021.